21世纪高等院校规划教材

高等数学（上册）
（第二版）

主　编　何春江

副主编　张文治　张翠莲　翟秀娜

中国水利水电出版社
www.waterpub.com.cn
·北京·

内 容 提 要

本套书是依据教育部最新的《工科类本科数学基础课程教学基本要求》，结合应用型高等院校工科类各专业学生对学习高等数学的需要编写的。

本套书分上、下两册，内容覆盖工科类本科各专业对高等数学的需求。上册（第1～7章）内容包括函数、极限与连续，导数与微分，微分中值定理与导数的应用，不定积分，定积分，定积分的应用，常微分方程；下册（第8～12章）内容包括空间解析几何与向量代数、多元函数微分学及其应用、重积分、曲线积分与曲面积分、级数。

本套书强调理论联系实际，结构简练、合理，每章都给出学习目标、学习重点，还安排了大量的例题和习题；书末还附有积分表与习题参考答案。

本套书适合高等院校工科类本科各专业的学生使用，也适合高校教师和科技工作者使用。

图书在版编目（CIP）数据

高等数学. 上册 / 何春江主编. -- 2版. -- 北京：
中国水利水电出版社，2018.6（2024.7重印）
21世纪高等院校规划教材
ISBN 978-7-5170-6485-5

Ⅰ. ①高… Ⅱ. ①何… Ⅲ. ①高等数学－高等学校－
教材 Ⅳ. ①O13

中国版本图书馆CIP数据核字(2018)第114800号

策划编辑：杨庆川　责任编辑：张玉玲　加工编辑：王玉梅　封面设计：李　佳

书　　名	21世纪高等院校规划教材 高等数学（上册）（第二版） GAODENG SHUXUE
作　　者	主　编　何春江 副主编　张文治　张翠莲　翟秀娜
出版发行	中国水利水电出版社 （北京市海淀区玉渊潭南路1号D座　100038） 网址：www.waterpub.com.cn E-mail：mchannel@263.net（答疑） 　　　　sales@mwr.gov.cn 电话：（010）68545888（营销中心）、82562819（组稿）
经　　售	北京科水图书销售有限公司 电话：（010）68545874、63202643 全国各地新华书店和相关出版物销售网点
排　　版	北京万水电子信息有限公司
印　　刷	三河市德贤弘印务有限公司
规　　格	170mm×227mm　16开本　15.75印张　317千字
版　　次	2015年9月第1版　2015年9月第1次印刷 2018年6月第2版　2024年7月第7次印刷
印　　数	15501—18000册
定　　价	29.80元

第二版前言

本书在第一版基础上，根据多年的教学改革实践和高校教师提出的一些建议进行修订。修订工作主要包括以下 3 方面内容：

1. 仔细校对并订正了第一版中的印刷错误。
2. 对第一版教材中的某些疏漏予以补充完善。
3. 调整了原书中的部分习题，使之与书中内容搭配更加合理。

负责本书编写工作的有何春江、张文治、张翠莲、翟秀娜等，仍由何春江担任主编，由张文治、张翠莲、翟秀娜担任副主编，翟秀娜编写第 1 章、第 6 章；张文治编写第 2 章、第 3 章；张翠莲编写第 4 章、第 5 章及书后附录 1；何春江编写第 7 章。曾大有、岳雅璠、毕雅军、孙月芳、邓凤茹、张京轩、赵艳、毕晓华、张静、陈博海、聂铭伟、戴江涛、霍东升等也参加了本书的编写工作。

在修订过程中，我们认真考虑了读者的建议，在此对提出建议的读者表示衷心感谢。新版中若存在问题，恳请广大专家、同行和读者继续批评指正。

编　者

2018 年 3 月

第一版前言

我国高等教育正在快速发展，教材建设也要与之适应，特别是教育部关于"高等教育面向 21 世纪内容与课程改革"计划的实施，对教材建设提出了新的要求。本书的编写目的就是为了适应高等教育的快速发展，满足教学改革和课程建设的需求，体现工科类教育教学的特点。

本套书是编者依据教育部颁布的《工科类本科数学基础课程教学基本要求》，根据多年的教学实践，按照新形势下教材改革的精神编写的。全书贯彻"掌握概念、强化应用"的教学原则，精心选择了教材的内容，从实际应用的需要（实例）出发，加强数学思想和数学概念与工程实际的结合，淡化了深奥的数学理论，强化了几何说明，每章都有学习目标、小结、复习题、自测题等，便于学生总结学习内容和学习方法，巩固所学知识。

本套书分上、下两册出版，内容覆盖工科类本科各专业对高等数学的需求。上册（第 1 章～第 7 章）内容包括函数、极限与连续，导数与微分，微分中值定理与导数的应用，不定积分，定积分，定积分的应用，常微分方程；下册（第 8 章～第 12 章）内容包括空间解析几何与向量代数、多元函数微分学及其应用、重积分、曲线积分与曲面积分、级数。书后附有积分表与习题参考答案。

本套书可作为高等院校工科类本科高等数学教材。本书若讲授全部内容，参考学时为 160 学时；若只讲授基本内容，参考学时为 130 学时，打*号的为相关专业选用的内容。

根据我国高等教育从精英教育向大众化教育转变以及现代化教育技术手段在教学中广泛应用的现状，我们对这套教材进行了立体化设计，除了提供电子教案，将尽快推出与教材配套的典型例题分析与习题解答。希望能更好地满足高校教师课堂教学和学生自主学习及考研的需要，对教和学起到良好的作用。

本书由何春江主编，张文治、张翠莲、翟秀娜担任副主编。各章编写分工为：翟秀娜编写第 1 章、第 6 章；张文治编写第 2 章、第 3 章；张翠莲编写第 4 章、第 5 章及附录 1；何春江编写第 7 章。本书框架结构、编写大纲及最终审稿定稿由何春江完成。参加本书编写讨论工作的还有郭照庄、曾大有、岳雅瑶、毕雅军、邓凤茹、张京轩、赵艳、毕晓华、江志超、张静、孙月芳、陈博海、聂铭伟、戴江涛、霍东升等。

在本书的编写过程中，编者参考了很多相关的书籍和资料，采用了一些相关内容，汲取了很多同仁的宝贵经验，在此谨表谢意。

由于时间仓促及作者水平所限，书中错误和不足之处在所难免，恳请广大读者批评指正，我们将不胜感激。

编　者

2015 年 7 月

目　　录

第 1 章　函数、极限与连续

本章学习目标

- 理解函数的概念和基本初等函数、初等函数的概念
- 理解复合函数的概念，会分析复合函数的复合结构
- 理解极限的概念
- 掌握极限的运算法则
- 学会使用两个重要极限
- 了解无穷大、无穷小的概念及其相互关系和性质
- 理解函数连续的概念及其性质

1.1　函数

1.1.1　函数的概念

定义 1　设 x, y 是两个变量，D 是一个给定的数集. 如果有一个对应法则 f，使得对于每一个数值 $x \in D$，变量 y 都有唯一确定的数值与之对应，则称变量 y 是变量 x 的函数，记为

$$y = f(x), \quad x \in D,$$

其中 x 称为自变量，y 称为因变量. 集合 D 称为函数的定义域，记为 D_f，即 $D_f = D$.

x 取数值 $x_0 \in D_f$ 时，与 x_0 对应的数值 y 称为函数 $y = f(x)$ 在 x_0 处的函数值，记作 $f(x_0)$ 或 $y|_{x=x_0}$，函数值组成的数集称为函数的值域，记为 R_f 或 $f(D)$，即

$$R_f = f(D) = \{y \mid y = f(x), x \in D\}.$$

函数的定义域 D_f 和对应法则 f 是函数的两个要素，如果两个函数具有相同的定义域和对应法则，则它们是相同的函数.

表示函数的记号是可以任意选取的，除了常用的 f 外，还可以用其他的英文字母或希腊字母表示，如 $y = g(x)$，$y = F(x)$，$y = \varphi(x)$ 等.

函数的定义域通常按以下两种情形来确定：一种是对有实际背景的函数，根据实际背景中变量的实际意义来确定，例如，球的体积 V 与半径 r 的函数关系为

$V = \frac{4}{3}\pi \cdot r^3$，这个函数的定义域为 $r \in (0, +\infty)$；另一种是抽象的用算式表达的函数，通常约定这种函数的定义域为使算式有意义的一切实数组成的集合，这种定义域称为函数的自然定义域，在这种约定下，一般用算式表达的函数可用 $y = f(x)$ 表达，而不必再标出 D_f，例如 $y = \sqrt{1-x^2}$ 的定义域就是 $x \in [-1, 1]$，$y = \frac{1}{\sqrt{1-x^2}}$ 的定义域就是 $x \in (-1, 1)$.

表示函数的方法主要有三种：表格法、图像法、解析法（公式法）.

下面举几个函数的例子.

例 1 某自动记录仪记录的某电容放电时的情况，如图 1.1 所示的曲线. 根据这条曲线，就能知道该电容随时间 t 的变化情况（图像法）.

例 2 某炼钢厂上半年生产的钢产量如下表，这里的时间 T 和产量 Q 之间是两个相互依赖的变量. 下表给出了 T 与 Q 之间的关系（表格法）.

T/月份	1	2	3	4	5	6
Q/t	1032	1024	1027	1038	1057	1047

在实际问题中，有时会遇到一个函数在定义域的不同范围内，用不同的解析式表示的情形，这样的函数称为分段函数.

例 3 符号函数

$$y = \mathrm{sgn}\, x = \begin{cases} 1, & x > 0, \\ 0, & x = 0, \\ -1, & x < 0, \end{cases}$$

就是一个分段函数，它的定义域为 $(-\infty, +\infty)$，如图 1.2 所示.

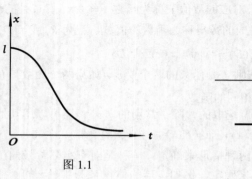

图 1.1

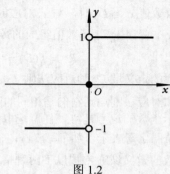

图 1.2

1.1.2 函数的性质

1. 函数的奇偶性

设函数 $y = f(x)$ 的定义域 D_f 关于原点对称，如果对于任意 $x \in D_f$，恒有 $f(-x) = -f(x)$（或 $f(-x) = f(x)$），则称 $f(x)$ 为奇（或偶）函数.

例如 $f(x) = x^3$ 是奇函数，这是因为 $f(-x) = -x^3 = -f(x)$；又如 $f(x) = x^2$ 是偶函数，这是因为 $f(-x) = x^2 = f(x)$. 而 $y = x^3 + x^2$ 既不是奇函数也不是偶函数.

奇函数的图形关于原点对称，偶函数的图形关于 y 轴对称.

2. 函数的周期性

设函数 $y = f(x)$ 的定义域为 D_f，如果存在一个常数 $T \neq 0$，使得对任意的 $x \in D_f$ 有 $x \pm T \in D_f$，且 $f(x \pm T) = f(x)$，则称函数 $f(x)$ 为周期函数，T 称为 $f(x)$ 的周期. 通常我们所说的周期是指函数 $f(x)$ 的最小正周期.

例如 $\sin x$ 和 $\cos x$ 的周期为 2π，$\tan x$ 和 $\cot x$ 的周期为 π.

3. 函数的单调性

设函数 $y = f(x)$ 在区间 I 上有定义，如果对于区间 I 内的任意两点 x_1, x_2，当 $x_1 < x_2$ 时，都有 $f(x_1) < f(x_2)$（或 $f(x_1) > f(x_2)$），则称函数 $f(x)$ 在区间 I 上是单调增加（或单调减少）的. 单调增加（或单调减少）的函数又称为递增（或递减）函数，统称为单调函数，使函数保持单调性的自变量的取值区间称为该函数的单调区间.

例如函数 $y = x^2$，在区间 $[0, +\infty)$ 内单调增加，函数的图形是随着自变量的增加而上升；在 $(-\infty, 0]$ 内单调减少，函数的图形是随着自变量的增加而下降.

4. 函数的有界性

设函数 $y = f(x)$ 在区间 I 上有定义，如果存在正常数 M，使得对于区间 I 内的所有 x，恒有 $|f(x)| \leqslant M$，则称函数 $f(x)$ 在区间 I 上有界. 如果这样的 M 不存在，则称 $f(x)$ 在区间 I 上无界.

例如 $y = \sin x$，对于一切 x 都有 $|\sin x| \leqslant 1$，所以函数 $y = \sin x$ 在区间 $(-\infty, +\infty)$ 内是有界的，又如 $y = \arctan x$，对于一切 x 都有 $|\arctan x| < \dfrac{\pi}{2}$，所以函数 $y = \arctan x$ 在区间 $(-\infty, +\infty)$ 上有界，但是函数 $y = x^2$ 在区间 $(-\infty, +\infty)$ 内是无界的.

1.1.3 反函数、隐函数与复合函数

1. 反函数与隐函数

定义 2 设 $y = f(x)$ 是定义在 D_f 上的一个函数，其值域为 R_f. 如果对每一数值 $y \in R_f$，有唯一确定的且满足 $y = f(x)$ 的数值 $x \in D_f$ 与之对应，其对应法则记为 f^{-1}，则定义在 R_f 上的函数 $x = f^{-1}(y)$ 称为函数 $y = f(x)$ 的反函数.

习惯上常用 x 表示自变量，y 表示因变量，故常把 $y = f(x)$ 的反函数记为 $y = f^{-1}(x)$．若把函数 $y = f(x)$ 与其反函数 $y = f^{-1}(x)$ 的图形画在同一平面直角坐标系内，那么这两个图形关于直线 $y = x$ 对称．

例 4 求 $y = 4x - 1$ 的反函数．

解 由 $y = 4x - 1$ 得到 $x = \dfrac{y+1}{4}$，然后交换 x 和 y，得 $y = \dfrac{x+1}{4}$，即 $y = \dfrac{x+1}{4}$ 是 $y = 4x - 1$ 的反函数．

前面所介绍的函数，其因变量 y 是由含有自变量 x 的数学式子直接表示为 $y = f(x)$ 的形式，如 $y = \sqrt{1 - \sin x}$，$y = \arcsin \dfrac{a}{x}$ 等．用这种方法表示的函数称为显函数．

通常表示变量 x, y 之间相互依赖关系的方法很多，显函数是其中的一种．有时变量 x, y 之间的相互依赖的关系是由某一个二元方程 $F(x, y) = 0$ 给出的，如

$$x^3 + y^3 - xy + 5 = 0, \quad \sin(xy) + \mathrm{e}^{x+y} = 6.$$

用这种方法表示的函数称为隐函数．

有些隐函数可以改写成显函数的形式．把隐函数改写成显函数，叫作隐函数的显化．而有些隐函数不能改写成显函数的形式，如 $\sin(xy) - 2x^2 y = 1$．

在函数的定义中，规定了对于变量 x 的每一个数值，变量 y 有唯一确定的数值与之对应，这样定义的函数，又称为单值函数；如果对于变量 x，变量 y 有两个或更多个确定的数值与之对应，就称 y 是 x 的多值函数，本书主要讨论单值函数．

2. 复合函数

定义 3 设 y 是 u 的函数 $y = f(u)$，而 u 又是 x 的函数 $u = \varphi(x)$．如果对于 $\varphi(x)$ 的定义域中某些 x 值所对应的 u 值，函数 $y = f(u)$ 有定义，则 y 通过 u 也成为 x 的函数，称为由 $y = f(u)$ 及 $u = \varphi(x)$ 复合而成的复合函数，记为 $y = f\big[\varphi(x)\big]$，其中 u 称为中间变量．

根据定义可知，复合函数 $f\big[\varphi(x)\big]$ 的定义域或者与 $\varphi(x)$ 的定义域完全相同，或者只是 $\varphi(x)$ 的定义域的一部分．不是任意两个函数都能复合成一个函数．例如，$y = \arcsin u$ 与 $u = 2 + x^2$ 就不能复合成一个函数，这是因为对于后一个函数的值域中的每一个 u 值，都不可能使前一个函数有定义．

例 5 问函数 $y = 2^{\sqrt{x^2+1}}$ 是由哪些较简单的函数复合而成的？

解 它是由 $y = 2^u$，$u = \sqrt{v}$，$v = x^2 + 1$ 三个较简单的函数复合而成的．

把一个较复杂的函数分解成几个较简单的函数，这对于今后的许多运算是很有用的．

1.1.4　函数的运算

设函数 $f(x), g(x)$ 的定义域依次为 D_f, D_g，$D = D_f \bigcap D_g$，则我们可以定义这两个函数的下列运算：

和（差）$f \pm g$：$(f \pm g)(x) = f(x) \pm g(x), \ x \in D$；

积 $f \cdot g$：$(f \cdot g)(x) = f(x) \cdot g(x), \ x \in D$；

商 $\dfrac{f}{g}$：$\left(\dfrac{f}{g}\right)(x) = \dfrac{f(x)}{g(x)}, \ x \in D, \ g(x) \neq 0$。

1.1.5　初等函数

1．基本初等函数

幂函数：$y = x^{\mu}$（$\mu \in \mathbf{R}$ 是常数）；

指数函数：$y = a^x$（$a > 0$ 且 $a \neq 1$）；

对数函数：$y = \log_a x$（$a > 0$ 且 $a \neq 1$，特别地，当 $a = \mathrm{e}$ 时，记为 $y = \ln x$）；

三角函数：如 $y = \sin x$，$y = \cos x$，$y = \tan x$，$y = \cot x$ 等；

反三角函数：如 $y = \arcsin x$，$y = \arccos x$，$y = \arctan x$，$y = \mathrm{arccot}\, x$ 等.

以上这五类函数统称为基本初等函数.

2．初等函数的概念

由常函数和基本初等函数经过有限次四则运算或有限次复合所构成，并可用一个解析式表示的函数称为初等函数.

例如函数 $y = \sqrt{1 - \sin x}$，$y = \arcsin \dfrac{a}{x}$，$y = \ln(x + \sqrt{1 + x^2})$ 等都是初等函数.

工程技术中，常常用到一种由指数函数 e^x 和 e^{-x} 所组成的函数，称为双曲函数，它们的定义如下：

双曲正弦 $\mathrm{sh}\, x = \dfrac{\mathrm{e}^x - \mathrm{e}^{-x}}{2}$；

双曲余弦 $\mathrm{ch}\, x = \dfrac{\mathrm{e}^x + \mathrm{e}^{-x}}{2}$；

双曲正切 $\mathrm{th}\, x = \dfrac{\mathrm{sh}\, x}{\mathrm{ch}\, x} = \dfrac{\mathrm{e}^x - \mathrm{e}^{-x}}{\mathrm{e}^x + \mathrm{e}^{-x}}$；

双曲余切 $\mathrm{cth}\, x = \dfrac{\mathrm{ch}\, x}{\mathrm{sh}\, x} = \dfrac{\mathrm{e}^x + \mathrm{e}^{-x}}{\mathrm{e}^x - \mathrm{e}^{-x}}$.

由定义可以证明，双曲函数的一些恒等式似于三角函数：

$$\mathrm{ch}^2 x - \mathrm{sh}^2 x = 1；$$
$$\mathrm{sh}(x \pm y) = \mathrm{sh}\, x \cdot \mathrm{ch}\, y \pm \mathrm{ch}\, x \cdot \mathrm{sh}\, y；$$
$$\mathrm{ch}(x \pm y) = \mathrm{ch}\, x \cdot \mathrm{ch}\, y \pm \mathrm{sh}\, x \cdot \mathrm{sh}\, y；$$

$$ch\, 2x = ch^2\, x + sh^2\, x\,;$$
$$sh\, 2x = 2\, sh\, x \cdot ch\, x\,.$$

习题 1.1

1. 求下列函数的定义域.

（1）$y = \sqrt{4-x^2} + \dfrac{1}{x-1}$；

（2）$y = \ln(1-x) + \sqrt{x+2}$；

（3）$y = \arcsin\dfrac{x-1}{2}$；

（4）$y = \lg\sin x$.

（5）$y = \sin\sqrt{x}$；

（6）$y = \tan(x+1)$；

（7）$y = \sqrt{3-x} + \arctan\dfrac{1}{x}$；

（8）$y = e^{\frac{1}{x}}$.

2. 下列各题中，$f(x)$ 与 $\varphi(x)$ 是否表示同一个函数，说明理由.

（1）$f(x) = \dfrac{x^2-1}{x-1}$，$\varphi(x) = x+1$；

（2）$f(x) = \lg x^2$，$\varphi(x) = 2\lg x$；

（3）$f(x) = |x|$，$\varphi(x) = \sqrt{x^2}$；

（4）$f(x) = \arccos x$，$\varphi(x) = \dfrac{\pi}{2} - \arcsin x$.

3. 如果 $f(x) = \begin{cases} 2x+3, & x>0, \\ 1, & x=0, \\ x^2, & x<0, \end{cases}$ 求 $f(0), f\left(-\dfrac{1}{2}\right), f\left(\dfrac{1}{2}\right)$.

4. 判断下列函数的奇偶性.

（1）$y = \dfrac{x\cdot\sin x}{x^2+1}$；

（2）$y = x\cdot e^x$；

（3）$y = \lg\dfrac{1-x}{1+x}$，$x\in(-1,1)$.

5. 下列函数哪些是周期函数？对于周期函数，指出其周期.

（1）$y = \cos(x-2)$；

（2）$y = \cos 4x$；

（3）$y = 1 + \sin\pi x$；

（4）$y = x\cos x$；

（5）$y = \sin^2 x$.

6. 求下列函数的反函数.

（1）$y = \sqrt[3]{x+1}$；

（2）$y = \dfrac{x-1}{x+1}$；

（3）$y = \dfrac{ax+b}{cx+d}$（$ad-bc \neq 0$）；

（4）$y = 2\sin 3x\left(-\dfrac{\pi}{6} \leqslant x \leqslant \dfrac{\pi}{6}\right)$；

（5）$y = 1 + \ln(x+2)$；

（6）$y = \dfrac{2^x}{2^x+1}$.

7. 下列函数是由哪些简单函数复合而成的？

（1）$y = \ln(2x+1)^2$；

（2）$y = \sin^2(3x+1)$；

（3）$y = \arctan(x^3-1)$；

（4）$y = \ln(\arcsin x)$.

8. 设 $f(x)$ 的定义域 $D=[0,1]$，求下列各函数的定义域.

(1) $f(x^2)$； (2) $f(\sin x)$；

(3) $f(x+a)$ $(a>0)$； (4) $f(x+a)+f(x-a)$ $(a>0)$.

1.2 数列的极限

1.2.1 数列极限的概念

1. 数列的概念

自变量为正整数的函数 $u_n=f(n)$ （$n=1,2,\cdots$），将其函数值按自变量 n （由小到大）排成一列数

$$u_1,u_2,u_3,\cdots,u_n,\cdots$$

称为数列，将其简记为 $\{u_n\}$，其中 u_n 称为数列的通项或一般项.

例如，数列 $\left\{\dfrac{1}{2^n}\right\}$ （$n=1,2,\cdots$），即 $\dfrac{1}{2},\dfrac{1}{4},\cdots,\dfrac{1}{2^n},\cdots$

2. 数列的极限

研究一个数列，主要是研究当 n 无限增大时，数列的变化趋向，考察下面几个数列

(1) $u_n=\dfrac{1}{n}$，即 $1,\dfrac{1}{2},\dfrac{1}{3},\cdots,\dfrac{1}{n},\cdots$；

(2) $u_n=\dfrac{n}{n+1}$，即 $\dfrac{1}{2},\dfrac{2}{3},\cdots,\dfrac{n}{n+1},\cdots$；

(3) $u_n=(-1)^{n+1}$，即 $1,-1,\cdots,(-1)^{n+1},\cdots$；

(4) $u_n=2n+1$，即 $3,5,\cdots,2n+1,\cdots$.

考察数列（1），当 n 无限增大时（即 $n\to\infty$），$u_n=\dfrac{1}{n}$ 无限趋近于 0，即 $\dfrac{1}{n}\to 0$；

考察数列（2），当 $n\to\infty$ 时，$u_n=\dfrac{n}{n+1}\to 1$；

考察数列（3），$u_n=(-1)^{n+1}$ 其奇数项为 1，偶数项为 -1，当 $n\to\infty$ 时，它的通项有时等于 1，有时等于 -1，所以当 n 无限增大时，$u_n=(-1)^{n+1}$ 没有确定的变化趋向；

考察数列（4），当 $n\to\infty$ 时，u_n 也无限增大，即 $u_n\to\infty$.

通过以上四个例子的讨论可以看出，数列当 n 无限增大时，其变化趋向只有两种：要么无限趋近于某个确定的常数，要么不趋近于任何确定的常数.

如果当 n 无限增大时数列 $\{u_n\}$ 无限趋近于某个确定的常数 a，则称 a 是数列 $\{u_n\}$ 的极限. 这是描述性定义，下面给出极限的严格定义.

定义 1 设 $\{u_n\}$ 为一个数列，如果存在一个常数 a，对于任意给定的正数 ε（无论它多么小）总存在一个正整数 N，使得当 $n > N$ 时，不等式

$$|u_n - a| < \varepsilon$$

都成立，那么就称常数 a 是数列 $\{u_n\}$ 的极限，或称数列 $\{u_n\}$ 收敛于 a，记为

$$\lim_{n \to \infty} u_n = a \text{ 或 } u_n \to a \quad (n \to \infty).$$

如果不存在这样的常数 a，就说数列 $\{u_n\}$ 没有极限，或者称数列是发散的，习惯上也说 $\lim_{n \to \infty} u_n$ 不存在.

例 1 证明数列 $\left\{ \dfrac{n + (-1)^{n-1}}{n} \right\}$ 的极限是 1.

证 $|u_n - a| = \left| \dfrac{n + (-1)^{n-1}}{n} - 1 \right| = \dfrac{1}{n}$，对任意的 $\varepsilon > 0$，为了使 $|u_n - a| < \varepsilon$，只要

$$\frac{1}{n} < \varepsilon \text{ 或 } n > \frac{1}{\varepsilon}.$$

这个 $\dfrac{1}{\varepsilon}$ 是个确定的实数，有无穷多个大于它的正整数存在，任取一个大于 $\dfrac{1}{\varepsilon}$ 的正整数作为 N，则当 $n > N$ 时，不等式

$$|u_n - a| = \left| \frac{n + (-1)^{n-1}}{n} - 1 \right| = \frac{1}{n} < \varepsilon.$$

即

$$\lim_{n \to \infty} \frac{n + (-1)^{n-1}}{n} = 1.$$

1.2.2 收敛数列的性质与子数列

定理 1（极限的唯一性） 如果数列 $\{u_n\}$ 收敛，那么它的极限唯一.

证 用反证法. 假设同时有 $\lim_{n \to \infty} u_n = a$，$\lim_{n \to \infty} u_n = b$ 且 $a < b$，取 $\varepsilon = \dfrac{b-a}{2}$，因为 $\lim_{n \to \infty} u_n = a$，所以存在一个正整数 N_1，使得当 $n > N_1$ 时，不等式

$$|u_n - a| < \varepsilon = \frac{b-a}{2}$$

都成立，又因为 $\lim_{n \to \infty} u_n = b$，所以存在一个正整数 N_2，使得当 $n > N_2$ 时，不等式

$$|u_n - b| < \varepsilon = \frac{b-a}{2}$$

都成立，取 $N = \max\{N_1, N_2\}$，则 $n > N$ 时，$|u_n - a| < \varepsilon = \dfrac{b-a}{2}$ 与 $|u_n - b| < \varepsilon = \dfrac{b-a}{2}$ 同时成立，但由 $|u_n - a| < \varepsilon = \dfrac{b-a}{2}$ 可知 $u_n < \dfrac{a+b}{2}$，由 $|u_n - b| < \varepsilon = \dfrac{b-a}{2}$ 知

$u_n > \dfrac{a+b}{2}$，这是不可能的，这个矛盾证明了本定理的结论.

定理 2（收敛数列的有界性）　如果数列 $\{u_n\}$ 收敛，那么 $\{u_n\}$ 一定有界.

证　因为 $\{u_n\}$ 收敛，设 $\lim\limits_{n\to\infty} u_n = a$，则对给定的 $\varepsilon = 1$ 存在一个正整数 N，使得当 $n > N$ 时，不等式 $|u_n - a| < \varepsilon = 1$ 成立，即当 $n > N$ 时，有 $|u_n| < 1 + |a|$.

取 $M = \max\{u_1, u_2, \cdots u_N, 1 + |a|\}$，则 $\{u_n\}$ 中的一切项 u_n，都有 $|u_n| \leqslant M$.

这就证明了数列 $\{u_n\}$ 是有界的.

定理 3（收敛数列的保号性）　如果数列 $\lim\limits_{n\to\infty} u_n = a$ 且 $a > 0$（或 $a < 0$），那么存在正整数 N，当 $n > N$ 时，$u_n > 0$（或 $u_n < 0$）.

证　就 $a > 0$ 的情形证明，由数列极限的定义，对 $\varepsilon = \dfrac{a}{2} > 0$，存在一个正整数 N，使得当 $n > N$ 时，不等式

$$|u_n - a| < \varepsilon = \frac{a}{2}$$

都成立，从而有 $u_n > a - \dfrac{a}{2} = \dfrac{a}{2} > 0$.

推论　如果数列 $\{u_n\}$ 从某项起有 $u_n \geqslant 0$（或 $u_n \leqslant 0$）且 $\lim\limits_{n\to\infty} u_n = a$，则 $a \geqslant 0$（或 $a \leqslant 0$）.

证　用反证法. 假设 $\lim\limits_{n\to\infty} u_n = a < 0$，由定理 3 知存在正整数 N，当 $n > N$ 时，$u_n < 0$，与数列 $\{u_n\}$ 从某项起，有 $u_n \geqslant 0$ 矛盾. 所以必有 $a \geqslant 0$.

最后介绍子数列的概念及收敛数列与子数列的关系.

在数列 $\{u_n\}$ 中任意抽取无数多项并保持这些项在原数列中的先后次序，这样得到的数列称为原数列的子数列.

设在原数列 $\{u_n\}$ 中第一次抽取 u_{n_1}，第二次抽取 $u_{n_2}, \ldots, u_{n_k}, \ldots$，这样无休止地抽取下去，得到一个数列 $\{u_{n_k}\}$，$\{u_{n_k}\}$ 就是 $\{u_n\}$ 的一个子数列.

*****定理 4**（收敛数列与其子数列之间的关系）　如果数列 $\lim\limits_{n\to\infty} u_n = a$，则它的任意子数列也收敛，且 $\lim\limits_{n_k\to\infty} u_{n_k} = a$.

证　设 $\{u_{n_k}\}$ 是 $\{u_n\}$ 的任意一个子数列，因为 $\lim\limits_{n\to\infty} u_n = a$，所以对任意给定的正数 ε，总存在一个正整数 N，使得当 $n > N$ 时，不等式 $|u_n - a| < \varepsilon$，取 $K = N$，当 $k > K$ 时，$u_{n_k} > u_K > u_N$，于是 $|u_{n_k} - a| < \varepsilon$，即 $\lim\limits_{n_k\to\infty} u_{n_k} = a$.

推论　如果 $\{u_n\}$ 的两个子数列收敛于不同的极限，则 $\{u_n\}$ 发散.

习题 1.2

1. 观察下列数列，哪些数列收敛？其极限是多少？哪些数列发散？

（1）$u_n = \dfrac{(-1)^n}{n}$；

（2）$u_n = 1 + \left(\dfrac{3}{4}\right)^n$；

（3）$u_n = \dfrac{2n+3}{n^2}$；

（4）$u_n = \dfrac{1}{n}\sin\dfrac{n\pi}{2}$；

（5）$u_n = (-1)^n$；

（6）$u_n = \dfrac{4n+3}{3n-1}$.

2. 回答下列问题.

（1）数列的有界性是数列收敛的什么条件？

（2）无界数列是否一定发散？

（3）有界数列是否一定收敛？

*3. 用数列的定义证明下列等式.

（1）$\lim\limits_{n\to\infty}\dfrac{1}{n^2} = 0$；

（2）$\lim\limits_{n\to\infty}\dfrac{3n+1}{2n+1} = \dfrac{3}{2}$；

（3）$\lim\limits_{n\to\infty}\dfrac{\sqrt{n^2+a^2}}{n} = 1$；

（4）$\lim\limits_{n\to\infty} 0.\underbrace{999\cdots9}_{n\uparrow} = 1$.

*4. 若 $\lim\limits_{n\to\infty}u_n = a$，证明 $\lim\limits_{n\to\infty}|u_n| = |a|$. 并举例说明 $\{|u_n|\}$ 有极限，$\{u_n\}$ 未必有极限.

*5. 设数列 $\{x_n\}$ 有界，又 $\lim\limits_{n\to\infty}y_n = 0$，证明 $\lim\limits_{n\to\infty}x_n y_n = 0$.

*6. 对于数列 $\{x_n\}$，若 $\lim\limits_{k\to\infty}x_{2k-1} = 0$ 且 $\lim\limits_{k\to\infty}x_{2k} = 0$，证明 $\lim\limits_{n\to\infty}x_n = 0$.

1.3 函数的极限

1.3.1 函数极限的概念

数列是一种特殊的函数，下面研究一般函数的极限概念.

函数的变化与自变量的变化有关，只有指出自变量的变化趋势，才能确定相应的函数的变化趋势.

1. 当 $x\to\infty$ 时函数 $f(x)$ 的极限

考察函数 $f(x) = \dfrac{x}{x+1}$.

从图 1.3 中可以看出，当 $x\to\infty$ 时，函数 $f(x) = \dfrac{x}{x+1}$ 无限趋近于常数 1，此时我们称 1 为 $f(x) = \dfrac{x}{x+1}$ 当 $x\to\infty$ 时的极限. 若自变量 x 无限增大时，函数 $f(x)$ 无限趋近于某个确定的常数 A，则称常数 A 为函数 $f(x)$ 当 $x\to\infty$ 时的极限。

定义 1 设函数 $f(x)$ 在 $|x|$ 大于某一正数时有定义，如果存在某一常数 A，对于任意给定的正数 ε（无论它多么小）总存在一个正数 X，使得当 $|x| > X$ 时，有 $|f(x) - A| < \varepsilon$ 成立，则称常数 A 为函数 $f(x)$ 当 $x \to \infty$ 时的极限，记为

$$\lim_{x \to \infty} f(x) = A \text{ 或 } f(x) \to A \qquad (x \to \infty)$$

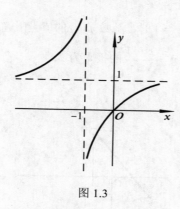

图 1.3

定义 1 可简单地表达为：$\lim\limits_{x \to \infty} f(x) = A \Leftrightarrow \forall \varepsilon > 0$，$\exists X > 0$，当 $|x| > X$ 时，有 $|f(x) - A| < \varepsilon$ 成立.

如果 $x > 0$ 且无限增大（记为 $x \to +\infty$），只要把定义 1 中的 $|x| > X$ 改为 $x > X$ 就可得到 $\lim\limits_{x \to +\infty} f(x) = A$ 的定义. 同样，如果 $x < 0$ 且 $|x|$ 无限增大（记为 $x \to -\infty$），只要把定义 1 中的 $|x| > X$ 改为 $x < -X$ 就可得到 $\lim\limits_{x \to -\infty} f(x) = A$ 的定义.

例 1 证明 $\lim\limits_{x \to \infty} \dfrac{1}{x} = 0$.

分析 $\forall \varepsilon > 0$，要证 $\exists X > 0$，当 $|x| > X$ 时，有 $\left| \dfrac{1}{x} - 0 \right| < \varepsilon$ 成立，即 $|x| > \dfrac{1}{\varepsilon}$ 成立.

证 $\forall \varepsilon > 0$，只要取 $X = \dfrac{1}{\varepsilon}$，那么当 $|x| > X = \dfrac{1}{\varepsilon}$ 时，有不等式 $\left| \dfrac{1}{x} - 0 \right| < \varepsilon$ 成立，所以 $\lim\limits_{x \to \infty} \dfrac{1}{x} = 0$.

定理 1 $\lim\limits_{x \to \infty} f(x) = A \Leftrightarrow \lim\limits_{x \to -\infty} f(x) = \lim\limits_{x \to +\infty} f(x) = A$.

例 2 考察函数 $f(x) = \arctan x$，当 $x \to \infty$ 时极限是否存在.

因为 $\lim\limits_{x \to +\infty} \arctan x = \dfrac{\pi}{2}$，$\lim\limits_{x \to -\infty} \arctan x = -\dfrac{\pi}{2}$，所以由定理 1 可知 $\lim\limits_{x \to \infty} \arctan x$ 不存在.

2. 当 $x \to x_0$ 时函数 $f(x)$ 的极限

首先介绍一下邻域的概念：开区间 $(x_0 - \delta, x_0 + \delta)$ 称为以 x_0 为中心，以 δ（$\delta > 0$）为半径的邻域，简称为点 x_0 的邻域，记为 $U(x_0, \delta)$. 称 $(x_0 - \delta, x_0) \cup (x_0, x_0 + \delta)$ 为 x_0 的去心邻域.

考察函数 $f(x) = \dfrac{x^2 - 1}{x - 1}$.

从图 1.4 可以看出当 $x \to 1$ 时，函数 $f(x)$ 的值无限趋近于常数 2，此时我们称当 x 趋近于 1 时，函数 $f(x) = \dfrac{x^2 - 1}{x - 1}$ 的极限为 2.

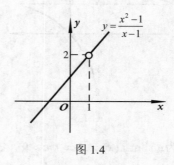

图 1.4

一般地，有如下定义：

定义 2 设函数 $f(x)$ 在 x_0 的某去心邻域内有定义，如果存在某一常数 A，对于任意给定的正数 ε（无论它多么小）总存在一个正 δ，使得当 $0 < |x - x_0| < \delta$ 时，有 $|f(x) - A| < \varepsilon$ 成立，则称常数 A 为函数 $f(x)$ 当 $x \to x_0$ 时的极限，记为

$$\lim_{x \to x_0} f(x) = A \text{ 或 } f(x) \to A \qquad (x \to x_0)$$

定义 2 可简单地表达为：$\lim\limits_{x \to x_0} f(x) = A \Leftrightarrow \forall \varepsilon > 0$，$\exists \delta > 0$，当 $0 < |x - x_0| < \delta$ 时，有 $|f(x) - A| < \varepsilon$ 成立.

注意 定义中 $0 < |x - x_0|$ 表示 $x \neq x_0$，所以 $x \to x_0$ 时，$f(x)$ 是否有极限与 $f(x)$ 在 x_0 是否有定义无关. 极限是研究 $f(x)$ 当 $x \to x_0$ 时的变化趋势.

例 3 证明 $\lim\limits_{x \to x_0} C = C$，$C$ 为常数.

证 $\forall \varepsilon > 0$，可任取 $\delta > 0$，当 $0 < |x - x_0| < \delta$ 时，都有 $|f(x) - A| = |C - C| < \varepsilon$. 所以 $\lim\limits_{x \to x_0} C = C$.

在定义 2 中，x 是以任意方式趋近于 x_0 的，但在有些问题中，往往只需要考虑点 x 从 x_0 的一侧趋近于 x_0 时，函数 $f(x)$ 的变化趋向.

如果当 x 从 x_0 的左侧（$x < x_0$）趋近于 x_0（记为 $x \to x_0^-$）时，$f(x)$ 以 A 为极限，则称 A 为函数 $f(x)$ 当 $x \to x_0$ 时的左极限，记为

$$\lim_{x \to x_0^-} f(x) = A \text{ 或 } f(x) \to A \ (x \to x_0^-).$$

如果当 x 从 x_0 的右侧（$x > x_0$）趋近于 x_0（记为 $x \to x_0^+$）时，$f(x)$ 以 A 为极限，则称 A 为 $f(x)$ 当 $x \to x_0$ 时的右极限，记为

$$\lim_{x \to x_0^+} f(x) = A \text{ 或 } \quad f(x) \to A \quad (x \to x_0^+).$$

函数的极限与左、右极限有如下关系：

定理2 $\lim\limits_{x \to x_0} f(x) = A \Leftrightarrow \lim\limits_{x \to x_0^-} f(x) = \lim\limits_{x \to x_0^+} f(x) = A$.

这个定理常用来判断分段函数在分界点处的极限是否存在.

例4 判断函数 $f(x) = \begin{cases} \cos x, & x > 0 \\ 1 + x, & x \leqslant 0 \end{cases}$ 在 $x = 0$ 点处是否有极限.

解 计算函数 $f(x)$ 在 $x = 0$ 处的左、右极限：

$$\lim_{x \to 0^-} f(x) = \lim_{x \to 0^-} (1 + x) = 1;$$

$$\lim_{x \to 0^+} f(x) = \lim_{x \to 0^+} \cos x = 1.$$

因为 $\lim\limits_{x \to 0^-} f(x) = \lim\limits_{x \to 0^+} f(x)$，所以由定理2可知 $\lim\limits_{x \to 0} f(x) = 1$ 存在.

1.3.2 函数极限的性质

与收敛数列的性质做比较，可得函数极限的一些相应的性质. 它们都可以根据函数极限的定义，运用类似于证明收敛数列极限的性质的方法加以证明，这里证明从略.

函数极限的定义，按自变量的变化过程不同有各种形式，下面仅以 $\lim\limits_{x \to x_0} f(x)$ 这种形式为代表给出关于函数极限性质的一些定理.

定理3（唯一性定理） 若 $\lim\limits_{x \to x_0} f(x)$ 存在，则其极限是唯一的.

定理4（局部有界性定理） 若 $\lim\limits_{x \to x_0} f(x)$ 存在，则必存在 x_0 的某一去心邻域，使得函数 $f(x)$ 在该邻域内有界.

定理5（局部保号性定理） 若 $\lim\limits_{x \to x_0} f(x) = A > 0$（或 $A < 0$），则必存在 x_0 的某一去心邻域，在该邻域内 $f(x) > 0$（或 $f(x) < 0$）.

习题 1.3

1. 设 $f(x) = \begin{cases} x^2 + 1, & x < 0 \\ x, & x \geqslant 0 \end{cases}$，作出 $f(x)$ 的图形，求 $\lim\limits_{x \to 0^-} f(x)$ 及 $\lim\limits_{x \to 0^+} f(x)$，并问 $\lim\limits_{x \to 0} f(x)$ 是否存在.

2. 求 $f(x) = \dfrac{x}{x}$，$\varphi(x) = \dfrac{|x|}{x}$ 当 $x \to 0$ 时的左右极限，并说明它们在 $x \to 0$ 时的极限是否

存在.

3. 设 $f(x) = \begin{cases} x-1, & x<0, \\ 0, & x=0, \\ x+1, & x>0, \end{cases}$ 作出 $f(x)$ 的图形，讨论下列极限是否存在，如果存在，求出

其极限值.

（1）$\lim\limits_{x \to 0} f(x)$；（2）$\lim\limits_{x \to 1} f(x)$；（3）$\lim\limits_{x \to -1} f(x)$.

*4. 根据函数定义证明.

（1）$\lim\limits_{x \to -2} \dfrac{x^2-4}{x+2} = -4$；（2）$\lim\limits_{x \to \infty} \dfrac{1+x^3}{2x^3} = \dfrac{1}{2}$.

*5. 证明 $\lim\limits_{x \to \infty} f(x) = A$ 的充分必要条件为 $\lim\limits_{x \to +\infty} f(x) = \lim\limits_{x \to -\infty} f(x) = A$.

*6. 证明 $\lim\limits_{x \to x_0} f(x) = A$ 的充分必要条件为 $\lim\limits_{x \to x_0^+} f(x) = \lim\limits_{x \to x_0^-} f(x) = A$.

1.4 无穷小与无穷大

1.4.1 无穷小

1. 无穷小量

定义 1 极限为零的变量称为无穷小量，简称为无穷小.

例 1 当 $x \to 0$ 时，函数 $f(x) = \sin x$ 的极限为零，所以称当 $x \to 0$ 时，函数 $\sin x$ 为无穷小，记为 $\lim\limits_{x \to 0} \sin x = 0$ 或记为 $\sin x \to 0\,(x \to 0)$.

但当 $x \to \dfrac{\pi}{2}$ 时，$f(x) = \sin x$ 的极限不为零，所以称当 $x \to \dfrac{\pi}{2}$ 时，函数 $\sin x$ 不是无穷小.

注意 1 无穷小是以零为极限的变量，不能将其与很小的常数相混淆；在所有常数中，零是唯一可以看作无穷小的数，这是因为如果 $f(x) \equiv 0$，则 $\lim f(x) = 0$.

注意 2 无穷小与自变量的变化过程有关，当 $x \to x_0$ 时，$f(x)$ 是无穷小，但当 $x \to x_1\,(x_1 \ne x_0)$ 时，$f(x)$ 不一定还是无穷小.

下面的定理说明无穷小与函数极限的关系.

定理 1 在自变量的同一变化过程 $x \to x_0$（或 $x \to \infty$）中，函数 $f(x)$ 的极限为 A 的充分必要条件是 $f(x) = A + \alpha$，其中 α 是该过程中的无穷小.

2. 无穷小的性质

定理 2 在自变量的同一变化过程中：

（1）有限个无穷小的代数和仍是无穷小；

（2）有限个无穷小的乘积仍是无穷小；

（3）有界函数与无穷小的乘积仍是无穷小，特别地，常数与无穷小的乘积仍是无穷小.

例2 求 $\lim\limits_{x\to 0} x^2 \cdot \sin\dfrac{1}{x}$.

解 因为当 $x\to 0$ 时，x^2 为无穷小，又因为 $\left|\sin\dfrac{1}{x}\right| \le 1$，即 $\sin\dfrac{1}{x}$ 为有界函数，因此当 $x\to 0$ 时，$x^2\cdot\sin\dfrac{1}{x}$ 为无穷小量，所以

$$\lim_{x\to 0} x^2 \cdot \sin\frac{1}{x} = 0 .$$

1.4.2 无穷大

1. 无穷大量

定义2 在自变量 x 的某个变化过程中，若函数值的绝对值 $|f(x)|$ 无限增大，则称 $f(x)$ 为在此变化过程中的无穷大量，简称为无穷大.

例3 当 $x\to 4$ 时，函数 $f(x) = \dfrac{x}{x-4}$ 为无穷大量.

注意 无穷大是指绝对值无限增大的变量，不能将其与很大的常数相混淆，任何常数都不是无穷大.

2. 无穷小与无穷大的关系

定理3 在自变量的同一变化过程中，若 $f(x)$ 为无穷大，则 $\dfrac{1}{f(x)}$ 为无穷小；反之，若 $f(x)$ 为无穷小且 $f(x)\ne 0$，则 $\dfrac{1}{f(x)}$ 为无穷大.

例4 考察 $f(x) = \dfrac{x+1}{x-1}$.

当 $x\to 1$ 时，$\dfrac{x+1}{x-1}\to\infty$，即当 $x\to 1$ 时，$f(x) = \dfrac{x+1}{x-1}$ 为无穷大量；

当 $x\to 1$ 时，$\dfrac{x-1}{x+1}\to 0$，即当 $x\to 1$ 时，$\dfrac{1}{f(x)} = \dfrac{x-1}{x+1}$ 为无穷小量.

习题 1.4

1. 两个无穷小的商是否一定是无穷小？
2. 观察下列函数，哪些是无穷小？哪些是无穷大？

（1）$\dfrac{x-2}{x}$，当 $x\to 0$ 时； （2）$\lg x$，当 $x\to 0^+$ 时；

（3）$10^{\frac{1}{x}}$，当 $x\to 0^+$ 时； （4）$x\cdot\sin\dfrac{1}{x}$，当 $x\to 0$ 时；

（5）$2^{-x}-1$，当 $x\to 0$ 时； （6）e^{-x}，当 $x\to +\infty$ 时.

3．求下列极限．

（1）$\lim\limits_{x\to\infty}\dfrac{2x+1}{x}$；

（2）$\lim\limits_{x\to 0}\dfrac{1-x^2}{1-x}$．

4．函数 $y=x\cos x$ 在 $(-\infty,+\infty)$ 内是否有界？这个函数是否为 $x\to+\infty$ 时的无穷大？为什么？

*5．证明：函数 $y=\dfrac{1}{x}\sin\dfrac{1}{x}$ 在区间 $(0,1]$ 内无界，但函数不是 $x\to 0^+$ 时的无穷大．

1.5　极限运算法则

本节讨论极限的求法，主要建立极限的四则运算法则和复合函数的极限运算法则，利用这些法则可以求某些函数的极限．以后我们还将介绍求极限的其他方法．

定理 1　若 $\lim\limits_{x\to x_0}f(x)=A$，$\lim\limits_{x\to x_0}g(x)=B$，则

（1）$\lim\limits_{x\to x_0}\big[f(x)\pm g(x)\big]=A\pm B$；

（2）$\lim\limits_{x\to x_0}\big[f(x)\cdot g(x)\big]=A\cdot B$；

（3）$\lim\limits_{x\to x_0}\dfrac{f(x)}{g(x)}=\dfrac{A}{B}$　$(B\neq 0)$．

定理 1 中的（1）（2）可推广到有限多个函数的情形，即若当 $x\to x_0$ 时，$f_1(x)$，$f_2(x)$，$\cdots$，$f_n(x)$ 的极限都存在，则有

$$\lim\limits_{x\to x_0}\big[f_1(x)\pm f_2(x)\pm\cdots\pm f_n(x)\big]=\lim\limits_{x\to x_0}f_1(x)\pm\lim\limits_{x\to x_0}f_2(x)\pm\cdots\pm\lim\limits_{x\to x_0}f_n(x)$$；

$$\lim\limits_{x\to x_0}\big[f_1(x)\cdot f_2(x)\cdot\cdots\cdot f_n(x)\big]=\lim\limits_{x\to x_0}f_1(x)\cdot\lim\limits_{x\to x_0}f_2(x)\cdot\cdots\cdot\lim\limits_{x\to x_0}f_n(x)$$．

特别地，在（2）中若 $g(x)\equiv C$，则有

$$\lim\limits_{x\to x_0}(C\cdot f(x))=C\cdot A$$．

以上结论仅就 $x\to x_0$ 时加以叙述，对于自变量 x 的其他变化过程同样成立．

关于数列的极限也有类似的四则运算法则，这就是下面的定理．

定理 2　设有数列 $\{u_n\}$ 和 $\{v_n\}$，如果 $\lim\limits_{n\to\infty}u_n=A$，$\lim\limits_{n\to\infty}v_n=B$，则

（1）$\lim\limits_{n\to\infty}\big[u_n\pm v_n\big]=A\pm B$；

（2）$\lim\limits_{n\to\infty}\big[u_n\cdot v_n\big]=A\cdot B$；

（3）$\lim\limits_{n\to\infty}\dfrac{u_n}{v_n}=\dfrac{A}{B}$　$(v_n\neq 0,n=1,2,\cdots;\ B\neq 0)$．

例 1　求 $\lim\limits_{x\to 2}(3x^2+5x-2)$．

解　$\lim\limits_{x\to 2}(3x^2+5x-2)=\lim\limits_{x\to 2}3x^2+\lim\limits_{x\to 2}5x-\lim\limits_{x\to 2}2=20$．

例2 求 $\lim\limits_{x\to 2}\dfrac{2x^2+2x-1}{3x^2+1}$.

解 $\lim\limits_{x\to 2}\dfrac{2x^2+2x-1}{3x^2+1}=\dfrac{\lim\limits_{x\to 2}(2x^2+2x-1)}{\lim\limits_{x\to 2}(3x^2+1)}=\dfrac{11}{13}$.

例3 求 $\lim\limits_{x\to 3}\dfrac{x^3-27}{x^2-9}$.

解 因为 $\lim\limits_{x\to 3}(x^2-9)=0$，不能直接用定理 1 中商的极限运算法则．注意到分子的极限也为零，此时可首先找出分子分母中的零因子 $x-3$，当 $x\to 3$ 时，由函数的极限定义知 $x\neq 3$，这样可先约去零因子，再计算极限．

$$\lim\limits_{x\to 3}\dfrac{x^3-27}{x^2-9}=\lim\limits_{x\to 3}\dfrac{(x-3)(x^2+3x+9)}{(x-3)(x+3)}$$

$$=\lim\limits_{x\to 3}\dfrac{x^2+3x+9}{x+3}=\dfrac{9}{2}.$$

例4 求 $\lim\limits_{x\to\infty}\dfrac{2x^4+2x^2-1}{5x^4+1}$.

解 当 $x\to\infty$ 时，分子、分母都是无穷大，不能直接利用商的极限运算法则，此时可先将分子、分母同除以 x 的最高次幂 x^4，易知

$$\lim\limits_{x\to\infty}\dfrac{2x^4+2x^2-1}{5x^4+1}=\lim\limits_{x\to\infty}\dfrac{2+2\left(\dfrac{1}{x}\right)^2-\left(\dfrac{1}{x}\right)^4}{5+\left(\dfrac{1}{x}\right)^4}=\dfrac{2}{5}.$$

一般地，对于有理函数（即两个多项式函数的商）的极限，有下面的结论：

$$\lim\limits_{x\to\infty}\dfrac{a_0x^n+a_1x^{n-1}+\cdots+a_{n-1}x+a_n}{b_0x^m+b_1x^{m-1}+\cdots+b_{m-1}x+b_m}=\begin{cases}\infty, & (m<n),\\[2mm]\dfrac{a_0}{b_0}, & (m=n),\\[2mm]0, & (m>n).\end{cases}$$

其中 $a_0\neq 0,\ b_0\neq 0$.

例5 求 $\lim\limits_{x\to\infty}\dfrac{5x^3-2x+3}{4x^4+1}(3+2\cos x)$.

解 分子、分母同除以 x 的最高次幂 x^4，得极限

$$\lim\limits_{x\to\infty}\dfrac{5x^3-2x+3}{4x^4+1}=\lim\limits_{x\to\infty}\dfrac{\dfrac{5}{x}-\dfrac{2}{x^3}+\dfrac{3}{x^4}}{4+\dfrac{1}{x^4}}(3+2\cos x).$$

因为 $\lim\limits_{x\to\infty}\dfrac{\dfrac{5}{x}-\dfrac{2}{x^3}+\dfrac{3}{x^4}}{4+\dfrac{1}{x^4}}=0$ ，又因为 $|3+2\cos x|\leqslant 5$ ，有界函数与无穷小的乘积

为无穷小，

因此当 $x\to\infty$ 时， $\dfrac{\dfrac{5}{x}-\dfrac{2}{x^3}+\dfrac{3}{x^4}}{4+\dfrac{1}{x^4}}(3+2\cos x)$ 为无穷小量，所以

$$\lim_{x\to\infty}\frac{5x^3-2x+3}{4x^4+1}(3+2\cos x)=\lim_{x\to\infty}\frac{\dfrac{5}{x}-\dfrac{2}{x^3}+\dfrac{3}{x^4}}{4+\dfrac{1}{x^4}}(3+2\cos x)=0 .$$

定理 3（复合函数极限运算法则）　设函数 $y=f[g(x)]$ 是由函数 $y=f(u)$ 和 $u=g(x)$ 复合而成的函数， $y=f[g(x)]$ 在 x_0 的某去心邻域内有定义，若 $\lim\limits_{x\to x_0}g(x)=u_0$ 且在 x_0 的某去心邻域内 $g(x)\neq u_0$ ， $\lim\limits_{u\to u_0}f(u)=A$ ，则

$$\lim_{x\to x_0}f[g(x)]=\lim_{u\to u_0}f(u)=A .$$

注意 1　定理 3 中把 $\lim\limits_{x\to x_0}g(x)=u_0$ 换成 $\lim\limits_{x\to x_0}g(x)=\infty$ 或 $\lim\limits_{x\to\infty}g(x)=\infty$ ，而把 $\lim\limits_{u\to u_0}f(u)=A$ 换成 $\lim\limits_{u\to\infty}f(u)=A$ 可得类似的定理.

注意 2　定理 3 表明，如果函数 $y=f(u)$ 和 $u=g(x)$ 满足定理的条件，那么可做代换 $u=g(x)$ ，把求 $\lim\limits_{x\to x_0}f[g(x)]$ 的问题化为求 $\lim\limits_{u\to u_0}f(u)$ ，这里 $u_0=\lim\limits_{x\to x_0}g(x)$.

习题 1.5

1．求下列极限.

（1）$\lim\limits_{x\to 2}\dfrac{x^2+5}{x^2-3}$ ；

（2）$\lim\limits_{x\to 1}\dfrac{x^2-2x+1}{x^3-x}$ ；

（3）$\lim\limits_{x\to 4}\dfrac{x^2-6x+8}{x^2-5x+4}$ ；

（4）$\lim\limits_{x\to\infty}\left(2-\dfrac{1}{x}-\dfrac{1}{x^2}\right)$ ；

（5）$\lim\limits_{x\to\infty}\dfrac{x^2+2x-3}{3x^2-5x+2}$ ；

（6）$\lim\limits_{x\to\infty}\dfrac{x^3+x}{x^4-3x^2+1}$ ；

（7）$\lim\limits_{h\to 0}\dfrac{(x+h)^2-x^2}{h}$ ；

（8）$\lim\limits_{n\to\infty}\left(\dfrac{1}{n^2}+\dfrac{2}{n^2}+\dfrac{3}{n^2}+\cdots+\dfrac{n}{n^2}\right)$ ；

（9）$\lim\limits_{n\to\infty}\left(1+\dfrac{1}{2}+\dfrac{1}{2^2}+\cdots+\dfrac{1}{2^n}\right)$

（10）$\lim\limits_{x\to 1}\left(\dfrac{1}{1-x}-\dfrac{3}{1-x^3}\right)$.

2．求下列极限.

（1）$\lim\limits_{x\to\infty}\dfrac{\sin x}{x}$ ；

（2）$\lim\limits_{x\to 0}x^2\cos\dfrac{1}{x^2}$ ；

（3）$\lim\limits_{x\to 0}(x^2+x)\sin\dfrac{1}{x}$；　　　　　　（4）$\lim\limits_{x\to\infty}\dfrac{\arctan x}{x}$．

3. 求下列极限.

（1）$\lim\limits_{x\to\infty}\dfrac{x^3-4x+1}{2x^2+x-1}$；　　（2）$\lim\limits_{x\to 3}\dfrac{x+1}{x-3}$；　　（3）$\lim\limits_{x\to 2}\left(\dfrac{1}{x-2}-\dfrac{2}{x^2-4}\right)$．

4. 下列陈述中，哪些是对的？那些是错的？如果是对的说明理由；如果是错的试给出一个反例.

（1）如果 $\lim\limits_{x\to x_0}f(x)$ 存在，但 $\lim\limits_{x\to x_0}g(x)$ 不存在，那么 $\lim\limits_{x\to x_0}[f(x)+g(x)]$ 不存在.

（2）如果 $\lim\limits_{x\to x_0}f(x)$ 和 $\lim\limits_{x\to x_0}g(x)$ 都不存在，那么 $\lim\limits_{x\to x_0}[f(x)+g(x)]$ 不存在.

（3）如果 $\lim\limits_{x\to x_0}f(x)$ 存在，但 $\lim\limits_{x\to x_0}g(x)$ 不存在，那么 $\lim\limits_{x\to x_0}[f(x)g(x)]$ 不存在.

1.6　极限存在准则与两个重要极限

1.6.1　极限存在准则

准则 1　如果数列 $\{x_n\}$，$\{y_n\}$，$\{z_n\}$ 满足下列条件：

从某项起，即存在正整数 n_0，使得当 $n>n_0$ 时，有 $y_n\leqslant x_n\leqslant z_n$，

$$\lim\limits_{n\to\infty}y_n=\lim\limits_{n\to\infty}z_n=a．$$

则数列 $\{x_n\}$ 的极限一定存在，且 $\lim\limits_{n\to\infty}x_n=a$．

证　因为 $\lim\limits_{n\to\infty}y_n=\lim\limits_{n\to\infty}z_n=a$，所以 $\forall\varepsilon>0$，$\exists$ 一个正整数 N_1，使得 $n>N_1$ 时 $|y_n-a|<\varepsilon$．

同时 $\exists$ 一个正整数 N_2，使得 $n>N_2$ 时 $|z_n-a|<\varepsilon$，取 $N=\max\{N_1,N_2\}$，则当 $n>N$ 时，$|y_n-a|<\varepsilon$，$|z_n-a|<\varepsilon$ 同时成立，即 $a-\varepsilon<y_n\leqslant x_n\leqslant z_n<a+\varepsilon$，即 $|x_n-a|<\varepsilon$．

所以

$$\lim\limits_{n\to\infty}x_n=a．$$

上述数列极限存在准则可以推广到函数的极限：

*准则 1　如果函数 $f(x),g(x),h(x)$ 满足下列条件：

在 x_0 的某去心邻域内有 $g(x)\leqslant f(x)\leqslant h(x)$，

$$\lim\limits_{x\to x_0}g(x)=\lim\limits_{x\to x_0}h(x)=A，$$

则函数 $f(x)$ 的极限一定存在，且 $\lim\limits_{x\to x_0}f(x)=A$．

准则 1 和准则 1* 称为夹逼定理，也叫卡定理.

准则 2　单调有界数列必有极限.

如果数列 $\{x_n\}$ 满足条件

$$x_1 \leqslant x_2 \leqslant \cdots \leqslant x_n \leqslant x_{n+1} \cdots$$

就称 $\{x_n\}$ 是单调递增的数列；

如果数列 $\{x_n\}$ 满足条件

$$x_1 \geqslant x_2 \geqslant \cdots \geqslant x_n \geqslant x_{n+1} \cdots$$

就称 $\{x_n\}$ 是单调递减的数列.

单调递增和单调递减数列统称为单调数列.

对准则 2 不做证明.

1.6.2 两个重要极限

1. $\lim\limits_{x \to 0} \dfrac{\sin x}{x} = 1$

证明　当 $x \to 0$ 时，$f(x) = \dfrac{\sin x}{x}$ 的极限不能用商的运算法则来计算. 为证明

这个极限，先设 $0 < x < \dfrac{\pi}{2}$，作一单位圆（如图 1.5 所示），令 $\angle AOB = x$，过点 A 作

切线 AC，那么 $\triangle AOC$ 的面积为 $\dfrac{1}{2}\tan x$，扇形 AOB 的面积为 $\dfrac{1}{2}x$，$\triangle AOB$ 的面积

为 $\dfrac{1}{2}\sin x$，因为扇形面积介于两个三角形面积之间，所以

$$\frac{1}{2}\sin x < \frac{1}{2}x < \frac{1}{2}\tan x ,$$

即

$$\sin x < x < \tan x .$$

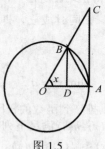

图 1.5

因为 $\sin x > 0$，用 $\sin x$ 除以上式得

$$1 < \frac{x}{\sin x} < \frac{1}{\cos x} \quad \text{或} \quad \cos x < \frac{\sin x}{x} < 1 .$$

因为 $\dfrac{\sin x}{x}$ 与 $\cos x$ 都是偶函数，所以当 x 取负值时上式也成立，因而当

$0 < |x| < \dfrac{\pi}{2}$ 时，有

$$\cos x < \frac{\sin x}{x} < 1 .$$

由图 1.5 不难看出，当 $x \to 0$ 时，$\cos x = OD \to OA = 1$，于是由极限的夹逼定理有

$$\lim_{x \to 0} \frac{\sin x}{x} = 1 .$$

此极限也可记为：

$$\lim_{\square \to 0} \frac{\sin \square}{\square} = 1 \qquad （式中\square代表同一个变量）.$$

例 1 求 $\lim\limits_{x \to 0} \dfrac{\sin 2x}{3x}$.

解 $\lim\limits_{x \to 0} \dfrac{\sin 2x}{3x} = \lim\limits_{x \to 0} \dfrac{2}{3} \cdot \dfrac{\sin 2x}{2x} = \dfrac{2}{3} \lim\limits_{y \to 0} \dfrac{\sin y}{y} = \dfrac{2}{3}$ （令 $2x = y$， 当 $x \to 0$ 时，

$y \to 0$）.

例 2 求 $\lim\limits_{x \to 0} \dfrac{\tan x}{x}$.

解 $\lim\limits_{x \to 0} \dfrac{\tan x}{x} = \lim\limits_{x \to 0} \dfrac{1}{x} \dfrac{\sin x}{\cos x} = \lim\limits_{x \to 0} \dfrac{1}{\cos x} \lim\limits_{x \to 0} \dfrac{\sin x}{x} = 1$.

例 3 求 $\lim\limits_{x \to 0} \dfrac{1 - \cos x}{x^2}$.

解 $\lim\limits_{x \to 0} \dfrac{1 - \cos x}{x^2} = \lim\limits_{x \to 0} \dfrac{2\sin^2 \dfrac{x}{2}}{x^2} = \dfrac{1}{2} \lim\limits_{x \to 0} \left[\dfrac{\sin \dfrac{x}{2}}{\dfrac{x}{2}} \right]^2 = \dfrac{1}{2}$.

例 4 $\lim\limits_{x \to \infty} \left(x \cdot \sin \dfrac{1}{x} \right)$.

解 $\lim\limits_{x \to \infty} \left(x \cdot \sin \dfrac{1}{x} \right) = \lim\limits_{x \to \infty} \dfrac{\sin \dfrac{1}{x}}{\dfrac{1}{x}} = 1$.

2. $\lim\limits_{x \to \infty} \left(1 + \dfrac{1}{x} \right)^x = e$

这里的 e 是一个无理数 $2.71828182845904\cdots$，此极限也可记为

$$\lim_{\square \to \infty} \left(1 + \frac{1}{\square} \right)^{\square} = e \qquad （式中\square代表同一个变量）.$$

如果令 $\dfrac{1}{x}=t$，则当 $x\to\infty$ 时，$t\to 0$，从而

$$\lim_{t\to 0}(1+t)^{\frac{1}{t}}=\mathrm{e}\,.$$

该重要极限的证明比较复杂，在此予以省略，有兴趣的读者请参看高等教育出版社出版的《高等数学》（第七版）的第 49 页.

下面举例说明这个重要极限的应用.

例 5　求 $\lim\limits_{x\to\infty}\left(1+\dfrac{2}{x}\right)^{x}$.

解　$\lim\limits_{x\to\infty}\left(1+\dfrac{2}{x}\right)^{x}=\lim\limits_{x\to\infty}\left[\left(1+\dfrac{1}{\frac{x}{2}}\right)^{\frac{x}{2}}\right]^{2}=\mathrm{e}^{2}$.

例 6　求 $\lim\limits_{x\to\infty}\left(1-\dfrac{3}{x}\right)^{2x+4}$.

解　$\lim\limits_{x\to\infty}\left(1-\dfrac{3}{x}\right)^{2x+4}=\lim\limits_{x\to\infty}\left(1-\dfrac{3}{x}\right)^{2x}\left(1-\dfrac{3}{x}\right)^{4}=\lim\limits_{x\to\infty}\left[\left(1-\dfrac{3}{x}\right)^{-\frac{x}{3}}\right]^{-6}\left(1-\dfrac{3}{x}\right)^{4}=\mathrm{e}^{-6}$.

例 7　求 $\lim\limits_{x\to\infty}\left(\dfrac{x^{2}+1}{x^{2}}\right)^{x^{2}+1}$.

解　$\lim\limits_{x\to\infty}\left(\dfrac{x^{2}+1}{x^{2}}\right)^{x^{2}+1}=\lim\limits_{x\to\infty}\left[\left(1+\dfrac{1}{x^{2}}\right)^{x^{2}}\left(1+\dfrac{1}{x^{2}}\right)\right]=\mathrm{e}$.

习题 1.6

1. 求下列极限.

（1）$\lim\limits_{x\to 0}\dfrac{\sin 3x}{4x}$;

（2）$\lim\limits_{x\to 0}x\cdot\cot x$;

（3）$\lim\limits_{x\to 0}\dfrac{\sin 5x}{\tan 2x}$;

（4）$\lim\limits_{x\to 0}\dfrac{1-\cos 2x}{x\sin x}$;

（5）$\lim\limits_{x\to 0}\dfrac{\sin mx}{\sin nx}$;

（6）$\lim\limits_{x\to 0}\dfrac{\tan mx}{\tan nx}$;

（7）$\lim\limits_{n\to\infty}n\sin\dfrac{1}{n}$;

（8）$\lim\limits_{n\to\infty}2^{n}\sin\dfrac{x}{2^{n}}$.

2. 求下列极限.

（1）$\lim\limits_{x\to 0}(1-x)^{\frac{1}{x}}$;

（2）$\lim\limits_{x\to 0}(1+2x)^{\frac{1}{x}}$;

（3）$\lim\limits_{x\to\infty}\left(\dfrac{x+1}{x}\right)^{2x}$；

（4）$\lim\limits_{x\to\infty}\left(1-\dfrac{1}{x}\right)^{kx}(k\in\mathbf{Z}^{+})$；

（5）$\lim\limits_{x\to\infty}\left(1+\dfrac{2}{x}\right)^{x+3}$；

（6）$\lim\limits_{x\to0}(1-4x)^{\frac{1}{x}}$；

（7）$\lim\limits_{x\to\infty}\left(\dfrac{x+1}{x-2}\right)^{x}$；

（8）$\lim\limits_{x\to\infty}\left(\dfrac{2x-1}{2x+1}\right)^{x}$；

（9）$\lim\limits_{n\to\infty}\left(1+\dfrac{2}{n}\right)^{n}$；

（10）$\lim\limits_{n\to\infty}\left(1-\dfrac{4}{n^{2}}\right)^{n}$．

1.7　无穷小的比较

在前面有关无穷小的讨论中，没有涉及到两个无穷小之比，这是因为两个无穷小的比会出现不同的情况．例如，当 $x\to0$ 时，x、x^{2}、$\sin x$、$x\sin\dfrac{1}{x}$ 等都是无穷小，但它们的比在 $x\to0$ 时却有不同的变化情况，如

$$\frac{x^{2}}{x}\to0,\ \frac{\sin x}{x}\to1,\ \frac{x}{x^{2}}\to\infty,\ \text{而}\ \frac{x\sin\dfrac{1}{x}}{x}\ \text{没有极限}.$$

这一事实反映了同一过程中如 $x\to0$ 时各个无穷小趋于 0 的快慢程度，因此有必要进一步讨论两个无穷小之比．

定义 1　设 α 与 β 是自变量的同一变化过程中的两个无穷小，则在所论的自变量的变化过程中：

（1）若 $\dfrac{\alpha}{\beta}\to0$，则称 α 为比 β 高阶的无穷小，记作 $\alpha=o(\beta)$；

（2）若 $\dfrac{\alpha}{\beta}\to C\neq0$，$C$ 为常数，则称 α 与 β 为同阶无穷小；

（3）若 $\dfrac{\alpha}{\beta}\to1$，则称 α 与 β 为等价无穷小，记作 $\alpha\sim\beta$；

（4）若 $\dfrac{\alpha}{\beta}\to\infty$，则称 α 为比 β 低阶的无穷小．

例1　证明当 $x\to0$ 时，$\arcsin x$ 与 x 是等价无穷小．

证　令 $\arcsin x=t$，则 $x=\sin t$，当 $x\to0$ 时，$t\to0$，于是

$$\lim\limits_{x\to0}\frac{\arcsin x}{x}=\lim\limits_{t\to0}\frac{t}{\sin t}=1,$$

故当 $x\to0$ 时，$\arcsin x\sim x$．

同理，当 $x\to0$ 时，$\arctan x$ 与 x 是等价无穷小．

在极限计算中，经常使用下述无穷小等价代换定理，从而使两个无穷小之比的极限问题得到简化．

定理1 设在自变量的同一变化过程中 $\alpha \sim \alpha'$，$\beta \sim \beta'$，且 $\lim \dfrac{\beta'}{\alpha'}$ 存在，则

$$\lim \frac{\beta}{\alpha} = \lim \frac{\beta'}{\alpha'}.$$

证 $\lim \dfrac{\beta}{\alpha} = \lim \left(\dfrac{\beta}{\beta'} \cdot \dfrac{\beta'}{\alpha'} \cdot \dfrac{\alpha'}{\alpha} \right) = \lim \dfrac{\beta}{\beta'} \cdot \lim \dfrac{\beta'}{\alpha'} \cdot \lim \dfrac{\alpha'}{\alpha} = \lim \dfrac{\beta'}{\alpha'}.$

例2 求下列极限.

（1） $\lim\limits_{x \to 0} \dfrac{\tan 2x}{\sin 3x}$；（2） $\lim\limits_{x \to 0} \dfrac{1 - \cos x}{x \cdot \sin x}$.

解 （1）当 $x \to 0$ 时，$\tan 2x \sim 2x$，$\sin 3x \sim 3x$，因此

$$\lim_{x \to 0} \frac{\tan 2x}{\sin 3x} = \lim_{x \to 0} \frac{2x}{3x} = \frac{2}{3}.$$

（2）当 $x \to 0$ 时，$\sin x \sim x$，因此

$$\lim_{x \to 0} \frac{1 - \cos x}{x \cdot \sin x} = \lim_{x \to 0} \frac{2 \sin^2 \dfrac{x}{2}}{x \cdot \sin x} = \lim_{x \to 0} \frac{2 \left(\dfrac{x}{2} \right)^2}{x \cdot x} = \frac{1}{2}.$$

例3 求 $\lim\limits_{x \to 0} \dfrac{\tan x - \sin x}{x^3}$.

解 $\lim\limits_{x \to 0} \dfrac{\tan x - \sin x}{x^3} = \lim\limits_{x \to 0} \dfrac{\sin x (1 - \cos x)}{x^3 \cos x} = \lim\limits_{x \to 0} \dfrac{\sin x}{x} \cdot \dfrac{1 - \cos x}{x^2} \cdot \dfrac{1}{\cos x}$

$$= \lim_{x \to 0} \frac{\sin x}{x} \cdot \lim_{x \to 0} \frac{1 - \cos x}{x^2} \cdot \lim_{x \to 0} \frac{1}{\cos x} = \frac{1}{2}.$$

或者，因为当 $x \to 0$ 时，$\sin x \sim x$，$1 - \cos x \sim \dfrac{1}{2} x^2$，所以

$$\lim_{x \to 0} \frac{\sin x (1 - \cos x)}{x^3 \cos x} = \lim_{x \to 0} \frac{x \cdot \dfrac{1}{2} x^2}{x^3 \cos x} = \frac{1}{2}.$$

但第二种的解法是错误的，因为当 $x \to 0$ 时，$\sin x \sim x$，$\tan x \sim x$，所以

$$\lim_{x \to 0} \frac{\tan x - \sin x}{x^3} = \lim_{x \to 0} \frac{x - x}{x^3} = 0.$$

就是说无穷小的等价代换只能代换乘积因子.

习题 1.7

1. 当 $x \to 0$ 时，$2x - x^2$ 与 $x^2 - x^3$ 比较，哪一个是高阶无穷小？

2. 当 $x \to 1$ 时，无穷小 $1 - x$ 和（1） $1 - x^3$；（2） $\dfrac{1 - x^2}{2}$，是否同阶，是否等价？

3. 利用等价无穷小代换定理计算下列极限.

（1）$\lim\limits_{x\to0}\dfrac{\arctan 2x}{\sin 5x}$ ；

（2）$\lim\limits_{x\to0}\dfrac{\ln(1+3x)}{\sin 2x}$ ；

（3）$\lim\limits_{x\to0}\dfrac{\sin x}{x^3+3x}$ ；

（4）$\lim\limits_{x\to0}\dfrac{\arcsin 4x}{3x}$ ；

（5）$\lim\limits_{x\to0}\dfrac{\tan 3x}{2x}$ ；

（6）$\lim\limits_{x\to0}\dfrac{\sin(x^n)}{(\sin x)^m}$ ；

（7）$\lim\limits_{x\to0}\dfrac{\tan x-\sin x}{\sin^3 x}$ ；

（8）$\lim\limits_{x\to0}\dfrac{1-\cos x}{x\sin x}$.

4. 证明无穷小的等价关系具有如下性质：

（1）$\alpha\sim\alpha$（反身性）；

（2）若 $\alpha\sim\beta$，则 $\beta\sim\alpha$（对称性）；

（3）若 $\alpha\sim\beta$，$\beta\sim\gamma$，则 $\alpha\sim\gamma$（传递性）.

1.8 函数的连续性

1.8.1 函数的连续性概念

自然界中的许多现象，如气温变化、植物生长等都是连续不断地运动和变化的，这些现象反映到数学上，就是所谓函数的连续性.

下面我们首先引入增量的概念，然后来描述连续性，并引出函数的连续性定义.

设函数 $y=f(x)$ 在点 x_0 的某邻域内有定义，当自变量 x 由 x_0（称为初值）变化到 x_1（称为终值）时，终值与初值之差 x_1-x_0 称为自变量的增量（或改变量），记为 $\Delta x=x_1-x_0$.

相应地，函数的终值 $f(x_1)$ 与初值 $f(x_0)$ 之差 $f(x_1)-f(x_0)=f(x_0+\Delta x)-f(x_0)$ 称为函数的增量（或改变量），记为 $\Delta y=f(x_0+\Delta x)-f(x_0)$.

几何上，函数的增量表示当自变量从 x_0 变到 $x_0+\Delta x$ 时，曲线上对应点的纵坐标的增量（如图 1.6 所示）.

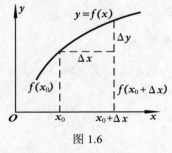

图 1.6

函数在某点 x_0 处连续，在几何上表示为函数图形在 x_0 附近为一条连续不断的曲线；从图 1.6 可以看出，其特点是当自变量的增量 Δx 趋于零时，函数的增量 Δy

也趋于零，即有下述定义：

定义 1 设函数 $y = f(x)$ 在 x_0 的某邻域内有定义，当自变量 x 在点 x_0 处有增量 Δx 时，相应地函数有增量 $\Delta y = f(x_0 + \Delta x) - f(x_0)$．如果当自变量的增量 Δx 趋于零时，函数的增量 Δy 也趋于零，即 $\lim\limits_{\Delta x \to 0} \Delta y = \lim\limits_{\Delta x \to 0}\left[f(x_0 + \Delta x) - f(x_0) \right] = 0$，则称函数 $y = f(x)$ 在点 x_0 处连续，x_0 称为函数 $f(x)$ 的连续点．

定义 1 中，若记 $x = x_0 + \Delta x$，则 $\Delta y = f(x) - f(x_0)$，则当 $\Delta x \to 0$ 时，$x \to x_0$，故定义 1 又可以定义 2 表述。

定义 2 设函数 $y = f(x)$ 在 x_0 的某邻域内有定义，如果极限 $\lim\limits_{x \to x_0} f(x)$ 存在，且等于函数在 x_0 处的函数值 $f(x_0)$，即

$$\lim_{x \to x_0} f(x) = f(x_0)，$$

则称函数 $y = f(x)$ 在点 x_0 处连续．

如果函数 $y = f(x)$ 在开区间 (a,b) 内每一点都连续，则称 $f(x)$ 在 (a,b) 内连续．

若函数 $f(x)$ 满足 $\lim\limits_{\substack{x \to x_0^- \\ (x \to x_0^+)}} f(x) = f(x_0)$，则称函数 $f(x)$ 在点 x_0 处左（右）连续；

如果函数 $f(x)$ 在 (a,b) 内连续，且在左端点 a 处右连续，在右端点 b 处左连续，则称函数 $f(x)$ 在闭区间 $\left[a,b \right]$ 上连续．

例 1 证明 $y = \sin x$ 在 $(-\infty, +\infty)$ 内连续．

证 对任意 $x_0 \in (-\infty, +\infty)$，有

$$\Delta y = \sin(x_0 + \Delta x) - \sin x_0 = 2\cos\left(x_0 + \frac{\Delta x}{2} \right) \cdot \sin \frac{\Delta x}{2}，$$

因为 $\left| 2\cos\left(x_0 + \dfrac{\Delta x}{2} \right) \right| \leqslant 2$，而当 $\Delta x \to 0$ 时，$\sin \dfrac{\Delta x}{2} \to 0$，由有界函数与无穷小的乘积仍为无穷小，得

$$\lim_{\Delta x \to 0} \Delta y = 0．$$

即 $\sin x$ 在点 x_0 处连续，由点 x_0 的任意性可知，$y = \sin x$ 在区间 $(-\infty, +\infty)$ 内连续．

同样可证 $y = \cos x$ 也在 $(-\infty, +\infty)$ 内连续．

1.8.2 函数的间断点及其类型

由定义 2 可知，函数 $f(x)$ 在点 x_0 处连续，必须同时满足以下三个条件：

（1）$f(x)$ 在 x_0 的某邻域内有定义；

（2）$\lim\limits_{x \to x_0} f(x)$ 存在；

（3）$\lim\limits_{x \to x_0} f(x) = f(x_0)$．

上述三个条件中只要有一条不满足，则称函数 $f(x)$ 在点 x_0 处间断，x_0 称为函数 $f(x)$ 的间断点．如果 x_0 是函数 $f(x)$ 的间断点，并且函数 $f(x)$ 在点 x_0 处的左右

极限存在，称点 x_0 是函数 $f(x)$ 的第一类间断点；若函数 $f(x)$ 在点 x_0 处的左右极限至少有一个不存在，则称点 x_0 为函数 $f(x)$ 的第二类间断点.

下面通过例子说明间断点的类型.

例 2　考察函数 $f(x) = \arctan\dfrac{1}{x}$，由于函数在 $x = 0$ 处没有定义，所以函数在 $x = 0$ 处间断.　由于

$$\lim_{x \to 0^-} \arctan\frac{1}{x} = -\frac{\pi}{2}, \quad \lim_{x \to 0^+} \arctan\frac{1}{x} = \frac{\pi}{2},$$

函数 $f(x)$ 在点 x_0 处的左右极限存在但不相等，点 x_0 是 $f(x)$ 的第一类间断点.

函数 $f(x)$ 在点 x_0 处的左右极限都存在但不相等时，称点 x_0 是 $f(x)$ 的跳跃间断点，如图 1.7（a）所示，跳跃间断点是第一类间断点.

例 3　考察函数 $f(x) = \begin{cases} \dfrac{x^2 - 1}{x - 1}, & x \neq 1, \\ 3, & x = 1. \end{cases}$

由于 $\lim\limits_{x \to 1} f(x) = \lim\limits_{x \to 1} \dfrac{x^2 - 1}{x - 1} = 2$，而 $f(1) = 3$，函数 $f(x)$ 在该点处的极限存在但不等于该点处的函数值，所以函数在 $x = 1$ 处间断，如果改变定义，令 $x = 1$ 时，$f(1) = 2$，则所构造的新的函数在 $x = 1$ 处成为连续函数.

一般地，如果函数 $f(x)$ 在 x_0 处极限存在，但不等于函数在该点的函数值（如图 1.7（b）所示）；或者函数 $f(x)$ 在 x_0 处极限存在，但函数在该点处没有定义（如图 1.7（c）所示），设 $\lim\limits_{x \to x_0} f(x) = A$，可以通过改变或补充定义，使函数在点 x_0 处的函数值等于 A，即构造一个新的函数

$$\varphi(x) = \begin{cases} f(x), & x \neq x_0, \\ A, & x = x_0. \end{cases}$$

这时，$\varphi(x)$ 在点 x_0 处连续.　x_0 称为 $f(x)$ 的可去间断点.　可去间断点是第一类间断点.

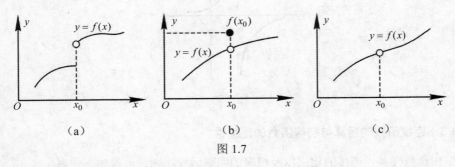

（a）　　　　　　　　（b）　　　　　　　　（c）

图 1.7

下面再举两个第二类间断点的例子.

例 4　考察函数 $f(x) = \sin \dfrac{1}{x}$，该函数在 $x = 0$ 处没有定义，所以函数在 $x = 0$ 处间断．

又因为当 $x \to 0$ 时，函数值在 1 与 −1 之间无限次地振荡（如图 1.8 所示），极限不存在，所以 $x = 0$ 是 $f(x) = \sin \dfrac{1}{x}$ 的第二类间断点．

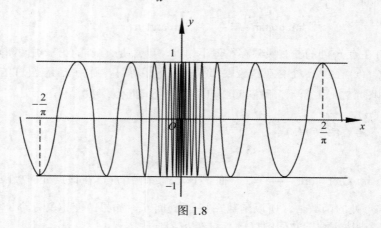

图 1.8

例 5　如图 1.9 所示，考察函数 $f(x) = \dfrac{1}{x+1}$，该函数在点 $x = -1$ 处没有定义，所以函数在 $x = -1$ 处间断；又因为 $\lim\limits_{x \to -1} \dfrac{1}{x+1} = \infty$，极限不存在，趋于无穷，所以 $x = -1$ 是函数 $f(x) = \dfrac{1}{x+1}$ 的第二类间断点．

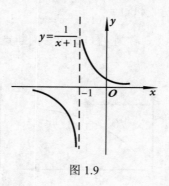

图 1.9

1.8.3　连续函数的运算与初等函数的连续性

由函数在某点连续的定义以及极限的四则运算法则，可得如下定理：

定理 1（连续函数的四则运算）　如果 $f(x)$ 和 $g(x)$ 均在点 x_0 处连续，那么

$f(x) \pm g(x)$，$f(x) \cdot g(x)$，$\dfrac{f(x)}{g(x)}$ $(g(x_0) \neq 0)$ 也在 x_0 处连续.

此定理表明，连续函数的和、差、积、商（分母不为零）仍是连续函数.

定理 2（反函数的连续性）　连续函数的反函数在其对应区间上也是连续函数.

由定理 1、定理 2 容易证明：基本初等函数在其定义域内连续.

定理 3（复合函数的连续性）　设函数 $u = \varphi(x)$ 在点 x_0 处连续，且 $u_0 = \varphi(x_0)$，又函数 $y = f(u)$ 在 u_0 处连续，则复合函数 $y = f[\varphi(x)]$ 在点 x_0 处连续，即

$$\lim_{x \to x_0} f[\varphi(x)] = f[\varphi(x_0)].$$

此定理表明，由连续函数复合而成的复合函数仍是连续函数.

由以上三个定理可知：一切初等函数在其有定义的区间内是连续的.

根据函数的连续性定义以及上面的结论，计算初等函数 $f(x)$ 在其定义区间内某点 x_0 处的极限，只要计算 $f(x)$ 在点 x_0 处的函数值 $f(x_0)$ 即可.

例 6　求 $\lim\limits_{x \to 0} \dfrac{\mathrm{e}^x + \ln(x+1)}{\cos x + 2}$.

解　$\lim\limits_{x \to 0} \dfrac{\mathrm{e}^x + \ln(x+1)}{\cos x + 2} = \dfrac{1}{3}$.

复合函数的连续性结合 1.5 节的定理 3 可得如下结论：

如果函数 $y = f[g(x)]$ 是由函数 $y = f(u)$ 和 $u = g(x)$ 复合而成的函数，$y = f[g(x)]$ 在 x_0 的某去心邻域内有定义，若 $\lim\limits_{x \to x_0} g(x) = u_0$ 且在 x_0 的某去心邻域内 $g(x) \neq u_0$，$y = f(u)$ 在 u_0 连续，则 $\lim\limits_{x \to x_0} f[g(x)] = f\left(\lim\limits_{x \to x_0} g(x)\right)$.

例 7　求 $\lim\limits_{x \to 0} \dfrac{\ln(x+1)}{x}$.

解　$\lim\limits_{x \to 0} \dfrac{\ln(x+1)}{x} = \lim\limits_{x \to 0} \ln(x+1)^{\frac{1}{x}} = \ln\left[\lim\limits_{x \to 0}(x+1)^{\frac{1}{x}}\right] = \ln \mathrm{e} = 1$.

例 8　求 $\lim\limits_{x \to 0} \dfrac{a^x - 1}{x}$.

解　令 $a^x - 1 = t$，则 $x = \log_a(1+t)$，当 $x \to 0$ 时，$t \to 0$.

所以

$$\lim_{x \to 0} \frac{a^x - 1}{x} = \lim_{t \to 0} \frac{t}{\log_a(1+t)} = \lim_{t \to 0} \frac{1}{\dfrac{1}{t}\log_a(1+t)} = \lim_{t \to 0} \frac{1}{\log_a(1+t)^{\frac{1}{t}}}$$

$$= \frac{1}{\log_a\left[\lim\limits_{t \to 0}(1+t)^{\frac{1}{t}}\right]} = \frac{1}{\log_a \mathrm{e}} = \ln a.$$

例 9　求 $\lim\limits_{x \to 0}(1 + 2x)^{\frac{3}{\sin x}}$.

解 因为 $(1+2x)^{\frac{3}{\sin x}} = e^{\ln(1+2x)^{\frac{3}{\sin x}}} = e^{\ln(1+2x)^{\frac{1}{2x}\cdot\frac{6x}{\sin x}}} = e^{\frac{6x}{\sin x}\ln(1+2x)^{\frac{1}{2x}}}$，

所以

$$\lim_{x\to 0}(1+2x)^{\frac{3}{\sin x}} = e^{\lim\limits_{x\to 0}6\frac{x}{\sin x}\ln(1+2x)^{\frac{1}{2x}}} = e^6.$$

习题 1.8

1．讨论下列函数在指定点处的连续性，若是间断点，说明间断点的类型．

（1）$y = \dfrac{x^2-1}{x^2-3x+2}$，$x=1$，$x=2$；　　（2）$y = \dfrac{x}{\sin x}$，$x=0$；

（3）$y = \cos\dfrac{1}{x}$，$x=0$．

2．设函数 $f(x) = \begin{cases} 1-e^{-x}, & x<0, \\ a+x, & x\geqslant 0, \end{cases}$ 应当怎样选择 a，才能使 $f(x)$ 在其定义域内连续？

3．讨论下列函数的连续性，如果有间断点，则说明其类型，如果是可去间断点，则补充或改变函数的定义，使它在该点连续．

（1）$y = \begin{cases} 0, & x<0, \\ x, & 0\leqslant x<1, \\ 1, & x\geqslant 1; \end{cases}$　　（2）$y = \begin{cases} e^{\frac{1}{x}}, & x<0, \\ 1, & x=0, \\ \dfrac{x}{2}, & x>0. \end{cases}$

4．计算下列极限．

（1）$\lim\limits_{x\to 0}\sqrt{x^2-2x+5}$；　　（2）$\lim\limits_{\alpha\to\frac{\pi}{4}}(\sin 2\alpha)^3$；

（3）$\lim\limits_{x\to\frac{\pi}{6}}\ln(2\cos 2x)$；　　（4）$\lim\limits_{x\to 0}\dfrac{\sqrt{x+1}-1}{x}$；

（5）$\lim\limits_{x\to 1}\dfrac{\sqrt{5x-4}-\sqrt{x}}{x-1}$；　　（6）$\lim\limits_{x\to +\infty}(\sqrt{x^2+x}-\sqrt{x^2-x})$．

5．求下列极限．

（1）$\lim\limits_{x\to 0}\ln\dfrac{\sin x}{x}$；　　（2）$\lim\limits_{x\to 0}\dfrac{x+2}{1+\cos x}$；

（3）$\lim\limits_{x\to 0}(1+3\tan^2 x)^{\cot^2 x}$；　　（4）$\lim\limits_{x\to\infty}e^{\frac{1}{x}}$．

6．设函数

$$f(x) = \begin{cases} e^x, & x<0, \\ a+x, & x\geqslant 0. \end{cases}$$

应当怎样选择 a，才能使得 $f(x)$ 成为 $(-\infty, +\infty)$ 内的连续函数？

7. 讨论函数 $f(x) = \lim_{n \to \infty} \dfrac{1-x^{2n}}{1+x^{2n}} x$ 的连续性，若有间断点，则判别其类型.

1.9 闭区间上连续函数的性质

1.9.1 有界性与最大值最小值定理

定理 1（最值定理） 闭区间上的连续函数一定有最大值和最小值.

就是说，如果函数 $f(x)$ 在闭区间 $[a,b]$ 上连续，那么在 $[a,b]$ 上至少存在一点 x_1，对于任意 $x \in [a,b]$，有 $f(x_1) \leqslant f(x)$，也至少存在一点 x_2，对于任意 $x \in [a,b]$，有 $f(x_2) \geqslant f(x)$（如图 1.10 所示）. $f(x_1)$ 与 $f(x_2)$ 分别称为在 $[a,b]$ 上的最小值和最大值.

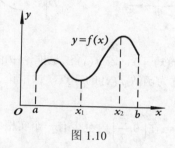

图 1.10

注意 对于在开区间连续的函数或在闭区间上有间断点的函数，结论不一定正确.

如函数 $y = x$ 在 (a,b) 内既没有最大值，也没有最小值；又如函数

$$f(x) = \begin{cases} x+1, & -1 \leqslant x < 0, \\ 0, & x = 0, \\ x-1, & 0 < x \leqslant 1, \end{cases}$$

在闭区间 $[-1,1]$ 上有间断点 $x = 0$，它在此区间上没有最大值和最小值.

定理 2（有界性定理） 闭区间上的连续函数一定有界.

证 因为函数 $f(x)$ 在闭区间 $[a,b]$ 上连续，所以一定有最大值 M 和最小值 m，令

$$L = \max\{|M|, |m|\},$$

则对任意的 $x \in [a,b]$ 都有 $|f(x)| \leqslant L$.

故 $f(x)$ 在 $[a,b]$ 上有界.

1.9.2 零点定理和介值定理

定理 3（介值定理） 设函数 $f(x)$ 在闭区间 $[a,b]$ 上连续，且 $f(a) \neq f(b)$，C

为介于 $f(a)$ 与 $f(b)$ 之间的任一实数，则至少存在一点 $\xi\in(a,b)$，使得 $f(\xi)=C$.

定理 3 的几何意义是：连续曲线 $y=f(x)$ 与水平直线 $y=C$ 至少有一个交点（如图 1.11 所示）.

在介值定理中，如果 $f(a)$ 与 $f(b)$ 异号，并取 $C=0$，可得如下推论.

推论 如果 $f(x)$ 在 $[a,b]$ 上连续，且 $f(a)\cdot f(b)<0$，则至少存在一点 $\xi\in(a,b)$，使得 $f(\xi)=0$（如图 1.12 所示）.

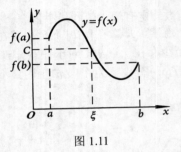

图 1.11

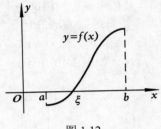

图 1.12

推论表明，对于方程 $f(x)=0$，若 $f(x)$ 满足推论中的条件，则方程在 (a,b) 内至少存在一个根 ξ，ξ 又称为函数 $f(x)$ 的零点，该推论又称为零点定理或根的存在定理.

例 1 证明方程 $x=\cos x$ 在 $\left(0,\dfrac{\pi}{2}\right)$ 内至少有一个实根.

证 设 $f(x)=x-\cos x$，显然 $f(x)=x-\cos x$ 在 $\left[0,\dfrac{\pi}{2}\right]$ 上连续，且 $f(0)=-1<0$，$f\left(\dfrac{\pi}{2}\right)=\dfrac{\pi}{2}>0$；由根的存在定理知，在 $\left(0,\dfrac{\pi}{2}\right)$ 内至少有一点 ξ，使 $f(\xi)=\xi-\cos\xi=0$，即方程 $x=\cos x$ 在 $\left(0,\dfrac{\pi}{2}\right)$ 内至少有一个实根.

习题 1.9

1. 假设函数 $f(x)$ 在区间 $[0,1]$ 上连续，并且对 $[0,1]$ 上任意一点 x 有 $0\leqslant f(x)\leqslant 1$. 试证明 $[0,1]$ 中必存在一点 c，使得 $f(c)=c$（c 称为函数的不动点）.

2. 证明方程 $x^5+3x-1=0$ 在 $(0,1)$ 内至少有一实根.

3. 证明方程 $x=a\sin x+b$（其中 $a>0$，$b>0$）至少有一个正根，并且它不超过 $a+b$.

4. 若 $f(x)$ 在 $[a,b]$ 上连续，$a<x_1<x_2<\cdots<x_n<b$（$n\geqslant 3$），证明在 (x_1,x_n) 内至少有一点 ξ，使 $f(\xi)=\dfrac{f(x_1)+f(x_2)+\cdots+f(x_n)}{n}$.

*5. 设函数 $f(x)$ 对于区间 $[a,b]$ 上任意两点 x,y 恒有 $|f(x)-f(y)|\leqslant L|x-y|$，其中 L 为正常数，并且有 $f(a)f(b)<0$. 证明：至少有一点 $\xi\in(a,b)$，使得 $f(\xi)=0$.

本章小结

1. 函数的两要素

函数的定义域和对应法则称为函数的两要素，要判断两个函数是否相同，就是要看这两要素是否相同.

2. 函数的定义域

函数的定义域是指使函数有意义的全体自变量构成的集合，求函数的定义域要考虑下列几个方面：

（1）分式的分母不能为零；

（2）偶次根式下不能为负值；

（3）负数和零没有对数；

（4）反三角函数要考虑主值区间；

（5）代数和的情况下取各式定义域的交集.

3. 复合函数

（1）构成复合函数 $y = f[\varphi(x)]$ 要求外函数 $y = f(u)$ 的定义域与内函数 $u = \varphi(x)$ 的值域的交集非空，即 $D_f \bigcap Z_\varphi \neq \varnothing$；

（2）复合函数的复合过程有两层意义：一是将简单函数用"代入"的方法构成复合函数；二是能将复合函数分解成基本初等函数或由其和、差、积、商构成的简单函数.

4. 分段函数

分段函数的定义域是各段函数定义域的并集，分段函数求函数值时，自变量属于哪一个定义区间，就用哪一个相对应的解析表达式来求函数值.

5. 五类基本初等函数及其性质

幂函数：$y = x^\mu$（$\mu \in \mathbf{R}$ 是常数）；

指数函数：$y = a^x$（$a > 0$ 且 $a \neq 1$）；

对数函数：$y = \log_a x$（$a > 0$ 且 $a \neq 1$，特别地，当 $a = \mathrm{e}$ 时，记为 $y = \ln x$）；

三角函数：如 $y = \sin x$，$y = \cos x$，$y = \tan x$，$y = \cot x$ 等；

反三角函数：如 $y = \arcsin x$，$y = \arccos x$，$y = \arctan x$，$y = \operatorname{arccot} x$ 等.

6. 极限

在了解数列极限的定义、函数极限以及极限存在的充分必要条件的基础上，重点掌握下列求极限的几种方法：

（1）利用极限的四则运算法则求极限；

（2）利用无穷小与有界变量的乘积仍是无穷小求极限；

（3）利用两个重要极限求极限；

要理解下面这两个公式的真正含义：

$$\lim_{\square \to 0} \frac{\sin\square}{\square} = 1, \quad \lim_{\Delta \to \infty}\left(1 + \frac{1}{\Delta}\right)^{\Delta} = e.$$

式中的 □ 和 Δ 分别代表某变量；

（4）利用无穷小与无穷大的倒数关系求极限；

（5）利用函数的连续性求极限；

（6）利用两个多项式商的极限公式求极限；

（7）利用有理式分解后消掉零因子求极限.

7．函数的连续性

函数的连续性这部分主要应掌握函数在点 x_0 连续的判别方法，掌握函数在点 x_0 连续和在点 x_0 极限存在的关系，会判别间断点的类型，理解初等函数的连续性.

复习题 1

1．求函数 $f(x) = \sqrt{5-x} + \lg(x-1)$ 的定义域.

2．已知 $f(x)$ 的定义域为 $[-1,2)$，求 $y = f(x-2)$ 的定义域.

3．判断下列函数的奇偶性.

（1）$f(x) = \dfrac{3^x + 3^{-x}}{2}$；（2）$f(x) = \lg(x + \sqrt{1+x^2})$；（3）$f(x) = \dfrac{x \cdot \sin x}{\cos x}$.

4．求下列函数的反函数.

（1）$y = \dfrac{x+1}{x-1}$；（2）$y = 1 - \lg(x+2)$.

5．复合函数 $y = \sin^2(2x+5)$ 是由哪些简单函数复合而成的.

6．求下列极限.

（1）$\displaystyle\lim_{x \to 0} \frac{\tan x - \sin x}{\sin^3 x}$；（2）$\displaystyle\lim_{x \to \infty}\left(1 - \frac{1}{x+1}\right)^{2x+3}$；

（3）$\displaystyle\lim_{x \to \infty} \frac{x^2+3}{x^3+2x+5}(2 + 5\cos x)$；（4）$\displaystyle\lim_{x \to 4} \frac{\sqrt{1+2x}-3}{\sqrt{x}-2}$.

7．证明当 $x \to 0$ 时，$e^x - 1 \sim x$，并利用此结果求 $\displaystyle\lim_{x \to 0} \frac{\sqrt{1+\sin x}-1}{e^x - 1}$.

8．设函数 $f(x) = \begin{cases} \dfrac{1}{x}\sin \pi x, & x \neq 0, \\ a, & x = 0 \end{cases}$ 在 $x=0$ 处连续，求 a 值.

自测题 1

1．填空题.

（1）函数 $y = e^{\sin x^2}$ 是_____复合而成的；

（2）已知 a,b 为常数，$\lim\limits_{x\to\infty}\dfrac{ax^2+bx-1}{2x+1}=2$，则 $a=$ _____，$b=$ _____；

（3）$x=0$ 是 $f(x)=\dfrac{\sin x}{x}$ 的 _____间断点；

（4）若 $\lim\limits_{x\to 0}\dfrac{\sqrt{x+1}-1}{\sin kx}=2$，则 $k=$ _____.

2．单选题

（1）函数 $y=1+\sin x$ 是（ ）.

    A．无界函数   B．单调减少函数   C．单调增加函数   D．有界函数

（2）在下列各对函数中，（ ）是相同的函数.

    A．$y=\ln x^2$，$y=2\ln x$ B．$y=\ln\sqrt{x}$，$y=\dfrac{1}{2}\ln x$

    C．$y=\cos x$，$y=\sqrt{1-\sin^2 x}$ D．$y=\dfrac{1}{x+1}$，$y=\dfrac{x-1}{x^2-1}$

（3）下列函数中为奇函数的是（ ）.

    A．$y=2^x$ B．$y=\ln(\sqrt{x^2+1}-x)$ C．$y=\ln(1-x)$ D．$y=\cos 2x$

（4）下列极限存在的是（ ）.

    A．$\lim\limits_{x\to\infty}3^{-x}$ B．$\lim\limits_{x\to\infty}\dfrac{2x^4+x+1}{3x^4-x+2}$ C．$\lim\limits_{x\to\infty}\ln|x|$ D．$\lim\limits_{x\to\infty}\cos x$

（5）设 $f(x)=\mathrm{e}^{\frac{1}{x}}$，则 $f(x)$ 在 $x=0$ 处（ ）.

    A．有定义   B．极限存在   C．左极限存在   D．右极限存在

（6）当 $x\to 0$ 时，（ ）与 x 不是等价无穷小.

    A．$\ln(1+x)$ B．$\sqrt{1+x}-\sqrt{1-x}$ C．$\tan x$ D．$\sin x$.

3．计算下列各题.

（1）求函数 $f(x)=\ln\dfrac{3+x}{3-x}+\arcsin\dfrac{x+1}{2}$ 的定义域；

（2）设函数 $f(x)=x^3+2$，$g(x)=\sqrt{x+1}-2$，求 $f[g(x)]$，$g[f(x)]$；

（3）在半径为 R 的半圆中内接一个梯形，梯形的一边与半圆的直径重合，另一底边的端点在半圆周上，试建立梯形面积和梯形高之间的函数模型.

4．求下列极限.

（1）$\lim\limits_{x\to\infty}\left(\dfrac{2x-3}{2x+1}\right)^{x+1}$；   （2）$\lim\limits_{x\to+\infty}\mathrm{e}^{-x}\sin x$；

（3）$\lim\limits_{x\to 2}\left(\dfrac{1}{x-2}-\dfrac{4}{x^2-4}\right)$；   （4）$\lim\limits_{x\to 0}\dfrac{1-\cos x}{\sin^2 x}$.

5．讨论 $f(x)=\dfrac{2^{\frac{1}{x}}-1}{2^{\frac{1}{x}}+1}$ 的间断点.

6．证明方程 $x^2+2x=5$ 在区间 $(1,2)$ 内至少有一个根.

第 2 章　导数与微分

本章学习目标

- 理解导数和微分的概念及其几何意义
- 熟练掌握导数的四则运算法则和基本求导公式
- 熟练掌握复合函数、隐函数的求导方法
- 了解高阶导数的概念及二阶导数的求法
- 了解可导、可微、连续的关系

2.1　导数的概念

2.1.1　导数概念的引例

例1　变速直线运动的速度.

我们知道，对于匀速直线运动来说，其速度公式为

$$\text{速度} = \frac{\text{路程}}{\text{时间}}.$$

设一物体作变速直线运动，物体的位置 s 与时间 t 的函数关系为 $s = s(t)$，称为位置函数，求物体在任一时刻 t_0 的瞬时速度.

设物体在时刻 t_0 到时刻 $t_0 + \Delta t$ 内经过的路程为 Δs，则

$$\Delta s = s(t_0 + \Delta t) - s(t_0),$$

于是，物体在时刻 t_0 到时刻 $t_0 + \Delta t$ 这段时间内的平均速度为

$$\bar{v} = \frac{\Delta s}{\Delta t} = \frac{s(t_0 + \Delta t) - s(t_0)}{\Delta t},$$

Δt 越小，平均速度 $\bar{v}$ 就越接近于物体在 t_0 时刻的瞬时速度 $v(t_0)$，Δt 无限变小时，平均速度 $\frac{\Delta s}{\Delta t}$ 就无限接近于 t_0 时刻的瞬时速度 $v(t_0)$. 因此，当 $\Delta t \to 0$ 时，平均速度 $\frac{\Delta s}{\Delta t}$ 的极限值就是物体在 t_0 时刻的瞬时速度，即

$$v(t_0) = \lim_{\Delta t \to 0} \frac{\Delta s}{\Delta t} = \lim_{\Delta t \to 0} \frac{s(t_0 + \Delta t) - s(t_0)}{\Delta t}.$$

例2　平面曲线的切线斜率.

设一曲线方程为 $y = f(x)$，求曲线上任一点处的切线斜率.

在曲线 $y = f(x)$ 上任取两点 M、N，作割线 MN. 让 N 沿着曲线趋向 M，割线 MN 的极限位置 MT 就称为曲线 $y = f(x)$ 在点 M 处的切线. 如图 2.1 所示，下面求曲线 $y = f(x)$ 在点 M 处的切线的斜率.

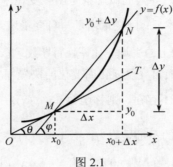

图 2.1

记曲线 $y = f(x)$ 上的点 M 和 N 的坐标分别为 (x_0, y_0) 和 $(x_0 + \Delta x,\ y_0 + \Delta y)$，则割线 MN 的斜率为

$$k_{MN} = \tan \varphi = \frac{\Delta y}{\Delta x}.$$

这里 φ 为割线 MN 的倾角，θ 是切线 MT 的倾角，当点 N 沿曲线趋于点 M 时，即 $\Delta x \to 0$ 时，若上式的极限存在，记为 k，即

$$\tan \theta = k = \lim_{\Delta x \to 0} \frac{\Delta y}{\Delta x}.$$

则此极限值 k 就是所求的切线的斜率，即

$$k = \lim_{\Delta x \to 0} \frac{\Delta y}{\Delta x} = \lim_{\Delta x \to 0} \frac{f(x_0 + \Delta x) - f(x_0)}{\Delta x}.$$

2.1.2 导数的概念

1. 导数的定义

定义 1 设函数 $y = f(x)$ 在点 x_0 的某邻域内有定义，当自变量 x 在点 x_0 处取得增量 Δx（点 $x_0 + \Delta x$ 也在该邻域内）时，相应地函数 y 取得增量 $\Delta y = f(x_0 + \Delta x) - f(x_0)$，若极限为

$$\lim_{\Delta x \to 0} \frac{\Delta y}{\Delta x} = \lim_{\Delta x \to 0} \frac{f(x_0 + \Delta x) - f(x_0)}{\Delta x} \tag{2.1.1}$$

且此极限存在，则称函数 $y = f(x)$ 在点 x_0 处可导，并称此极限值为函数 $y = f(x)$ 在点 x_0 处的导数，记作 $f'(x_0)$，

即

$$f'(x_0) = \lim_{\Delta x \to 0} \frac{f(x_0 + \Delta x) - f(x_0)}{\Delta x}.$$

或记为

$$y'\big|_{x=x_0}, \quad \frac{\mathrm{d}y}{\mathrm{d}x}\bigg|_{x=x_0} \quad 或 \quad \frac{\mathrm{d}f}{\mathrm{d}x}\bigg|_{x=x_0}.$$

在实际问题中，需要讨论各种不同意义的变量的变化快慢问题，在数学上就是所谓函数的变化率问题. 导数的概念就是函数变化率这一概念的精确描述，从数量方面来刻画变化率的本质：因变量增量与自变量增量之比 $\frac{\Delta y}{\Delta x}$ 是因变量 y 在以 x_0 和 $x_0 + \Delta x$ 为端点的区间上的平均变化率，而导数 $f'(x_0)$ 则是因变量 y 在 x_0 处的变化率，它反映了因变量随自变量变化而变化的快慢程度.

如果极限（$\lim\limits_{\Delta x \to 0} \frac{\Delta y}{\Delta x}$）不存在，则称函数 $y = f(x)$ 在点 x_0 处不可导. 为方便起见把 $\Delta x \to 0$ 时 $\frac{\Delta y}{\Delta x} \to \infty$ 时的不可导称为函数 $y = f(x)$ 在点 x_0 处的导数为无穷大.

若记 $x = x_0 + \Delta x$，由于当 $\Delta x \to 0$ 时，有 $x \to x_0$，所以导数 $f'(x_0)$ 的定义也可表示为

$$f'(x_0) = \lim_{x \to x_0} \frac{f(x) - f(x_0)}{x - x_0}.$$

引入了导数的概念，前面讨论的两个实际问题就可简述如下：

（1）变速直线运动的物体在 t_0 时刻的瞬时速度 $v(t_0)$ 就是位置函数 $s(t)$ 在点 t_0 处的导数，即

$$v(t_0) = s'(t_0).$$

（2）曲线 $y = f(x)$ 在点 $(x_0, f(x_0))$ 处的切线斜率就是函数 $y = f(x)$ 在点 x_0 处的导数，即

$$k = \tan \theta = f'(x_0).$$

2. 左、右导数

既然导数是增量比 $\frac{\Delta y}{\Delta x}$ 当 $\Delta x \to 0$ 时的极限，那么下面两个极限：

$$\lim_{\Delta x \to 0^-} \frac{\Delta y}{\Delta x} = \lim_{\Delta x \to 0^-} \frac{f(x_0 + \Delta x) - f(x_0)}{\Delta x};$$

$$\lim_{\Delta x \to 0^+} \frac{\Delta y}{\Delta x} = \lim_{\Delta x \to 0^+} \frac{f(x_0 + \Delta x) - f(x_0)}{\Delta x},$$

分别叫作函数 $y = f(x)$ 在点 x_0 处的左导数和右导数，分别记为 $f'_-(x_0)$ 和 $f'_+(x_0)$.

由上一章关于左、右极限的性质可知下面的定理.

定理 1 函数 $y = f(x)$ 在点 x_0 可导的充分必要条件是 $f(x)$ 在点 x_0 的左、右导数都存在且相等.

若函数 $y = f(x)$ 在开区间 (a, b) 内每一点都可导，则称 $f(x)$ 在区间 (a, b) 内可导. 此时，对于每一个 $x \in (a, b)$，都对应着 $f(x)$ 的一个确定的导数值 $f'(x)$，从而

构成了一个新的函数，称为函数 $f(x)$ 的导函数，记作 y'，$f'(x)$，$\dfrac{\mathrm{d}y}{\mathrm{d}x}$ 或 $\dfrac{\mathrm{d}f(x)}{\mathrm{d}x}$．

即
$$f'(x) = \lim_{\Delta x \to 0} \frac{f(x + \Delta x) - f(x)}{\Delta x}.$$

函数 $y = f(x)$ 在点 x_0 处的导数 $f'(x_0)$ 就是导函数 $f'(x)$ 在点 x_0 处的函数值，即
$$f'(x_0) = f'(x)\big|_{x = x_0}.$$

通常导函数也简称为导数．

2.1.3 导数的几何意义

函数 $f(x)$ 在点 x_0 处的导数 $f'(x_0)$ 在几何上表示曲线 $y = f(x)$ 在点 $(x_0, f(x_0))$ 处的切线的斜率（见图 2.1），即
$$f'(x_0) = \lim_{\Delta x \to 0} \frac{\Delta y}{\Delta x} = \lim_{\varphi \to \theta} \tan \varphi = \tan \theta = k.$$

过曲线上一点且垂直于该点处切线的直线，称为曲线在该点处的法线．

根据导数的几何意义，如果函数 $y = f(x)$ 在点 x_0 处可导，则曲线 $y = f(x)$ 在点 $(x_0, f(x_0))$ 处的切线方程为
$$y - y_0 = f'(x_0)(x - x_0).$$

法线方程为
$$y - y_0 = -\frac{1}{f'(x_0)}(x - x_0) \quad (f'(x_0) \neq 0).$$

若 $f'(x_0) = \infty$，则切线垂直于 x 轴，切线的方程就是 x 轴的垂线 $x = x_0$．

下面应用导数的定义计算一些简单函数的导数．根据定义求函数 $y = f(x)$ 的导数，一般分为以下三步：

（1）求增量 $\Delta y = f(x + \Delta x) - f(x)$；

（2）算比值 $\dfrac{\Delta y}{\Delta x} = \dfrac{f(x + \Delta x) - f(x)}{\Delta x}$；

（3）取极限 $\lim\limits_{\Delta x \to 0} \dfrac{\Delta y}{\Delta x}$．

例3 求函数 $y = x^n$（n 为正整数）的导数．

解 （1）求增量
$$
\begin{aligned}
\Delta y &= f(x + \Delta x) - f(x) \\
&= (x + \Delta x)^n - x^n \\
&= x^n + nx^{n-1}\Delta x + \frac{n(n-1)}{2!}x^{n-2}(\Delta x)^2 + \cdots + (\Delta x)^n - x^n \\
&= nx^{n-1}\Delta x + \frac{n(n-1)}{2!}x^{n-2}(\Delta x)^2 + \cdots + (\Delta x)^n;
\end{aligned}
$$

（2）算比值

$$\frac{\Delta y}{\Delta x} = nx^{n-1} + \frac{n(n-1)}{2!}x^{n-2}\Delta x + \cdots + (\Delta x)^{n-1};$$

（3）取极限

$$\lim_{\Delta x \to 0}\frac{\Delta y}{\Delta x} = \lim_{\Delta x \to 0}\left(nx^{n-1} + \frac{n(n-1)}{2!}x^{n-2}\Delta x + \cdots + (\Delta x)^{n-1}\right) = nx^{n-1}.$$

即

$$(x^n)' = nx^{n-1}.$$

特别地，当 $n = 1$ 时，$(x)' = 1$.

一般地，当指数为任意实数 μ 时，可以证明

$$(x^\mu)' = \mu x^{\mu-1}.$$

例如，求函数 $y = \sqrt{x}$ 的导数，

$$y' = (\sqrt{x})' = (x^{\frac{1}{2}})' = \frac{1}{2}x^{\frac{1}{2}-1} = \frac{1}{2\sqrt{x}}.$$

又如，求函数 $y = \frac{1}{x}$ 的导数，

$$y' = \left(\frac{1}{x}\right)' = (x^{-1})' = (-1)x^{-1-1} = -\frac{1}{x^2}.$$

以上两个函数的导数用得较多，可作为基本公式使用.

例 4　求对数函数 $y = \log_a x$ 的导数（$a > 0$，$a \neq 1$，$x > 0$）.

解　（1）求增量

$$\Delta y = \log_a(x + \Delta x) - \log_a x = \log_a \frac{x + \Delta x}{x} = \log_a\left(1 + \frac{\Delta x}{x}\right);$$

（2）算比值

$$\frac{\Delta y}{\Delta x} = \frac{1}{\Delta x}\log_a\left(1 + \frac{\Delta x}{x}\right) = \frac{1}{x}\log_a\left(1 + \frac{\Delta x}{x}\right)^{\frac{x}{\Delta x}};$$

（3）取极限

$$\lim_{\Delta x \to 0}\frac{\Delta y}{\Delta x} = \frac{1}{x}\lim_{\Delta x \to 0}\log_a\left(1 + \frac{\Delta x}{x}\right)^{\frac{x}{\Delta x}} = \frac{1}{x}\log_a e = \frac{1}{x \ln a}.$$

即

$$(\log_a x)' = \frac{1}{x \ln a}.$$

特别地，上式中令 $a = e$，可得自然对数函数 $y = \ln x$ 的导数

$$(\ln x)' = \frac{1}{x}.$$

例 5 求函数 $y = a^x$ $(a > 0, \ a \neq 1)$ 的导数.

解 由导数定义得

$$y' = \lim_{\Delta x \to 0} \frac{f(x + \Delta x) - f(x)}{\Delta x}$$

$$= \lim_{\Delta x \to 0} \frac{a^{x + \Delta x} - a^x}{\Delta x}$$

$$= a^x \lim_{\Delta x \to 0} \frac{a^{\Delta x} - 1}{\Delta x}$$

$$\overset{a^{\Delta x} - 1 = t}{=\!=\!=\!=} a^x \lim_{t \to 0} \frac{t}{\log_a(1 + t)}$$

$$= a^x \ln a .$$

即

$$(a^x)' = a^x \ln a .$$

特别地，当 $a = \mathrm{e}$ 时有

$$(\mathrm{e}^x)' = \mathrm{e}^x .$$

例 6 求函数 $y = \sin x$ 的导数.

解 应用三角函数的和差化积公式，可得

$$\Delta y = f(x + \Delta x) - f(x)$$

$$= \sin(x + \Delta x) - \sin x$$

$$= 2\cos\frac{x + \Delta x + x}{2}\sin\frac{x + \Delta x - x}{2}$$

$$= 2\cos\left(x + \frac{\Delta x}{2}\right)\sin\frac{\Delta x}{2} ,$$

$$\frac{\Delta y}{\Delta x} = \frac{2\cos\left(x + \dfrac{\Delta x}{2}\right)\sin\dfrac{\Delta x}{2}}{\Delta x} = \cos\left(x + \frac{\Delta x}{2}\right)\frac{\sin\dfrac{\Delta x}{2}}{\dfrac{\Delta x}{2}} ,$$

$$y' = \lim_{\Delta x \to 0}\frac{\Delta y}{\Delta x} = \lim_{\Delta x \to 0}\cos\left(x + \frac{\Delta x}{2}\right)\frac{\sin\dfrac{\Delta x}{2}}{\dfrac{\Delta x}{2}} = \cos x .$$

即

$$(\sin x)' = \cos x .$$

同理可得

$$(\cos x)' = -\sin x .$$

例 7 求曲线 $y = x^2$ 在点 $(2, 4)$ 处的切线和法线方程.

解 因 $y' = 2x$，由导数的几何意义，曲线 $y = x^2$ 在点 $(2, 4)$ 处的切线与法线的

斜率分别为

$$k_1 = y'\big|_{x=2} = 4, \quad k_2 = -\frac{1}{k_1} = -\frac{1}{4}.$$

于是所求的切线方程为 $\qquad y - 4 = 4(x - 2)$，

即 $\qquad\qquad\qquad 4x - y - 4 = 0.$

法线方程为 $\qquad\qquad y - 4 = -\frac{1}{4}(x - 2)$，

即 $\qquad\qquad\qquad x + 4y - 18 = 0.$

2.1.4 可导与连续的关系

定理 2 如果函数 $y = f(x)$ 在点 x_0 处可导，则 $f(x)$ 在点 x_0 处连续.

证 因 $y = f(x)$ 在点 x_0 处可导，故有

$$f'(x_0) = \lim_{\Delta x \to 0} \frac{\Delta y}{\Delta x}.$$

根据函数极限与无穷小间的关系，可得

$$\frac{\Delta y}{\Delta x} = f'(x_0) + \alpha,$$

其中 α 是当 $\Delta x \to 0$ 时的无穷小. 两端乘以 Δx，得

$$\Delta y = f'(x_0)\Delta x + \alpha \cdot \Delta x,$$

由此可见

$$\lim_{\Delta x \to 0} \Delta y = \lim_{\Delta x \to 0} \left[f'(x_0)\Delta x + \alpha \cdot \Delta x \right] = 0,$$

即函数 $y = f(x)$ 在点 x_0 处连续.

上述定理的逆命题不一定成立，即在某点连续的函数，在该点未必可导.

例 8 证明函数 $y = |x|$ 在 $x = 0$ 处连续但不可导（如图 2.2 所示）.

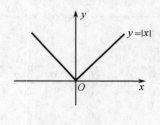

图 2.2

证 因为

$$\Delta y = f(0 + \Delta x) - f(0) = |0 + \Delta x| - |0| = |\Delta x|,$$

则

$$\lim_{\Delta x \to 0} \Delta y = \lim_{\Delta x \to 0} |\Delta x| = 0.$$

由连续定义，$y=|x|$ 在 $x=0$ 处连续. 又因为

$$\lim_{\Delta x \to 0}\frac{\Delta y}{\Delta x}=\lim_{\Delta x \to 0}\frac{|\Delta x|}{\Delta x},$$

当 $\Delta x>0$ 时，$y=f(x)$ 在 $x=0$ 处的右导数为

$$f'_+(0)=\lim_{\Delta x \to 0^+}\frac{\Delta y}{\Delta x}=\lim_{\Delta x \to 0^+}\frac{\Delta x}{\Delta x}=1;$$

当 $\Delta x<0$ 时，$y=f(x)$ 在 $x=0$ 处的左导数为

$$f'_-(0)=\lim_{\Delta x \to 0^-}\frac{\Delta y}{\Delta x}=\lim_{\Delta x \to 0^-}\frac{-\Delta x}{\Delta x}=-1.$$

即函数 $y=|x|$ 在 $x=0$ 处的左、右导数不相等，从而在点 $x=0$ 处不可导. 由此可见，函数在某点连续是函数在该点可导的必要条件，但不是充分条件.

习题 2.1

1. 求下列函数在指定点的导数.

（1）$y=\cos x$，$x=\dfrac{\pi}{2}$；   （2）$y=\ln x$，$x=5$.

2. 求下列函数的导数.

（1）$y=\log_3 x$；   （2）$y=\dfrac{x^2 \cdot \sqrt[3]{x^2}}{\sqrt{x^5}}$；

（3）$y=\sqrt[3]{x^2}$；   （4）$y=\cos x$.

3. 判断下列命题是否正确？为什么？

（1）若 $f(x)$ 在 x_0 处可导，则 $f(x)$ 在 x_0 处必连续；

（2）若 $f(x)$ 在 x_0 处连续，则 $f(x)$ 在 x_0 处必可导；

（3）若 $f(x)$ 在 x_0 处不连续，则 $f(x)$ 在 x_0 处必不可导；

（4）若 $f(x)$ 在 x_0 处不可导，则 $f(x)$ 在 x_0 处必不连续.

4. 求曲线 $y=\dfrac{1}{x}$ 在点 $(1,1)$ 处的切线方程与法线方程.

5. 问 a,b 取何值时，才能使函数 $f(x)=\begin{cases} x^2, & x \le x_0, \\ ax+b, & x>x_0, \end{cases}$ 在 $x=x_0$ 处连续且可导？

6. 下列各题中均假定 $f'(x_0)$ 存在，按照导数的定义观察下列极限，指出 A 表示什么.

（1）$\lim\limits_{\Delta x \to 0}\dfrac{f(x_0-\Delta x)-f(x_0)}{\Delta x}=A$；

（2）$\lim\limits_{x \to 0}\dfrac{f(x)}{x}=A$，其中 $f(0)=0$，且 $f'(0)$ 存在；

（3）$\lim\limits_{h \to 0}\dfrac{f(x_0+h)-f(x_0-h)}{h}=A$.

7. 设

$$f(x) = \begin{cases} \dfrac{2}{3}x, & x \leqslant 1, \\ x, & x > 1, \end{cases}$$

试讨论 $f(x)$ 在 $x = 1$ 处的可导性.

8. 已知 $f(x) = \begin{cases} x^2, & x \geqslant 0, \\ -x^2, & x < 0, \end{cases}$ 求 $f'_+(0)$ 及 $f'_-(0)$，并说明 $f'(0)$ 是否存在.

9. 证明：双曲线 $xy = a^2$ 上任一点处的切线与两坐标轴构成的三角形的面积都等于 $2a^2$.

2.2 导数的运算

前面根据导数的定义求出了一些简单函数的导数，但是，对于比较复杂的函数，直接根据定义来求它们的导数往往是很困难的. 本节中将介绍求导数的几个基本法则和基本求导公式，借助这些法则和公式，就能比较方便地求出常见的函数的导数.

2.2.1 函数的和、差、积、商的求导法则

定理 1 设函数 $u(x)$ 与 $v(x)$ 在点 x 处均可导，则它们的和、差、积、商（当分母不为零时）在点 x 处也可导，且有以下法则：

（1）$[u(x) \pm v(x)]' = u'(x) \pm v'(x)$；

（2）$[u(x)v(x)]' = u'(x)v(x) + u(x)v'(x)$；

若 $v(x) = C$ （C 为常数），则 $(Cu)' = Cu'$；

（3）$\left[\dfrac{u(x)}{v(x)} \right]' = \dfrac{u'(x)v(x) - u(x)v'(x)}{[v(x)]^2}$.

下面给出法则（3）的证明，其余的留给读者自证.

证 令 $y = \dfrac{u(x)}{v(x)}$.

求函数的增量：给自变量 x 一个增量 Δx，则

$$\Delta y = \frac{u(x + \Delta x)}{v(x + \Delta x)} - \frac{u(x)}{v(x)} = \frac{u(x) + \Delta u}{v(x) + \Delta v} - \frac{u(x)}{v(x)}$$

$$= \frac{v(x)\Delta u - u(x)\Delta v}{[v(x) + \Delta v]v(x)}.$$

算比值：

$$\frac{\Delta y}{\Delta x} = \frac{1}{[v(x) + \Delta v]v(x)} \left[\frac{\Delta u}{\Delta x}v(x) - \frac{\Delta v}{\Delta x}u(x) \right].$$

取极限：因 $u(x)$，$v(x)$ 在点 x 处可导，则在该点处必连续.

故当 $\Delta x \to 0$ 时，$\Delta u \to 0$，$\Delta v \to 0$；又当 $\Delta x \to 0$ 时，$\dfrac{\Delta u}{\Delta x} \to u'(x)$，$\dfrac{\Delta v}{\Delta x} \to v'(x)$，

所以

$$\lim_{\Delta x \to 0} \frac{\Delta y}{\Delta x} = \frac{u'(x)v(x) - u(x)v'(x)}{[v(x)]^2} .$$

特别地，若 $u(x) = 1$，则可得公式

$$\left[\frac{1}{v(x)}\right]' = \frac{-v'(x)}{[v(x)]^2} \qquad (v(x) \neq 0) .$$

法则（1）和（2）均可推广到有限多个可导函数的情形.

设 $u(x)$，$v(x)$，$w(x)$ 在点 x 处均可导，则

$$(u \pm v \pm w)' = u' \pm v' \pm w' ,$$
$$(uvw)' = [(uv)w]' = (uv)'w + (uv)w' = (u'v + uv')w + uvw'$$
$$= u'vw + uv'w + uvw' .$$

例 1 设 $y = x^3 - \cos x + \ln x + \sin 5$，求 y'.

解 $y' = (x^3 - \cos x + \ln x + \sin 5)'$

$\qquad = (x^3)' - (\cos x)' + (\ln x)' + (\sin 5)'$

$\qquad = 3x^2 + \sin x + \dfrac{1}{x} .$

例 2 设 $y = 5\sqrt{x}\,2^x$，求 y'.

解 $y' = (5\sqrt{x}\,2^x)' = 5(\sqrt{x})'2^x + 5\sqrt{x}(2^x)'$

$\qquad = \dfrac{5 \cdot 2^x}{2\sqrt{x}} + 5\sqrt{x}\,2^x \ln 2 .$

例 3 求 $y = \tan x$ 的导数.

解 $y' = (\tan x)' = \left(\dfrac{\sin x}{\cos x}\right)' = \dfrac{(\sin x)' \cos x - \sin x(\cos x)'}{\cos^2 x}$

$\qquad = \dfrac{\cos^2 x + \sin^2 x}{\cos^2 x} = \dfrac{1}{\cos^2 x} = \sec^2 x .$

即

$$(\tan x)' = \sec^2 x .$$

用类似的方法，可得

$$(\cot x)' = -\csc^2 x .$$

例 4 求 $y = \sec x$ 的导数.

解 $y' = (\sec x)' = \left(\dfrac{1}{\cos x}\right)' = \dfrac{\sin x}{\cos^2 x}$

$\qquad = \dfrac{1}{\cos x} \cdot \tan x = \sec x \cdot \tan x .$

即

$$(\sec x)' = \sec x \cdot \tan x .$$

用类似的方法，可得

$$(\csc x)' = -\csc x \cdot \cot x .$$

2.2.2 复合函数的导数

定理 2 如果函数 $u = \varphi(x)$ 在 x 处可导，而函数 $y = f(u)$ 在对应的 u 处可导，那么复合函数 $y = f[\varphi(x)]$ 在 x 处可导，且有

$$\frac{\mathrm{d}y}{\mathrm{d}x} = \frac{\mathrm{d}y}{\mathrm{d}u} \cdot \frac{\mathrm{d}u}{\mathrm{d}x} \quad \text{或} \quad y'_x = y'_u \cdot u'_x .$$

证 给自变量 x 一个增量 Δx，相应地函数 $u = \varphi(x)$ 与 $y = f(u)$ 的改变量为 Δu 和 Δy．根据函数极限与无穷小的关系定理，由 $y = f(u)$ 可导，有

$$\frac{\Delta y}{\Delta u} = \frac{\mathrm{d}y}{\mathrm{d}u} + \alpha ,$$

其中 α 是当 $\Delta u \to 0$ 时的无穷小．上式两边同乘 Δu 得

$$\Delta y = \frac{\mathrm{d}y}{\mathrm{d}u} \cdot \Delta u + \alpha \cdot \Delta u ,$$

于是

$$\frac{\Delta y}{\Delta x} = \frac{\mathrm{d}y}{\mathrm{d}u} \cdot \frac{\Delta u}{\Delta x} + \alpha \cdot \frac{\Delta u}{\Delta x} .$$

因为函数 $u = \varphi(x)$ 在 x 处可导，所以 $u = \varphi(x)$ 在 x 处连续，当 $\Delta x \to 0$ 时，$\Delta u \to 0$，因此 $\lim\limits_{\Delta x \to 0} \alpha = \lim\limits_{\Delta u \to 0} \alpha = 0$，从而有

$$\frac{\mathrm{d}y}{\mathrm{d}x} = \lim_{\Delta x \to 0} \frac{\Delta y}{\Delta x} = \lim_{\Delta x \to 0}\left[\frac{\mathrm{d}y}{\mathrm{d}u} \cdot \frac{\Delta u}{\Delta x} + \alpha \cdot \frac{\Delta u}{\Delta x}\right] = \frac{\mathrm{d}y}{\mathrm{d}u} \cdot \frac{\mathrm{d}u}{\mathrm{d}x} .$$

上式表明，求复合函数 $y = f[\varphi(x)]$ 对 x 的导数时，可先分别求出 $y = f(u)$ 对 u 的导数和 $u = \varphi(x)$ 对 x 的导数，然后相乘即可．

以上法则还可记为 $y'_x = y'_u \cdot u'_x$ 或 $\{f[\varphi(x)]\}' = f'(u) \cdot \varphi'(x)$．

对于多次复合的函数，其求导公式类似，这种复合函数的求导法则也称为链导法．

例 5 设 $y = \ln(1 + x^2)$，求 y'．

高等数学 （上册）（第二版）

46

解　$y = \ln(1 + x^2)$ 可看作是由 $y = \ln u$，$u = 1 + x^2$ 复合而成的，因此

$$y' = (\ln u)'_u \cdot (1 + x^2)'_x = \frac{1}{u} \cdot 2x = \frac{2x}{1 + x^2}.$$

对复合函数的复合过程熟悉后，就不必再写中间变量，可直接按复合步骤求导.

复合函数的求导法则可以推广到多个中间变量的情形.

设 $y = f(u)$，$u = \varphi(v)$，$v = \psi(x)$，则复合函数 $y = f\{\varphi[\psi(x)]\}$ 的导数为

$$\frac{dy}{dx} = \frac{dy}{du} \cdot \frac{du}{dv} \cdot \frac{dv}{dx}.$$

例6　$y = \sin \ln \sqrt{x^2 + 2}$，求 y'.

解　$y' = \cos \ln \sqrt{x^2 + 2} \cdot \dfrac{1}{\sqrt{x^2 + 2}} \cdot \dfrac{1}{2\sqrt{x^2 + 2}} \cdot 2x = \dfrac{\cos \ln \sqrt{x^2 + 2} \cdot x}{x^2 + 2}.$

从以上例子可以看出，应用复合函数的求导法则时，首先要分析所给函数可看作由哪些简单函数复合而成的，或者说，所给函数能分解成哪些简单函数. 如果所给函数能分解成比较简单的函数，那么应用复合函数的求导法则就能求出所给函数的导数了.

2.2.3　反函数的求导法则

定理3　如果单调连续函数 $x = \varphi(y)$ 在某区间内可导，且 $\varphi'(y) \neq 0$，则它的反函数 $y = f(x)$ 在对应的区间内可导，且有

$$f'(x) = \frac{1}{\varphi'(y)} \quad \text{或} \quad \frac{dy}{dx} = \frac{1}{\dfrac{dx}{dy}}.$$

证　因 $y = f(x)$ 是 $x = \varphi(y)$ 的反函数，故可将函数 $x = \varphi(y)$ 中的 y 看作中间变量，从而组成复合函数 $x = \varphi(y) = \varphi[f(x)]$. 上式两边对 x 求导，应用复合函数的链导法，得

$$1 = \varphi'_y \cdot f'_x \quad \text{或} \quad 1 = \frac{dx}{dy} \cdot \frac{dy}{dx}.$$

因此

$$f'(x) = \frac{1}{\varphi'(y)} \quad \text{或} \quad \frac{dy}{dx} = \frac{1}{\dfrac{dx}{dy}} \qquad \left(\frac{dx}{dy} = \varphi'(y) \neq 0\right).$$

例7　求函数 $y = \arcsin x$ 的导数.

解　$y = \arcsin x$ 是 $x = \sin y$ 的反函数，而 $x = \sin y$ 在区间 $\left(-\dfrac{\pi}{2}, \dfrac{\pi}{2}\right)$ 内单调且可导，且 $(\sin y)'_y = \cos y \neq 0$，因此在对应的区间 $(-1, 1)$ 内，有

$$(\arcsin x)'_x = \frac{1}{(\sin y)'} = \frac{1}{\cos y} = \frac{1}{\sqrt{1-\sin^2 y}} = \frac{1}{\sqrt{1-x^2}} \ .$$

即

$$(\arcsin x)'_x = \frac{1}{\sqrt{1-x^2}} \ .$$

同理可得

$$(\arccos x)'_x = -\frac{1}{\sqrt{1-x^2}} \ .$$

例 8 求函数 $y = \arctan x$ 的导数.

解 $y = \arctan x$ 是 $x = \tan y$ 的反函数，而 $x = \tan y$ 在区间 $\left(-\dfrac{\pi}{2}, \dfrac{\pi}{2}\right)$ 内单调且可导，且 $(\tan y)'_y = \sec^2 y \neq 0$ ，因此在对应的区间 $(-\infty, +\infty)$ 上，有

$$(\arctan x)'_x = \frac{1}{(\tan y)'_y} = \frac{1}{\sec^2 y} = \frac{1}{1+\tan^2 y} = \frac{1}{1+x^2} \ .$$

即

$$(\arctan x)' = \frac{1}{1+x^2} \ .$$

同理可得

$$(\operatorname{arc\,cot} x)' = -\frac{1}{1+x^2} \ .$$

2.2.4 初等函数的导数

前面已经给出了几个基本初等函数的导数，建立了函数的四则运算求导法则、复合函数的求导法则以及反函数的求导法则，这就解决了初等函数的求导问题. 现将基本导数公式归纳如下：

（1）$(C)' = 0$ （C 为常数）；

（2）$(x^\mu)' = \mu x^{\mu-1}$ （μ 为常数）；

（3）$(\log_a x)' = \dfrac{1}{x\ln a}$ ；

（4）$(\ln x)' = \dfrac{1}{x}$ ；

（5）$(a^x)' = a^x \ln a$ ；

（6）$(e^x)' = e^x$ ；

（7）$(\sin x)' = \cos x$ ；

（8）$(\cos x)' = -\sin x$ ；

（9）$(\tan x)' = \sec^2 x = \dfrac{1}{\cos^2 x}$ ；

（10）$(\cot x)' = -\csc^2 x = -\dfrac{1}{\sin^2 x}$ ；

（11）$(\sec x)' = \sec x \tan x$ ；

（12）$(\csc x)' = -\csc x \cot x$ ；

（13）$(\arcsin x)' = \dfrac{1}{\sqrt{1-x^2}}$ ；

（14）$(\arccos x)' = -\dfrac{1}{\sqrt{1-x^2}}$ ；

（15）$(\arctan x)' = \dfrac{1}{1+x^2}$ ；

（16）$(\operatorname{arc\,cot} x)' = -\dfrac{1}{1+x^2}$ ；

（17）$(\sinh x)' = \cosh x$ ；

（18）$(\cosh x)' = \sinh x$.

以上基本导数公式十分重要，要熟练掌握，同时还要熟练运用函数的四则运算求导法则与复合函数的求导法则，以此求初等函数的导数.

例 9 设 $y = (2x + \sin x)^3$，求 $y'\big|_{x=\frac{\pi}{2}}$.

解 $y' = [(2x + \sin x)^3]' = 3(2x + \sin x)^2 (2x + \sin x)'$

$\qquad = 3(2x + \sin x)^2 (2 + \cos x)$，

所以

$$y'\big|_{x=\frac{\pi}{2}} = \left[3(2x + \sin x)^2 (2 + \cos x) \right]\Big|_{x=\frac{\pi}{2}} = 6(\pi + 1)^2.$$

2.2.5 隐函数和由参数方程确定的函数的导数

1. 隐函数的导数

设方程 $F(x, y) = 0$ 确定 y 是 x 的隐函数 $y = y(x)$. 求隐函数的导数，可根据复合函数的链导法，直接由方程求得它所确定的隐函数的导数.

例 10 求方程 $e^y - x^2 y + e^x = 0$ 所确定的隐函数 $y = y(x)$ 的导数 $\dfrac{\mathrm{d}y}{\mathrm{d}x}$.

解 因为 y 是 x 的函数，所以 e^y 是 x 的复合函数，利用链导法，方程两端对 x 求导，得

$$e^y \cdot y' - (2xy + x^2 y') + e^x = 0.$$

解出 y'，便得所求的隐函数的导数

$$y' = \frac{\mathrm{d}y}{\mathrm{d}x} = \frac{2xy - e^x}{e^y - x^2} \quad (e^y - x^2 \neq 0).$$

例 11 设 $y = \arctan(x + 2y)$，求 y'.

解 这是一个隐函数的导数问题，两边对 x 求导，得

$$y' = \frac{1}{1 + (x + 2y)^2}(1 + 2y'),$$

解出 y'，得

$$y' = \frac{1}{(x + 2y)^2 - 1} \quad ((x + 2y)^2 - 1 \neq 0).$$

例 12 求椭圆 $\dfrac{x^2}{16} + \dfrac{y^2}{9} = 1$ 在点 $\left(2, \dfrac{3\sqrt{3}}{2}\right)$ 处的切线方程.

解 由导数的几何意义知道，所求切线的斜率为

$$k = y'\big|_{x=2}.$$

对椭圆方程两边求关于 x 的导数得

$$\frac{x}{8}+\frac{2}{9}y \cdot y'=0 \ .$$

代入 $x=2$， $y=\frac{3\sqrt{3}}{2}$ ，得 $k=y'\big|_{x=2}=-\frac{\sqrt{3}}{4}$.

于是所求切线方程为

$$y-\frac{3\sqrt{3}}{2}=-\frac{\sqrt{3}}{4}(x-2) \ .$$

即

$$\sqrt{3}x+4y-8\sqrt{3}=0 \ .$$

2. 由参数方程确定的函数的导数

变量 x 与 y 之间的函数关系在一定条件下可由参数方程

$$\begin{cases} x=\varphi(t), \\ y=\psi(t) \end{cases}$$

确定，其中 t 是参数，对参数方程所确定的函数 $y=f(x)$ 求导，不必消去 t 解出 y 对于 x 的直接关系，可利用参数方程直接求得 y 对 x 的导数.

设 $x=\varphi(t)$ 与 $y=\psi(t)$ 都是可导函数，且 $x=\varphi(t)$ 具有单值连续的反函数 $t=\varphi^{-1}(x)$ ，则参数方程确定的函数可以看成 $y=\psi(t)$ 与 $t=\varphi^{-1}(x)$ 复合而成的函数，根据复合函数和反函数求导法则，有

$$\frac{\mathrm{d}y}{\mathrm{d}x}=\frac{\mathrm{d}y}{\mathrm{d}t} \cdot \frac{\mathrm{d}t}{\mathrm{d}x}=\frac{\mathrm{d}y}{\mathrm{d}t} \cdot \frac{1}{\frac{\mathrm{d}x}{\mathrm{d}t}}=\psi'(t) \cdot \frac{1}{\varphi'(t)}=\frac{\psi'(t)}{\varphi'(t)} \ .$$

这就是由参数方程所确定的函数 $y=f(x)$ 的求导公式.

例 13 已知摆线的参数方程

$$\begin{cases} x=a(t-\sin t), \\ y=a(1-\cos t), \end{cases} \quad (0<t<2\pi) ，求 \frac{\mathrm{d}y}{\mathrm{d}x} \ .$$

解 由参数方程求导公式得

$$\frac{\mathrm{d}y}{\mathrm{d}x}=\frac{\psi'(t)}{\varphi'(t)}=\frac{a\sin t}{a(1-\cos t)}=\frac{\sin t}{1-\cos t} \ .$$

例 14 求曲线 $\begin{cases} x=t^2-1 \\ y=t-t^3 \end{cases}$ 在 $t=1$ 处的切线方程.

解 曲线上对应 $t=1$ 的点为 $(0,0)$ ，曲线在 $t=1$ 处的切线斜率为

$$k=\frac{\mathrm{d}y}{\mathrm{d}x}\bigg|_{t=1}=\frac{1-3t^2}{2t}\bigg|_{t=1}=\frac{-2}{2}=-1 \ ,$$

于是所求的切线方程为 $y=-x$.

例 15 $y = (1+x^2)^x$，求 y'.

解

方法 1

函数 y 可以写成 $y = (1+x^2)^x = e^{x \cdot \ln(1+x^2)}$，所以

$$y' = [e^{x \cdot \ln(1+x^2)}]' = e^{x \cdot \ln(1+x^2)}[x \cdot \ln(1+x^2)]'$$

$$= e^{x \cdot \ln(1+x^2)}\left[\ln(1+x^2) + \frac{x}{1+x^2}(1+x^2)'\right]$$

$$= (1+x^2)^x \cdot \left[\ln(1+x^2) + \frac{2x^2}{1+x^2}\right].$$

方法 2

将函数 $y = (1+x^2)^x$ 两边取自然对数，即 $\ln y = x \cdot \ln(1+x^2)$. 两边对 x 求导，注意左端的 y 是 x 的函数，由链导法，有

$$\frac{1}{y}y' = \ln(1+x^2) + \frac{x}{1+x^2} \cdot 2x = \ln(1+x^2) + \frac{2x^2}{1+x^2}.$$

因此

$$y' = (1+x^2)^x \cdot \left[\ln(1+x^2) + \frac{2x^2}{1+x^2}\right].$$

形式为 $y = [f(x)]^{\varphi(x)}(f(x) > 0)$ 的函数称为幂指函数. 求幂指函数的导数，可选用此例中介绍的两种方法中的任一种，方法 2 称为对数求导法，这个方法除适用于幂指函数外，还适用于多个因式连乘的函数.

例 16 设 $y = \sqrt{(x^2+1)(3x-4)}$，求 y'.

解 将函数两边取自然对数，得

$$\ln y = \frac{1}{2}\ln(x^2+1) + \frac{1}{2}\ln(3x-4),$$

两边对 x 求导，得

$$\frac{1}{y}y' = \frac{x}{x^2+1} + \frac{3}{2(3x-4)},$$

所以

$$y' = \sqrt{(x^2+1)(3x-4)} \cdot \left(\frac{x}{x^2+1} + \frac{3}{2(3x-4)}\right).$$

2.2.6 高阶导数

如果函数 $f(x)$ 的导函数 $y' = f'(x)$ 仍是 x 的可导函数，就称 $y' = f'(x)$ 的导数为函数 $y = f(x)$ 的二阶导数，记作 y''，$f''(x)$，$\dfrac{d^2 y}{dx^2}$ 或 $\dfrac{d^2 f(x)}{dx^2}$.

即 $$y'' = (y')',\ f''(x) = [f'(x)]'.$$

或 $$\frac{d^2 y}{d x^2} = \frac{d}{d x}\left(\frac{d y}{d x}\right).$$

类似地，这个定义可推广到 $y = f(x)$ 的更高阶的导数，如 n 阶导数为

$$\underbrace{\frac{d}{d x}\frac{d}{d x}\cdots\frac{d}{d x}}_{n次} f(x) = \frac{d^n y}{d x^n} = f^{(n)}(x) = y^{(n)}.$$

二阶及二阶以上的导数统称为高阶导数. 二阶导数有明显的物理意义，考虑物体的直线运动，设位置函数为 $s = s(t)$，则速度 $v(t) = \dfrac{d s}{d t}$，而加速度 a 是速度对时间的导数，是位置函数对时间的二阶导数，即 $a(t) = \dfrac{d v}{d t} = \dfrac{d^2 s}{d t^2}$.

根据高阶导数的定义，求函数的高阶导数就是将函数逐次求导，因此，前面介绍的导数运算法则与导数基本公式，仍然适用于高阶导数的计算.

例 17 设 $y = a^x$，求 $y^{(n)}$.

解 $y' = a^x \ln a,\ y'' = a^x (\ln a)^2,\cdots,\ y^{(n)} = a^x (\ln a)^n$.

特别地，$(e^x)' = e^x,\ (e^x)'' = e^x,\ \cdots,\ (e^x)^{(n)} = e^x$.

例 18 求 n 次多项式函数 $y = a_0 x^n + a_1 x^{n-1} + \cdots + a_{n-1} x + a_n$ 的 $n+1$ 阶导数（n 是正整数）.

解 $y' = n a_0 x^{n-1} + (n-1) a_1 x^{n-2} + \cdots + 2 a_{n-2} x + a_{n-1}$,

$y'' = n(n-1) a_0 x^{n-2} + (n-1)(n-2) a_1 x^{n-3} + \cdots + 2 a_{n-2}$,

$\cdots\cdots$

$y^{(n)} = n(n-1)(n-2)\cdots 3 \cdot 2 \cdot 1 \cdot a_0 = n! a_0$,

$y^{(n+1)} = 0$.

例 19 设 $y = \sin x$，求 $y^{(n)}$.

解 $y' = (\sin x)' = \cos x = \sin\left(x + \dfrac{\pi}{2}\right)$,

$$y'' = \left[\sin\left(x + \frac{\pi}{2}\right)\right]' = \cos\left(x + \frac{\pi}{2}\right) = \sin\left(x + 2 \cdot \frac{\pi}{2}\right),$$

$$y''' = \left[\sin\left(x + 2 \cdot \frac{\pi}{2}\right)\right]' = \sin\left(x + 3 \cdot \frac{\pi}{2}\right),$$

$\cdots\cdots$

$$y^{(n)} = \sin\left(x + n \cdot \frac{\pi}{2}\right).$$

即
$$(\sin x)^{(n)} = \sin\left(x + n \cdot \frac{\pi}{2}\right).$$

同理可得
$$(\cos x)^{(n)} = \cos\left(x + n \cdot \frac{\pi}{2}\right).$$

以上几例的结果均可用数学归纳法证得.

习题 2.2

1. 求下列函数的导数.

（1）$y = x^3 + \dfrac{7}{x^4} - \dfrac{2}{x} + 12$；

（2）$y = 5x^3 - 2^x + 3\mathrm{e}^x$；

（3）$y = 2\tan x + \sec x - 1$；

（4）$y = xa^x + 7\mathrm{e}^x$；

（5）$y = 3x\tan x + \sec x - 4$；

（6）$y = \sin x \cos x$；

（7）$y = x^2 \ln x$；

（8）$y = \dfrac{\mathrm{e}^x}{x^2} + \ln 3$；

（9）$y = \dfrac{1 - \ln x}{1 + \ln x} + \dfrac{1}{x}$；

（10）$s = \dfrac{1 + \sin t}{1 + \cos t}$.

2. 求下列函数的导数.

（1）$y = (x^2 - x)^5$；

（2）$y = 2\sin(3x + 6)$；

（3）$y = \cos^3 x$；

（4）$y = \ln(\tan x)$；

（5）$y = \sqrt{1 + \ln x}$；

（6）$y = (\arcsin x)^2$；

（7）$y = \dfrac{1}{\sqrt{1 - x^2}}$；

（8）$y = \mathrm{e}^{-\frac{x}{2}} \cos 3x$；

（9）$y = \dfrac{\sin 2x}{x}$；

（10）$y = \ln(x + \sqrt{a^2 + x^2})$.

3. 写出由下列参数方程所确定的函数的导数 $\dfrac{\mathrm{d}y}{\mathrm{d}x}$.

（1）$\begin{cases} x = at^2, \\ y = bt^3; \end{cases}$

（2）$\begin{cases} x = t(1 - \sin t), \\ y = t\cos t. \end{cases}$

4. 求下列曲线在所给参数值相应的点处的切线方程和法线方程.

（1）$\begin{cases} x = \sin t, \\ y = \cos 2t, \end{cases}$ 在 $t = \dfrac{\pi}{4}$ 处；

（2）$\begin{cases} x = \dfrac{3at}{1 + t^2}, \\ y = \dfrac{3at^2}{1 + t^2}, \end{cases}$ 在 $t = 2$ 处.

5．求下列方程所确定的隐函数的导数 $\dfrac{\mathrm{d}y}{\mathrm{d}x}$．

（1）$x^2 - y^2 = xy$；

（2）$x\cos y = \sin(x + y)$；

（3）$xy = \mathrm{e}^{x+y}$；

（4）$y = 1 - x\mathrm{e}^y$．

6．求曲线 $x^{\frac{2}{3}} + y^{\frac{2}{3}} = a^{\frac{2}{3}}$ 在点 $\left(\dfrac{\sqrt{2}a}{4}, \dfrac{\sqrt{2}a}{4}\right)$ 处的切线方程和法线方程．

7．求下列函数的二阶导数 $\dfrac{\mathrm{d}^2 y}{\mathrm{d}x^2}$．

（1）$y = x\cos x$；

（2）$y = \mathrm{e}^{2x-1}$；

（3）$y = \tan(x + y)$；

（4）$y = 1 + x\mathrm{e}^y$；

（5）$\begin{cases} x = \dfrac{t^2}{2}, \\ y = 1 - t; \end{cases}$

（6）$\begin{cases} x = a\cos t, \\ y = b\sin t. \end{cases}$

2.3 微 分

在实际工程技术中，常遇到与导数密切相关的一类问题，这就是当自变量有一个微小的增量 Δx 时，要计算相应的函数的增量 Δy．这类问题往往是比较困难的，往往需要一种便于计算函数增量的近似公式，找出简便的计算方法．

2.3.1 微分的概念

例 1 设有一个边长为 x_0 的正方形金属片，受热后它的边长伸长了 Δx，问其面积增加了多少？

解 正方形金属片的面积 A 与边长 x 的函数关系为 $A = x^2$．由图 2.3 可以看出，受热后，当边长由 x_0 伸长到 $x_0 + \Delta x$ 时，面积 A 相应的增量为

$$\Delta A = (x_0 + \Delta x)^2 - x_0^2 = 2x_0\Delta x + (\Delta x)^2 .$$

从上式可以看出，ΔA 可分成两部分：第一部分是 Δx 的线性函数 $2x_0\Delta x$，当 $\Delta x \to 0$ 时与 Δx 是同阶无穷小；第二部分 $(\Delta x)^2$，当 $\Delta x \to 0$ 时是 Δx 的高阶无穷小．这表明，当 $|\Delta x|$ 很小时，第二部分的绝对值要比第一部分的绝对值小得多，可以忽略不

计，而只用一个简单的函数，即 Δx 的线性函数作为 ΔA 的近似值，
$$\Delta A \approx 2x_0\Delta x .\tag{2.3.1}$$
显然，$2x_0\Delta x$ 是容易计算的，它是边长 x_0 有增量 Δx 时，面积增量 ΔA 的主要部分（亦称线性主部）.

考虑到 $2x_0 = A'\big|_{x=x_0} = A'(x_0)$，（2.3.1）式可写成
$$\Delta A \approx A'(x_0)\Delta x .$$
由此引进函数微分的概念.

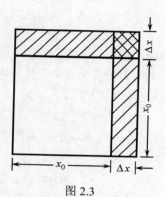

图 2.3

定义 1 设函数 $y = f(x)$ 在点 x_0 的某邻域内有定义，如果函数 $f(x)$ 在点 x_0 处的增量 $\Delta y = f(x_0 + \Delta x) - f(x_0)$ 可以表示为
$$\Delta y = A\Delta x + o(\Delta x) ,$$
其中 A 是与 Δx 无关的常数，$o(\Delta x)$ 是当 $\Delta x \to 0$ 时比 Δx 高阶的无穷小，则称函数 $f(x)$ 在点 x_0 处可微，$A\Delta x$ 称为函数 $f(x)$ 在点 x_0 处的微分，记作
$$\mathrm{d}\,y\big|_{x=x_0} ，即 \quad \mathrm{d}\,y\big|_{x=x_0} = A\Delta x .\tag{2.3.2}$$
于是，（2.3.1）式可写成
$$\Delta A \approx \mathrm{d}\,A\big|_{x=x_0} .$$

下面讨论函数可微的条件.

设函数 $y = f(x)$ 在点 x_0 可微，则按定义有 $\Delta y = A\Delta x + o(\Delta x)$ 成立，两边同除以 Δx 得
$$\frac{\Delta y}{\Delta x} = A + \frac{o(\Delta x)}{\Delta x} .$$
于是当 $\Delta x \to 0$ 时，由上式得到
$$A = \lim_{\Delta x \to 0}\frac{\Delta y}{\Delta x} = f'(x_0) .$$
因此，如果函数 $f(x)$ 在点 x_0 处可微，则 $f(x)$ 在点 x_0 也一定可导，且 $A = f'(x_0)$.

反过来，如果函数 $y = f(x)$ 在点 x_0 处可导，即

$$\lim_{\Delta x \to 0} \frac{\Delta y}{\Delta x} = f'(x_0)$$

存在，根据极限与无穷小的关系，上式可写成

$$\frac{\Delta y}{\Delta x} = f'(x_0) + \alpha .$$

其中 α 是当时的无穷小，由此可得

$$\Delta y = f'(x_0) \cdot \Delta x + \alpha \cdot \Delta x .$$

因 $\alpha \cdot \Delta x = o(\Delta x)$，$f'(x_0)$ 不依赖于 Δx，故上式可改写成

$$\Delta y = A\Delta x + o(\Delta x) .$$

因此 $f(x)$ 在点 x_0 处也是可微的.

综上，函数 $f(x)$ 在点 x_0 处可微的充分必要条件是函数 $f(x)$ 在点 x_0 处可导. 且当函数 $f(x)$ 在点 x_0 处可微时，其微分为

$$dy\big|_{x=x_0} = f'(x_0)\Delta x .$$

通常把自变量的增量 Δx 记为 dx，称为自变量的微分，于是函数 $f(x)$ 在点 x_0 处的微分又可写成

$$dy\big|_{x=x_0} = f'(x_0)dx . \tag{2.3.3}$$

如果函数 $f(x)$ 在区间 (a,b) 内每一点都可微，则称该函数在 (a,b) 内可微，或称函数 $f(x)$ 是在 (a,b) 内的可微函数. 此时，函数 $f(x)$ 在 (a,b) 内任意一点 x 处的微分记为 dy，即

$$dy = f'(x)dx , \tag{2.3.4}$$

上式两端同除以自变量的微分 dx，得

$$\frac{dy}{dx} = f'(x) .$$

这就是说，函数 $f(x)$ 的导数等于函数的微分与自变量的微分的商，因此导数也称为微商.

例2 求函数 $y = x^2 + 1$，当 $x = 1$，$\Delta x = 0.01$ 时的微分.

解 函数在任意点的微分

$$dy = (x^2 + 1)' \Delta x = 2x\Delta x .$$

于是

$$dy\big|_{\substack{x=1 \\ \Delta x=0.01}} = 2x\Delta x\big|_{\substack{x=1 \\ \Delta x=0.01}} = 0.02 .$$

例3 半径为 r 的圆的面积为 $S = \pi r^2$，当半径增大 Δr 时，求圆面积的增量与微分.

解 面积的增量 $\quad \Delta S = \pi(r + \Delta r)^2 - \pi r^2 = 2\pi r\Delta r + \pi(\Delta r)^2 .$

面积的微分为 $\quad dS = S'_r \cdot \Delta r = 2\pi r\Delta r .$

2.3.2　微分的几何意义

设函数 $y = f(x)$ 的图形如图 2.4 所示. 过曲线 $y = f(x)$ 上一点 $M(x, y)$ 处作切线 MT，设 MT 的倾角为 α，则

$$\tan \alpha = f'(x).$$

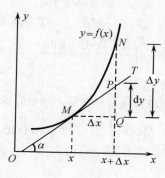

图 2.4

当自变量 x 有增量 Δx 时，切线 MT 的纵坐标相应地有增量

$$QP = \tan \alpha \cdot \Delta x = f'(x)\Delta x = \mathrm{d}y.$$

因此，微分 $\mathrm{d}y = f'(x)\Delta x$ 几何上表示当 x 有增量 Δx 时，曲线 $y = f(x)$ 在对应点 $M(x, y)$ 处的切线的纵坐标的增量. 用 $\mathrm{d}y$ 近似代替 Δy 就是用点 M 处的切线纵坐标的增量 QP 近似代替曲线 $y = f(x)$ 的纵坐标的增量 QN，并且 $|\Delta y - \mathrm{d}y| = PN$.

2.3.3　微分的基本公式与运算法则

1. 基本初等函数的微分公式

函数 $y = f(x)$ 的微分等于导数 $f'(x)$ 乘以 $\mathrm{d}x$，所以根据导数公式和运算法则，就能得到相应的微分公式和微分运算法则.

（1）$\mathrm{d}(C) = 0$ （C 为常数）；

（2）$\mathrm{d}(x^\mu) = \mu x^{\mu-1}\mathrm{d}x$；

（3）$\mathrm{d}(\log_a x) = \dfrac{1}{x\ln a}\mathrm{d}x$；

（4）$\mathrm{d}(\ln x) = \dfrac{1}{x}\mathrm{d}x$；

（5）$\mathrm{d}(a^x) = a^x \ln a\,\mathrm{d}x$；

（6）$\mathrm{d}(\mathrm{e}^x) = \mathrm{e}^x\,\mathrm{d}x$；

（7）$\mathrm{d}(\sin x) = \cos x\,\mathrm{d}x$；

（8）$\mathrm{d}(\cos x) = -\sin x\,\mathrm{d}x$；

（9）$\mathrm{d}(\tan x) = \sec^2 x\,\mathrm{d}x = \dfrac{1}{\cos^2 x}\mathrm{d}x$；

（10）$\mathrm{d}(\cot x) = -\csc^2 x\,\mathrm{d}x = -\dfrac{1}{\sin^2 x}\mathrm{d}x$；

（11）$\mathrm{d}(\sec x) = \sec x\tan x\,\mathrm{d}x$；

（12）$\mathrm{d}(\csc x) = -\csc x\cot x\,\mathrm{d}x$；

（13）$\mathrm{d}(\arcsin x) = \dfrac{1}{\sqrt{1-x^2}}\mathrm{d}x$；

（14）$\mathrm{d}(\arccos x) = -\dfrac{1}{\sqrt{1-x^2}}\mathrm{d}x$；

（15）$d(\arctan x)=\dfrac{1}{1+x^2}dx$；　　　　（16）$d(\operatorname{arc\,cot}x)=-\dfrac{1}{1+x^2}dx$．

2. 函数的和、差、积、商的微分运算法则

设函数 $u(x)=u$，$v(x)=v$ 均可微，则

$$d(u\pm v)=du\pm dv；$$

$$d(uv)=vdu+udv；$$

$$d(Cu)=Cdu\qquad（C\text{ 为常数}）；$$

$$d\left(\dfrac{u}{v}\right)=\dfrac{vdu-udv}{v^2}\qquad（v\neq 0）．$$

3. 复合函数的微分法则

设函数 $y=f(u)$，$u=\varphi(x)$ 都是可导函数，则复合函数 $y=f[\varphi(x)]$ 的微分为

$$dy=\left\{f\left[\varphi(x)\right]\right\}_x' dx=f'(u)\varphi'(x)dx，$$

而　　　　　　　　　　　　　　$du=\varphi'(x)dx，$

于是

$$dy=f'(u)du．\tag{2.3.5}$$

将（2.3.5）式与（2.3.4）式比较，可见不论 u 是自变量还是中间变量，函数 $y=f(u)$ 的微分总保持同一形式，这个性质称为一阶微分形式不变性．

利用这个性质，可以比较方便地求一些复合函数的微分、隐函数的微分以及它们的导数．

例 4 设 $y=\sqrt{2+x^2}$，求 $\dfrac{dy}{dx}$ 与 dy．

解　　　　$\dfrac{dy}{dx}=(\sqrt{2+x^2})'=\dfrac{1}{2\sqrt{2+x^2}}(2+x^2)'=\dfrac{x}{\sqrt{2+x^2}}$，

$$dy=\dfrac{x}{\sqrt{2+x^2}}dx．$$

例 5 求由方程 $x^2+2xy-2y^2=1$ 所确定的隐函数 $y=f(x)$ 的导数 $\dfrac{dy}{dx}$ 与微分 dy．

解　方程两边对 x 求导，得

$$2x+2y+2xy'-4yy'=0．$$

导数为　　　　　　　　　　　　$y'=\dfrac{x+y}{2y-x}$，

微分为　　　　　　　　　　　　$dy=\dfrac{x+y}{2y-x}dx．$

由以上讨论可以看出，微分与导数虽是两个不同的概念，但却紧密相关，事实上求出了导数便立即可得微分，求出了微分亦可得导数，即

$$f'(x) = \frac{\mathrm{d}y}{\mathrm{d}x}, \quad \mathrm{d}y = f'(x)\mathrm{d}x.$$

因此，通常把函数的导数与微分的运算统称为微分法. 在高等数学中，把研究导数和微分的有关内容称为微分学.

2.3.4 微分在近似计算中的应用

在实际问题中，经常利用微分作近似计算.

由微分的定义可知，当 $|\Delta x|$ 很小时，

$$\Delta y = f(x_0 + \Delta x) - f(x_0) \approx \mathrm{d}y = f'(x_0)\Delta x,$$

或写成

$$f(x_0 + \Delta x) \approx f(x_0) + f'(x_0)\Delta x. \tag{2.3.6}$$

记 $x_0 + \Delta x = x$，则上式又可写成

$$f(x) \approx f(x_0) + f'(x_0)(x - x_0). \tag{2.3.7}$$

特别地，当 $x_0 = 0$ 时，有

$$f(x) \approx f(0) + f'(0) \cdot x. \tag{2.3.8}$$

式（2.3.6）至式（2.3.8）都可用来求函数 $f(x)$ 的近似值.

应用式（2.3.8）可以推得一些常用的近似公式，当 $|x|$ 很小时，有

（1） $\sin x \approx x$；

（2） $\tan x \approx x$；

（3） $\mathrm{e}^x \approx 1 + x$；

（4） $\ln(1 + x) \approx x$；

（5） $\sqrt[n]{1+x} \approx 1 + \dfrac{1}{n}x$.

例6 计算 $\sin 46°$ 的近似值.

解 设 $f(x) = \sin x$，取 $x = 46°$，$x_0 = 45° = \dfrac{\pi}{4}$，则 $x - x_0 = 1° = \dfrac{\pi}{180}$，于是由式（2.3.7）得

$$\sin x \approx \sin x_0 + \cos x_0 \cdot (x - x_0).$$

即

$$\sin 46° \approx \sin \frac{\pi}{4} + \cos \frac{\pi}{4} \cdot \frac{\pi}{180} = \frac{\sqrt{2}}{2} + \frac{\sqrt{2}}{2} \cdot \frac{\pi}{180} \approx 0.719.$$

例7 计算 $\sqrt{1.05}$ 的近似值.

解 $\sqrt{1.05} = \sqrt{1 + 0.05}$.

这里 $x = 0.05$，利用近似计算公式（2.3.6）有

$$\sqrt{1.05} \approx 1 + \frac{1}{2} \times 0.05 = 1.025.$$

习题 2.3

1. 求下列函数的微分.

（1）$y = \dfrac{1}{\sqrt{x}}\ln x$；

（2）$y = \sqrt{\arcsin\sqrt{x}}$；

（3）$y = \tan^2(1+2x^2)$；

（4）$y = \sqrt{\cos 3x} + \ln\tan\dfrac{x}{2}$.

2. 在括号内填入适当的函数，使等式成立.

（1）$\dfrac{1}{a^2+x^2}\mathrm{d}x = \mathrm{d}$（　）；

（2）$x\,\mathrm{d}x = \mathrm{d}$（　）；

（3）$\dfrac{1}{\sqrt{x}}\mathrm{d}x = \mathrm{d}$（　）；

（4）$\dfrac{1}{\sqrt{1-x^2}}\mathrm{d}x = \mathrm{d}$（　）；

（5）$\sin\omega x\,\mathrm{d}x = \mathrm{d}$（　）；

（6）$\dfrac{1}{1+x}\mathrm{d}x = \mathrm{d}$（　）；

（7）$\mathrm{e}^{5x}\mathrm{d}x = \mathrm{d}$（　）；

（8）$(3-2x)^3\,\mathrm{d}x = \mathrm{d}$（　）；

（9）$\dfrac{\sin\sqrt{x}}{\sqrt{x}}\mathrm{d}x = \mathrm{d}$（　）；

（10）$x\mathrm{e}^{-x^2}\mathrm{d}x = \mathrm{d}$（　）.

3. 利用微分求近似值.

（1）$\sqrt[6]{65}$；

（2）$\lg 11$.

本章小结

1. 基本概念

导数是一种特殊形式的极限，即函数的改变量与自变量的改变量之比当自变量的改变量趋于零时的极限.

微分是导数与函数自变量改变量的乘积或者说是函数增量的近似值.

2. 几何意义

$f'(x_0)$ 是曲线 $y = f(x)$ 在点 $(x_0, f(x_0))$ 处的切线斜率；微分 $\mathrm{d}y$ 是曲线 $y = f(x)$ 在点 $(x_0, f(x_0))$ 处的切线纵坐标对应于 Δx 的改变量；Δy 是曲线 $y = f(x)$ 的纵坐标对应于 Δx 的改变量；函数 $y = f(x)$ 在 x_0 处可导必连续；连续未必可导.

3. 基本计算

本章最重要的计算就是导数运算，主要有运用导数基本公式和运算法则，求简单函数和复合函数的导数，求高阶导数. 求微分的方法与求导数的类似. 特别地 $\mathrm{d}y = f'(x)\mathrm{d}x$，即求微分 $\mathrm{d}y$，可以先求导数 $f'(x)$，后面再乘一个 $\mathrm{d}x$.

有两种求导方法需要强调：

（1）隐函数求导法：设方程 $F(x,y) = 0$ 表示自变量为 x 因变量为 y 的隐函数，

并且可导, 利用复合函数求导公式, 将方程两边对 x 求导, 然后解方程求出 y';

（2）取对数求导法: 对于两类特殊的幂指函数和多因子乘积函数, 可以通过对方程的两边取对数, 转化为隐函数, 然后按隐函数求导的方法求出导数 y'.

4. 简单应用

（1）导数: 曲线 $y = f(x)$ 在点 $M_0(x_0, y_0)$ 处的切线方程和法线方程分别是

$$y - y_0 = f'(x_0)(x - x_0) \text{ 和 } y - y_0 = -\frac{1}{f'(x_0)}(x - x_0);$$

（2）微分: 当 $|\Delta x|$ 很小时, 有近似计算公式

$$f(x + \Delta x) \approx f(x) + f'(x)\Delta x.$$

这个公式可以用来直接计算函数的近似值.

复习题 2

1. 判断下列命题是否正确? 为什么?

（1）若 $f(x)$ 在 x_0 处不可导, 则曲线 $y = f(x)$ 在点 $(x_0, f(x_0))$ 处必无切线;

（2）若曲线 $y = f(x)$ 处处有切线, 则函数 $y = f(x)$ 必处处可导;

（3）若 $f(x)$ 在 x_0 处可导, 则 $|f(x)|$ 在 x_0 处必可导;

（4）若 $|f(x)|$ 在 x_0 处可导, 则 $f(x)$ 在 x_0 处必可导.

2. 求下列函数的导数.

（1）$y = \dfrac{2\sec x}{1 + x^2}$;

（2）$y = \dfrac{\arctan x}{x} + \arccos x$;

（3）$y = \dfrac{1 + x + x^2}{1 + x}$;

（4）$y = x(\sin x + 1)\csc x$;

（5）$y = \cot x \cdot (1 + \cos x)$;

（6）$y = \dfrac{1}{1 + \sqrt{x}} - \dfrac{1}{1 - \sqrt{x}}$;

（7）$y = \mathrm{e}^{\tan \frac{1}{x}}$;

（8）$y = \arccos \sqrt{1 - 3x}$;

（9）$y = \tan^3(1 - 2x)$;

（10）$y = \ln(\sec x + \tan x)$;

（11）$y = \dfrac{\mathrm{e}^x - \mathrm{e}^{-x}}{\mathrm{e}^x + \mathrm{e}^{-x}}$;

（12）$y = \ln \cos \dfrac{1}{x}$;

（13）$y = x \arcsin \dfrac{x}{2} + \sqrt{4 - x^2}$;

（14）$y = \sqrt{x + \sqrt{x}}$.

3. 求下列函数的二阶导数.

（1）$y = 2x^2 + \ln x$;

（2）$y = \mathrm{e}^{2x - 1}$;

（3）$y = x \cos x$;

（4）$y = \mathrm{e}^{-t} \sin t$;

（5）$y = (1 + x^2)\arctan x$;

（6）$y = x\mathrm{e}^{x^2}$.

4．求由下列方程所确定的隐函数的导数 $\dfrac{\mathrm{d}y}{\mathrm{d}x}$．

（1） $y\mathrm{e}^x + \ln y = 1$；

（2） $\arctan \dfrac{y}{x} = \ln \sqrt{x^2 + y^2}$；

（3） $y = 1 + x\mathrm{e}^y$．

自测题 2

1．填空题．

（1）函数 $y = (1 + x)\ln x$ 上点 $(1,0)$ 处的切线方程为_____；

（2）已知 $f'(2) = 3$ ，则 $\lim\limits_{h \to 0} \dfrac{f(2 + h) - f(2 - 3h)}{2h} =$ _____；

（3）若 $f(u)$ 可导，则 $y = f(\sin \sqrt{x})$ 的导数为_____．

2．单选题．

（1） $y = |x + 2|$ 在 $x = -2$ 处（　　）．

    A．连续　　　　　　　　　　B．不连续

    C．可导　　　　　　　　　　D．可微

（2）下列函数中（　　）的导数等于 $\sin 2x$ ．

    A． $\cos 2x$　　　　　　　　B． $\cos^2 x$

    C． $-\cos 2x$　　　　　　　D． $\sin^2 x$

（3）已知 $y = \cos x$ ，则 $y^{(10)} =$ （　　）．

    A． $\sin x$　　　　　　　　　B． $\cos x$

    C． $-\sin x$　　　　　　　　D． $-\cos x$

3．求下列函数的导数．

（1） $y = \arctan \dfrac{1 + x}{1 - x}$；

（2） $y = \ln \tan \dfrac{x}{2} - \cos x \ln \tan x$；

（3） $y = \ln(\mathrm{e}^x + \sqrt{1 + \mathrm{e}^{2x}})$；

（4） $y = x^{\frac{1}{x}}\ (x > 0)$．

4．设函数 $y = f(x)$ 由方程 $\mathrm{e}^y + xy = \mathrm{e}$ 所确定，求 $f''(0)$．

5．求下列参数方程所确定的函数的二阶导数 $\dfrac{\mathrm{d}^2 y}{\mathrm{d}x^2}$．

（1） $\begin{cases} x = a\cos^3 t, \\ y = a\sin^3 t; \end{cases}$　　　　（2） $\begin{cases} x = \ln\sqrt{1 + t^2}, \\ y = \arctan t. \end{cases}$

6．求曲线 $\begin{cases} x = 2\mathrm{e}^t \\ y = \mathrm{e}^{-t} \end{cases}$ 在 $t = 0$ 相应的点处的切线方程及法线方程．

7．甲船以 $6\mathrm{km/h}$ 的速率向东行驶，乙船以 $8\mathrm{km/h}$ 的速率向南行驶．在中午 12 点整，乙船位于甲船之北 $16\mathrm{km/h}$ 处，问下午 1 点整两船相离的速率是多少？

8．求函数 $y = \ln(x^3 \cdot \sin x)$ 的微分 $\mathrm{d}y$ ．

9．利用函数的微分求 $\sqrt[3]{1.02}$ 的近似值．

第 3 章　微分中值定理与导数的应用

本章学习目标

● 了解罗尔定理和拉格朗日中值定理

● 会用洛必达法则求 $\dfrac{0}{0}$ 和 $\dfrac{\infty}{\infty}$ 型未定式的极限

● 掌握函数单调性、极值、曲线凹凸性与拐点的判断方法
● 掌握求函数最值的方法

3.1　微分中值定理

3.1.1　罗尔定理

定理 1　设函数 $f(x)$ 满足下列条件：

（1）在闭区间 $[a,b]$ 上连续；

（2）在开区间 (a,b) 内可导；

（3）$f(a) = f(b)$，则在 (a,b) 内至少存在一点 ξ，使 $f'(\xi) = 0$.

罗尔定理的几何解释如下．如图 3.1 所示，因 $f(a) = f(b)$，所以弦 AB 平行于 x 轴，其斜率为零，故此时在从 A 到 B 这段曲线弧上至少有一点 $M(\xi, f(\xi))$，使得过 M 点的切线平行于 x 轴，即有 $f'(\xi) = 0$.

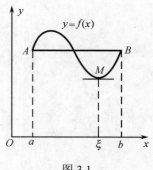

图 3.1

证　由于 $f(x)$ 在闭区间 $[a,b]$ 上连续，根据闭区间上连续函数的最大值最小值

定理，$f(x)$ 在闭区间 $[a,b]$ 上必定取得它的最大值 M 和最小值 m . 这样只有两种可能情形：

（1）$M = m$. 这时必然取相同的数值 M ，即 $f(x) = M$ ，由此有 $f'(x) = 0$ ，因此可以取 (a,b) 内任意一点作为 ξ ，且有 $f'(\xi) = 0$.

（2）$M > m$. 因为 $f(a) = f(b)$ ，所以 M 和 m 这两个数中至少有一个不等于 $f(x)$ 在区间 $[a,b]$ 的端点处的函数值. 不妨设 $M \neq f(a)$ ，那么必定在开区间 (a,b) 内有一点 ξ 使 $f(\xi) = M$ ，下面证 $f'(\xi) = 0$.

因为 $\xi \in (a,b)$ ，根据假设可知 $f'(\xi)$ 存在，即极限

$$\lim_{\Delta x \to 0} \frac{f(\xi + \Delta x) - f(\xi)}{\Delta x}$$

存在，由极限存在的充分必要条件可得

$$f'(\xi) = \lim_{\Delta x \to 0^-} \frac{f(\xi + \Delta x) - f(\xi)}{\Delta x} = \lim_{\Delta x \to 0^+} \frac{f(\xi + \Delta x) - f(\xi)}{\Delta x} .$$

由于 $f(\xi) = M$ 是 $f(x)$ 在区间 $[a,b]$ 上的最大值，因此不论 Δx 是正的还是负的，只要 $\xi + \Delta x$ 在 $[a,b]$ 上，总有

$$f(\xi + \Delta x) \leqslant f(\xi) .$$

即

$$f(\xi + \Delta x) - f(\xi) \leqslant 0 .$$

当 $\Delta x > 0$ 时，

$$\frac{f(\xi + \Delta x) - f(\xi)}{\Delta x} \leq 0 ,$$

当 $\Delta x < 0$ 时，

$$\frac{f(\xi + \Delta x) - f(\xi)}{\Delta x} \geq 0 .$$

从而根据极限的性质必然有

$$f'(\xi) = 0 .$$

证毕.

3.1.2　拉格朗日中值定理

定理 2　设函数 $f(x)$ 满足下列条件：

（1）在闭区间 $[a,b]$ 上连续；

（2）在开区间 (a,b) 内可导，则在 (a,b) 内至少存在一点 ξ ，使得

$$f'(\xi) = \frac{f(b) - f(a)}{b - a} . \tag{3.1.1}$$

对这个定理，先从几何直观上加以说明. 如图 3.2 所示，定理中的条件"函数 $f(x)$ 在 (a,b) 内可导"规定了曲线 $y = f(x)$ 在 $[a,b]$ 上不间断，(a,b) 内各点处都存在不垂直于 x 轴的切线，从图 3.2 中可以看出，从 A 至 B 这段曲线弧上至少有一点

$M\,(\xi,f(\xi))$，使得过 M 点的切线 MT 与弦 AB 平行. 而弦 AB 的斜率为

$$k_{AB}=\frac{f(b)-f(a)}{b-a}.$$

由导数的几何意义，切线 MT 的斜率为

$$k_{MT}=f'(\xi)=\frac{f(b)-f(a)}{b-a}.$$

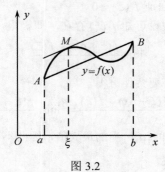

图 3.2

证　引进辅助函数

$$\varphi(x)=f(x)-f(a)-\frac{f(b)-f(a)}{b-a}(x-a).$$

容易验证函数 $\varphi(x)$ 满足罗尔定理的条件：$\varphi(a)=\varphi(b)=0$，$\varphi(x)$ 在闭区间 $[a,b]$ 上连续，在开区间 (a,b) 内可导，且

$$\varphi'(x)=f'(x)-\frac{f(b)-f(a)}{b-a}.$$

根据罗尔定理可知在 (a,b) 内至少有一点 ξ 使得 $\varphi'(\xi)=0$，即

$$f'(\xi)-\frac{f(b)-f(a)}{b-a}=0.$$

由此得

$$f'(\xi)=\frac{f(b)-f(a)}{b-a}.$$

也即

$$f(b)-f(a)=f'(\xi)(b-a).$$

式（3.1.1）称为拉格朗日中值公式，无论 $a<b$ 或 $b<a$ 均成立，这个公式也可以写成

$$f(b)-f(a)=f'(\xi)(b-a)\quad（\xi\text{ 在 }a\text{ 与 }b\text{ 之间}）.\tag{3.1.2}$$

在式（3.1.2）中，若令 $a=x$，$b-a=\Delta x$，又有

$$f(x+\Delta x)-f(x)=f'(\xi)\Delta x\quad（\xi\text{ 在 }x\text{ 与 }x+\Delta x\text{ 之间}）.\tag{3.1.3}$$

拉格朗日中值定理是微分学的基本定理，在理论上和应用上都具有重要的意

义. 对于点 ξ，定理只肯定了它的存在，没有说明如何去求. 在实际应用时，一般只要知道有这样的点存在就够了.

在拉格朗日中值定理的条件下，若加上条件 $f(a) = f(b)$，则可知在开区间 (a,b) 内至少有一点 ξ，使 $f'(\xi) = 0$，这就是罗尔中值定理，罗尔中值定理是拉格朗日中值定理的特殊情形.

由拉格朗日中值定理可以推出下面两个重要结论.

推论 1 若函数 $f(x)$ 在开区间 (a,b) 内每一点处的导数均为零，则在 (a,b) 内 $f(x) \equiv C$（C 为常数）.

证 设 x_1, x_2 为区间 (a,b) 内的任意两点，且 $x_1 < x_2$，则在 $[x_1, x_2]$ 上，$f(x)$ 满足拉格朗日中值定理的条件，于是有

$$f(x_2) - f(x_1) = f'(\xi)(x_2 - x_1) \quad (x_1 < \xi < x_2).$$

由假设知，$f'(\xi) = 0$，因此

$$f(x_2) - f(x_1) = 0, \quad 即 \ f(x_2) = f(x_1).$$

因为 x_1, x_2 是 (a,b) 内任意两点，这就得出 $f(x)$ 在 (a,b) 内是一个常数.

推论 2 如果对任意 $x \in (a,b)$，函数 $f(x)$ 与 $g(x)$ 都有 $f'(x) = g'(x)$，则在 (a,b) 内有 $f(x) = g(x) + C$（C 为常数）.

推论 2 可由推论 1 推出.

例 1 证明当 $x > 0$ 时，

$$\frac{x}{1+x} < \ln(1+x) < x.$$

证 设 $f(x) = \ln(1+x)$，显然 $f(x)$ 在区间 $[0, x]$ 上满足拉格朗日中值定理的条件，根据定理有

$$f(x) - f(0) = f'(\xi)(x - 0), \ 0 < \xi < x,$$

由于 $f(0) = 0$，$f'(x) = \dfrac{1}{1+x}$，因此上式即为

$$\ln(1+x) = \frac{x}{1+\xi}.$$

又由 $0 < \xi < x$，有

$$\frac{x}{1+x} < \frac{x}{1+\xi} < x.$$

即

$$\frac{x}{1+x} < \ln(1+x) < x.$$

3.1.3 柯西中值定理

定理 3 如果函数 $f(x)$ 及 $F(x)$ 在闭区间 $[a,b]$ 上连续，在开区间 (a,b) 内可导，

且 $F'(x)$ 在 (a,b) 内的每一点处均不为零，那么在 (a,b) 内至少存在一点 ξ，使

$$\frac{f(b)-f(a)}{F(b)-F(a)} = \frac{f'(\xi)}{F'(\xi)}$$

成立.

证明略.

习题 3.1

1. 验证下列函数在指定区间上满足拉格朗日中值定理，并求出 ξ.

（1）$f(x) = x^3,\ x \in [1,4]$；

（2）$f(x) = \sin 2x,\ x \in \left[0, \dfrac{\pi}{2}\right]$.

2. 检验下列函数在给定区间上是否满足罗尔定理的条件？若满足，求出 $f'(\xi)=0$ 的点 ξ.

（1）$f(x) = x^3 + 4x^2 - 7x - 10,\ x \in [-1,2]$；

（2）$f(x) = \dfrac{2 - x^2}{x^4},\ x \in [-1,1]$.

3. 证明不等式 $\arcsin x + \arccos x = \dfrac{\pi}{2}$ $(-1 \leqslant x \leqslant 1)$.

4. 若方程 $a_0 x^n + a_1 x^{n-1} + \cdots + a_{n-1} x = 0$ 有一个正根 $x = x_0$，证明方程 $a_0 n x^{n-1} + a_1(n-1)x^{n-2} + \cdots + a_{n-1} = 0$ 必有一个小于 x_0 的正根.

5. 设 $a > b > 0,\ n > 1$，证明：$nb^{n-1}(a-b) < a^n - b^n < na^{n-1}(a-b)$.

6. 设 $a > b > 0$，证明：$\dfrac{a-b}{a} < \ln\dfrac{a}{b} < \dfrac{a-b}{b}$.

3.2 洛必达法则

把两个无穷小量之比或两个无穷大量之比的极限称为 $\dfrac{0}{0}$ 型或 $\dfrac{\infty}{\infty}$ 型未定式的极限.

例如：$\displaystyle\lim_{x\to 0}\frac{\sin x}{x}$ 是 $\dfrac{0}{0}$ 型未定式，$\displaystyle\lim_{x\to\infty}\frac{\ln(1+x^2)}{x}$ 是 $\dfrac{\infty}{\infty}$ 型未定式. 洛必达法则就是以导数为工具求未定式极限的方法.

3.2.1 $\dfrac{0}{0}$ 型未定式的极限

定理 4（洛必达法则） 设函数 $f(x)$ 与 $g(x)$ 满足：

（1）在点 x_0 的某邻域内（点 x_0 可除外）有定义，且有 $\displaystyle\lim_{x\to x_0}f(x)=0$，$\displaystyle\lim_{x\to x_0}g(x)=0$；

（2）在该邻域内（点 x_0 可除外）可导，且 $g'(x) \neq 0$；

（3）$\lim\limits_{x \to x_0} \dfrac{f'(x)}{g'(x)}$ 存在（或为 ∞），

则

$$\lim_{x \to x_0} \frac{f(x)}{g(x)} = \lim_{x \to x_0} \frac{f'(x)}{g'(x)}.$$

证 因为求 $\dfrac{f(x)}{g(x)}$ 当 $x \to x_0$ 时的极限与 $f(x_0)$ 及 $g(x_0)$ 无关，所以可以假定 $f(x_0) = g(x_0) = 0$，于是由条件（1）（2）知，$f(x)$ 及 $g(x)$ 在点 x_0 的某一邻域内是连续的，设 x 是这一邻域内的一点，那么在以 x 及 x_0 为端点的区间上，柯西中值定理的条件均满足，因此有

$$\frac{f(x)}{F(x)} = \frac{f(x) - f(x_0)}{g(x) - g(x_0)} = \frac{f'(\xi)}{g'(\xi)} \quad （\xi \text{ 在 } x \text{ 与 } x_0 \text{ 之间）}.$$

令 $x \to x_0$ 并对上式两端求极限，注意到 $x \to x_0$ 时 $\xi \to x_0$，再根据条件（3）便得到定理的证明．

说明： 上述定理对于 $x \to \infty$ 时的 $\dfrac{0}{0}$ 型未定式同样适用．

例1 求 $\lim\limits_{x \to 0} \dfrac{1 - \cos x}{x^2}$．

解 这是 $\dfrac{0}{0}$ 型未定式，由洛必达法则，得

$$\lim_{x \to 0} \frac{1 - \cos x}{x^2} = \lim_{x \to 0} \frac{(1 - \cos x)'}{(x^2)'} = \lim_{x \to 0} \frac{\sin x}{2x} = \frac{1}{2}.$$

例2 求 $\lim\limits_{x \to +\infty} \dfrac{\dfrac{\pi}{2} - \arctan x}{\dfrac{1}{x}}$．

解 这是 $\dfrac{0}{0}$ 型未定式，由洛必达法则，得

$$\lim_{x \to +\infty} \frac{\dfrac{\pi}{2} - \arctan x}{\dfrac{1}{x}} = \lim_{x \to +\infty} \frac{-\dfrac{1}{1 + x^2}}{\dfrac{-1}{x^2}} = \lim_{x \to +\infty} \frac{x^2}{1 + x^2} = 1.$$

如果用一次洛必达法则后，$\lim\limits_{x \to x_0} \dfrac{f'(x)}{g'(x)}$ 仍是 $\dfrac{0}{0}$ 型未定式，可对 $\lim\limits_{x \to x_0} \dfrac{f'(x)}{g'(x)}$ 继续使用洛必达法则，只要 $f'(x)$ 与 $g'(x)$ 满足洛必达法则的条件即可．

例3　求 $\lim\limits_{x\to 0}\dfrac{x^3}{x-\sin x}$.

解　这是 $\dfrac{0}{0}$ 型未定式，于是

$$\lim_{x\to 0}\frac{x^3}{x-\sin x}=\lim_{x\to 0}\frac{3x^2}{1-\cos x}.$$

上式右端仍是 $\dfrac{0}{0}$ 型未定式，且满足洛必达法则条件，再应用洛必达法则得

$$\lim_{x\to 0}\frac{3x^2}{1-\cos x}=\lim_{x\to 0}\frac{6x}{\sin x}=6.$$

3.2.2　$\dfrac{\infty}{\infty}$ 型未定式的极限

定理5（洛必达法则）　设函数 $f(x)$ 与 $g(x)$ 满足：

（1）在点 x_0 的某邻域内（点 x_0 可除外）有定义，且有 $\lim\limits_{x\to x_0}f(x)=\infty$，$\lim\limits_{x\to x_0}g(x)=\infty$；

（2）在该邻域内（点 x_0 可除外）可导，且 $g'(x)\neq 0$；

（3）$\lim\limits_{x\to x_0}\dfrac{f'(x)}{g'(x)}$ 存在（或为 ∞），

则

$$\lim_{x\to x_0}\frac{f(x)}{g(x)}=\lim_{x\to x_0}\frac{f'(x)}{g'(x)}.$$

说明： 上述定理对于 $x\to\infty$ 时的 $\dfrac{\infty}{\infty}$ 型未定式同样适用.

例4　求 $\lim\limits_{x\to +\infty}\dfrac{\ln x}{x^n}$（$n>0$）.

解　这是 $\dfrac{\infty}{\infty}$ 型未定式，由洛必达法则，得

$$\lim_{x\to +\infty}\frac{\ln x}{x^n}=\lim_{x\to +\infty}\frac{\dfrac{1}{x}}{nx^{n-1}}=\lim_{x\to +\infty}\frac{1}{nx^n}=0.$$

例5　求 $\lim\limits_{x\to +\infty}\dfrac{x^n}{e^{\lambda x}}$（$n$ 为正整数，$\lambda>0$）.

解　应用洛必达法则 n 次得

$$\lim_{x\to +\infty}\frac{x^n}{e^{\lambda x}}=\lim_{x\to +\infty}\frac{nx^{n-1}}{\lambda e^{\lambda x}}=\lim_{x\to +\infty}\frac{n(n-1)x^{n-2}}{\lambda^2 e^{\lambda x}}=\cdots=\lim_{x\to +\infty}\frac{n!}{\lambda^n e^{\lambda x}}=0.$$

由例 4 和例 5 可以看出，对数函数 $\ln x$、幂函数 x^n（$n>0$）、指数函数 $e^{\lambda x}$（$\lambda>0$）均为当 $x\to +\infty$ 时的无穷大，但这三个函数增大的"速度"是很不一

样的，幂函数增大的"速度"比对数函数快得多，而指数函数增大的"速度"又比幂函数快得多．

3.2.3 其他未定式的极限

除 $\dfrac{0}{0}$ 型或 $\dfrac{\infty}{\infty}$ 型未定式外，还有 $0 \cdot \infty$，$\infty - \infty$，1^{∞}，0^{0}，∞^{0} 等五种类型的未定式，计算这些极限可用变形或代换先化成 $\dfrac{0}{0}$ 型或 $\dfrac{\infty}{\infty}$ 型未定式，再应用洛必达法则进行求解，下面举例说明．

例6　求 $\lim\limits_{x \to 1}\left(\dfrac{x}{x-1} - \dfrac{1}{\ln x}\right)$．

解　这是 $\infty - \infty$ 型未定式，通分可化为 $\dfrac{0}{0}$ 型未定式，即

$$\lim_{x \to 1}\left(\frac{x}{x-1} - \frac{1}{\ln x}\right) = \lim_{x \to 1}\frac{x\ln x - x + 1}{(x-1)\ln x} = \lim_{x \to 1}\frac{1 + \ln x - 1}{\ln x + \dfrac{x-1}{x}}$$

$$= \lim_{x \to 1}\frac{\dfrac{1}{x}}{\dfrac{1}{x} + \dfrac{1}{x^{2}}} = \frac{1}{2}.$$

例7　求 $\lim\limits_{x \to 0^{+}} x^{x}$．

解　这是 0^{0} 型未定式，设 $y = x^{x}$，取对数得 $\ln y = x\ln x$，因此有

$$\lim_{x \to 0^{+}} \ln y = \lim_{x \to 0^{+}} x\ln x = \lim_{x \to 0^{+}}\frac{\ln x}{\dfrac{1}{x}} = \lim_{x \to 0^{+}}(-x) = 0.$$

所以

$$\lim_{x \to 0^{+}} x^{x} = \lim_{x \to 0^{+}} y = 1.$$

在使用洛必达法则求极限时，要注意以下几个问题：

（1）每次使用法则之前，必须检验是否属于 $\dfrac{0}{0}$ 型或 $\dfrac{\infty}{\infty}$ 型未定式，若不是，就不能使用法则；

（2）如果有可约因子，或有非零极限值的乘积因子，则可先行约去或提出，以简化计算；

（3）法则中的条件是充分而非必要的，遇到 $\lim\dfrac{f'(x)}{g'(x)}$ 不存在时，不能断言 $\lim\dfrac{f(x)}{g(x)}$ 不存在，此时洛必达法则失效，需另寻其他方法处理．

例如：

$$\lim_{x\to\infty}\frac{x+\sin x}{x}=\lim_{x\to\infty}\frac{1+\cos x}{1}=\lim_{x\to\infty}(1+\cos x).$$

上式右端的极限不存在，但不能由此说原极限不存在．事实上，

$$\lim_{x\to\infty}\frac{x+\sin x}{x}=\lim_{x\to\infty}\left(1+\frac{\sin x}{x}\right)=1+0=1.$$

习题 3.2

1．利用洛必达法则求下列极限．

（1）$\lim\limits_{x\to\frac{\pi}{2}}\dfrac{\sin x-1}{x-\dfrac{\pi}{2}}$；

（2）$\lim\limits_{x\to0}\dfrac{x(x-1)}{\sin x}$；

（3）$\lim\limits_{x\to1}\dfrac{x^2-3x+2}{x-1}$；

（4）$\lim\limits_{x\to+\infty}\dfrac{x^2+\ln x}{x\ln x}$；

（5）$\lim\limits_{x\to0^+}\dfrac{\ln\sin 3x}{\ln\tan x}$；

（6）$\lim\limits_{x\to0}\left(\dfrac{1}{x}-\dfrac{1}{\sin x}\right)$；

（7）$\lim\limits_{x\to0}x\cot x$；

（8）$\lim\limits_{x\to0}(1-x)^{\frac{1}{x}}$；

（9）$\lim\limits_{x\to0^+}(\tan x)^{\sin x}$；

（10）$\lim\limits_{x\to+\infty}\left(\dfrac{2}{\pi}\arctan x\right)^x$．

2．验证极限 $\lim\limits_{x\to\infty}\dfrac{x+\sin x}{x}$ 存在，但不能用洛必达法则得出．

3．验证极限 $\lim\limits_{x\to\infty}\dfrac{x^2\sin\dfrac{1}{x}}{\sin x}$ 存在，但不能用洛必达法则得出．

3.3 函数的单调性、极值和最值

在第 1 章中已经介绍了函数在区间上单调的概念，用定义判定函数的单调性是比较困难的，现在以中值定理为依据利用导数来研究函数的单调性，进而讨论函数曲线的凹凸性．

3.3.1 函数的单调性

由图 3.3 可以看出，如果曲线 $y=f(x)$ 在区间 $[a,b]$ 内每一点处的切线斜率都是正的，则曲线是上升的，即函数 $y=f(x)$ 在 (a,b) 内单调增加；如果每一点处的切线斜率都是负的，则曲线是下降的，即函数 $y=f(x)$ 在 (a,b) 内单调减少．由此可见，函数的单调性与导数的符号有着密切的联系．为此可以利用导数的符号判定函数的单调性．

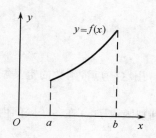 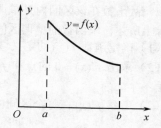

图 3.3

定理 6 设函数 $y = f(x)$ 在闭区间 $[a,b]$ 上连续，在开区间 (a,b) 内可导.

（1）如果在 (a,b) 内 $f'(x) > 0$，则函数 $f(x)$ 在 $[a,b]$ 上单调增加；

（2）如果在 (a,b) 内 $f'(x) < 0$，则函数 $f(x)$ 在 $[a,b]$ 上单调减少.

证 设 x_1, x_2 是 $[a,b]$ 上任意两点，且 $x_1 < x_2$. 因为 $f(x)$ 在 $[a,b]$ 上满足拉格朗日中值定理的条件，故有

$$f(x_2) - f(x_1) = f'(\xi)(x_2 - x_1) \quad (x_1 < \xi < x_2).$$

对于定理 6 中的（1），因为 $f'(\xi) > 0$，$x_2 - x_1 > 0$，于是可推出 $f(x_2) > f(x_1)$，所以 $f(x)$ 在 $[a,b]$ 上单调增加.

类似地可证明（2）.

例 1 确定函数 $y = x^3 - 27x + 3$ 的单调增加与单调减少的区间.

解 函数的定义域为 $(-\infty, +\infty)$. 由定理 1 知，根据 y' 的符号可以确定单调区间，由

$$y' = 3x^2 - 27 = 3(x-3)(x+3).$$

当 $-\infty < x < -3$ 时，$y' > 0$，函数单调增加，即 $(-\infty, -3]$ 是此函数的单调增加区间；

当 $-3 < x < 3$ 时，$y' < 0$，函数单调减少，即 $[-3, 3]$ 是函数的单调减少区间；

当 $3 < x < +\infty$ 时，$y' > 0$，函数单调增加，即 $[3, +\infty)$ 是函数的单调增加区间.

注意 当 $f'(x)$ 在某区间的个别点处为零，而在其余各点处都为正（或负）时，那么 $f(x)$ 在该区间上仍是单调增加（或单调减少）的.

例 2 讨论函数 $y = \sqrt[3]{x^2}$ 的单调性.

解 函数的定义域为 $(-\infty, +\infty)$，当 $x \neq 0$ 时函数的导数为 $y' = \dfrac{2}{3\sqrt[3]{x}}$，当 $x = 0$ 时函数的导数不存在. 在 $(-\infty, 0)$ 内，$y' < 0$，因此函数 $y = \sqrt[3]{x^2}$ 在 $(-\infty, 0]$ 上单调减少. 在 $(0, +\infty)$ 内，$y' > 0$，因此函数 $y = \sqrt[3]{x^2}$ 在 $[0, +\infty)$ 上单调增加.

例 3 讨论函数 $y = x^3$ 的单调性.

解 函数的定义域为 $(-\infty, +\infty)$，函数的导数 $y' = 3x^2$ 在 $(-\infty, +\infty)$ 内除 $x = 0$ 外处

处为正，故函数在该区间内是单调增加的.

综上所述，求函数的单调区间的步骤如下：

（1）确定函数 $f(x)$ 的定义域；

（2）求出 $f'(x) = 0$ 的点和 $f'(x)$ 不存在的点，用这些点将函数的定义域划分为若干个子区间；

（3）考察 $f'(x)$ 在每个区间内的符号，从而判别函数 $f(x)$ 在各子区间内的单调性.

利用函数单调性的判别法，可以证明某些不等式.

例 4　证明：当 $x > 0$ 时，不等式 $e^x > 1 + x$ 成立.

证　记 $f(x) = e^x - (1 + x)$，则在 $[0, +\infty)$ 上有

$$f(0) = 0, \ f'(x) = e^x - 1.$$

因为当 $x > 0$ 时，$f'(x) > 0$，所以 $f(x)$ 在 $[0, +\infty)$ 上单调增加，因此当 $x > 0$ 时，$f(x) > f(0) = 0$，则有

$$e^x - (1 + x) > 0，即 e^x > 1 + x.$$

3.3.2　函数的极值

在实际生活中，常常会遇到这样一类问题，在一定条件下，怎样使"材料最省"、"成本最低"、"效率最高"或"投资最少"等. 这类问题在数学上则归结为求函数的最大值或最小值问题.

为了讨论最大值、最小值问题，先来研究函数的极值.

定义 1　设函数 $y = f(x)$ 在点 x_0 的某邻域内有定义，若对此邻域内任一点 $x \ (x \neq x_0)$，均有 $f(x) < f(x_0)$，则称 $f(x_0)$ 是函数 $f(x)$ 的一个极大值；若对此邻域内任一点 $x \ (x \neq x_0)$，均有 $f(x) > f(x_0)$，则称 $f(x_0)$ 是函数 $f(x)$ 的一个极小值.

函数的极大值与极小值统称为函数的极值，使函数取得极值的点称为极值点.

函数的极值概念是局部性的，函数在点 x_0 取得极大（或极小）值，仅表示在局部范围内 $f(x_0)$ 大于（或小于）x_0 邻近处的函数值，这与函数在某个区间上的最大（或最小）值的概念不同，最大值、最小值是指一个区间上的整体性质，如图 3.4 所示，x_1 与 x_4 分别是函数的极大值点与极小值点，但相应的函数值并不是整个区间 $[a, b]$ 上的最大值与最小值. 另外，从整体来看，同一个函数，它的某些极小值可能大于它的某些极大值，如图 3.4 所示，函数 $f(x)$ 的极小值 $f(x_4)$ 就大于它的极大值 $f(x_1)$.

从图 3.4 中还可以看出，在函数取得极值处，曲线上的切线都是水平的，由此可得函数取得极值的必要条件.

定理 7　如果函数 $f(x)$ 在 x_0 处的导数存在，则函数在 x_0 处取得极值的必要条件是 $f'(x_0) = 0$.

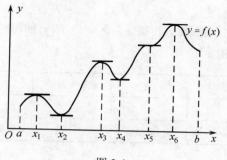

图 3.4

通常使函数的导数值为零的点称为驻点. 通过求解方程 $f'(x) = 0$，即可找出函数 $f(x)$ 的所有驻点. 定理 7 表明，可导函数的极值点必是驻点，但反过来，函数的驻点却不一定是极值点. 从图 3.4 中可看出，使 $f'(x) = 0$ 的点 x 共有六个，但取得极值的点只有五个：$f(x)$ 在点 x_1、x_3 和 x_6 取得极大值，在点 x_2 和 x_4 取得极小值，而 $f(x_5)$ 既不是极大值也不是极小值. 此外，不可导的点也可能是函数的极值点，即函数的驻点和不可导点是可能的极值点，那么怎样来判别这些点是否为极值点呢？

由图 3.4 可看出，如若在驻点 x_0 左侧邻近函数单调增加，而在 x_0 右侧邻近函数单调减少，则函数 $f(x)$ 在点 x_0 处取得极大值；反之若在 x_0 左侧邻近函数单调减少，在 x_0 右侧邻近函数单调增加，则函数 $f(x)$ 在 x_0 处取得极小值.

由函数单调性与导数的符号之间的关系，可进一步得到用一阶导数来判定驻点 x_0 是否为极值点的方法.

定理 8 设函数 $f(x)$ 在点 x_0 的某邻域内可导（x_0 可除外），$f'(x_0) = 0$（或 $f'(x_0)$ 不存在）.

（1）若当 $x < x_0$ 时，$f'(x) > 0$；当 $x > x_0$ 时，$f'(x) < 0$，则 $f(x_0)$ 是 $f(x)$ 的极大值；

（2）若当 $x < x_0$ 时，$f'(x) < 0$；当 $x > x_0$ 时，$f'(x) > 0$，则 $f(x_0)$ 是 $f(x)$ 的极小值；

（3）若在 x_0 两侧，$f'(x)$ 的符号相同，则 $f(x_0)$ 不是 $f(x)$ 的极值.

根据以上两个定理，可按下列步骤求 $f(x)$ 的极值点和极值.

1）求出导数 $f'(x)$；

2）求出全部 $f'(x) = 0$ 的点和 $f'(x)$ 不存在的点；

3）考察在（2）中的点是否取得极值，是极大值还是极小值；

4）求出各极值点处的函数值，就得到函数 $f(x)$ 的全部极值.

例5 求函数 $f(x) = x^3 - 3x^2 - 9x + 5$ 的极值.

解 函数的定义域为 $(-\infty, +\infty)$，

$$f'(x) = 3x^2 - 6x - 9 = 3(x+1)(x-3).$$

令 $f'(x)=0$，得驻点 $x_1=-1$，$x_2=3$．

用驻点将定义域分成三部分，确定各区间内 $f'(x)$ 的符号，从而判定各驻点是否为极值点，列表讨论如下：

x	$(-\infty,-1)$	-1	$(-1,3)$	3	$(3,+\infty)$
$f'(x)$	$+$	0	$-$	0	$+$
$f(x)$	↗	有极大值	↘	有极小值	↗

可见，函数 $f(x)$ 在 $x=-1$ 处取得极大值 $f(-1)=10$；在 $x=3$ 处取得极小值 $f(3)=-22$．

还可用二阶导数的符号来判别函数的驻点是否为极值点．

定理 9 设函数 $f(x)$ 在点 x_0 处具有二阶导数，且 $f'(x_0)=0$，$f''(x_0)\neq0$，则

（1）当 $f''(x_0)<0$ 时，函数 $f(x)$ 在点 x_0 处取得极大值；

（2）当 $f''(x_0)>0$ 时，函数 $f(x)$ 在点 x_0 处取得极小值．

此定理表明，如果 $f(x)$ 在驻点 x_0 处的二阶导数 $f''(x_0)\neq0$，那么该驻点 x_0 一定是极值点，并且可由 $f''(x_0)$ 的符号确定 $f(x_0)$ 是极大值还是极小值．但是当 $f''(x_0)=0$ 时，此定理失效，要用定理 8 进行判定．

例 6 求函数 $f(x)=(x^2-1)^3+1$ 的极值．

解 $f'(x)=6x(x^2-1)^2$，$f''(x)=6(x^2-1)(5x^2-1)$．

令 $f'(x)=0$，得 $x_1=0$，$x_2=1$，$x_3=-1$．因 $f''(0)=6>0$，所以 $f(0)=0$ 是函数的极小值．又 $f''(-1)=f''(1)=0$，此时定理 9 失效，仍用定理 8 判定．

当 $x<-1$ 时，$f'(x)<0$；当 $-1<x<0$ 时，$f'(x)<0$．因经过 $x=-1$ 时，导数 $f'(x)$ 的符号不变，所以 $f(x)$ 在 $x=-1$ 处没有极值．

同理，$f(x)$ 在 $x=1$ 处也没有极值．

3.3.3 函数的最大值和最小值

由第 1 章知，若函数 $f(x)$ 在闭区间 $[a,b]$ 上连续，则在 $[a,b]$ 上必取得最大值和最小值．通过函数极值的讨论可知，函数在闭区间 $[a,b]$ 上的最大值和最小值只可能在区间内的极值点与端点处取得．因此求解最大值和最小值问题时，可先求出函数在 (a,b) 内的一切可能的极值点（包括驻点及导数不存在的点），然后比较区间的两端点及所有这些点处的函数值，最大（或最小）者即为所求的最大（或最小）值．

例 7 求函数 $f(x)=\dfrac{x^3}{3}-x^2-3x$ 在 $[-2,6]$ 上的最大值与最小值．

解 因 $f'(x)=x^2-2x-3=(x+1)(x-3)$，令 $f'(x)=0$，得 $x_1=-1$，$x_2=3$，没

有不可导的点，且 $f(-1) = \dfrac{5}{3}$，$f(3) = -9$，在端点处的函数值分别为 $f(-2) = -\dfrac{2}{3}$，$f(6) = 18$．故 $f(x)$ 在 $[-2,6]$ 上的最大值为 $f(6) = 18$，最小值为 $f(3) = -9$．

在下列特殊情况下，求最大值、最小值的方法有以下 3 种：

（1）若 $f(x)$ 在区间 $[a,b]$ 上单调增加且连续，则 $f(a)$ 是最小值，$f(b)$ 是最大值；若 $f(x)$ 在区间 $[a,b]$ 上单调减少且连续，则 $f(a)$ 是最大值，$f(b)$ 是最小值；

（2）若 $f(x)$ 在 $[a,b]$ 上连续，在 (a,b) 内可导，且在 $[a,b]$ 内部只有一个驻点 x_0，则当 x_0 是极大值点时，$f(x_0)$ 是最大值；当 x_0 是极小值点时，$f(x_0)$ 是最小值；

（3）实际问题中往往根据问题的性质，便可断定可导函数 $f(x)$ 在其区间内部确有最大值（或最小值），而当 $f(x)$ 在此区间内部只有一个驻点 x_0 时，立即可断定 $f(x_0)$ 就是所求的最大值（或最小值）．

例 8 用一块边长为 1 m 的正方形铁皮，在四角各剪去一个相等的小正方形，如图 3.5 所示，制作一只无盖油箱，问在四角剪去多大的正方形才能使容积最大？

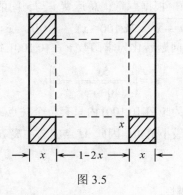

图 3.5

解 设在正方形铁皮的四角截去小正方形的边长为 x，则油箱的容积为

$$V = (1-2x)^2 \cdot x \qquad \left(0 < x < \dfrac{1}{2}\right),$$

$0 < x < \dfrac{1}{2}$ 是由问题的实际意义确定的，于是在区间 $\left(0,\dfrac{1}{2}\right)$ 内，求函数 V 的最大值．

$$V' = 2(1-2x)(-2) \cdot x + (1-2x)^2$$
$$= (1-2x)(1-6x).$$

令 $V' = 0$，得 $x_0 = \dfrac{1}{6}$，$x_1 = \dfrac{1}{2}$（舍）．

因为 V 在 $\left(0,\dfrac{1}{2}\right)$ 内只有一个驻点 $x_0 = \dfrac{1}{6}$，根据题意，最大容积一定存在，所以此驻点就是 V 的最大值点．因此，当截去的小正方形的边长为 $\dfrac{1}{6}$ m 时，所得油箱的容积最大.

例 9 如图 3.6 所示，工厂 A 到铁路的垂直距离 AB 为 $20\,\mathrm{km}$，铁路线上从垂足 B 到火车站 C 的长度 BC 为 $100\,\mathrm{km}$．今要在 BC 线上选定一点 M 作为转运站向工厂修筑一条公路，已知在铁路上运送 1t 货物 1km 的运费与在公路上运送 1t 货物 1km 的运费之比为 $3:5$，为使产品从工厂 A 运到火车站 C 的运费最省，问 M 点应选在何处？

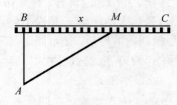

图 3.6

解 设 BM 长为 $x\,\mathrm{km}$，根据题意，总运费 y 与 x 间的函数关系为

$$y = 5k\sqrt{20^2 + x^2} + 3k(100 - x) \qquad （0 \leqslant x \leqslant 100），$$

其中 k 为比例系数．于是问题转化为求函数 y 在 $[0,100]$ 上的最小值问题．因为

$$y' = \left(\frac{5x}{\sqrt{400 + x^2}} - 3 \right)k，$$

令 $y' = 0$，得 $x_0 = 15$．因为 y 在 $[0,100]$ 内只有一个驻点 $x_0 = 15$，由题意，最小值存在，故此驻点就是 y 的最小值点．因此 M 点应选在离 B 为 $15\,\mathrm{km}$ 处，运费最省.

习题 3.3

1．判定下列函数的单调性.

（1）$f(x) = x - \sin x$；

（2）$f(x) = \mathrm{e}^x + 1$；

（3）$f(x) = \arctan x - x$；

（4）$f(x) = \dfrac{\ln x}{x}$．

2．确定下列函数的单调区间.

（1）$f(x) = x^3 - 3x + 1$；

（2）$f(x) = 2x^2 - \ln x$；

（3）$f(x) = x - \mathrm{e}^x$；

（4）$f(x) = \ln(x + \sqrt{x^2 + 1})$；

（5）$y = 2x^3 - 6x^2 - 18x - 7$；

（6）$y = 2x + \dfrac{8}{x}$；

（7）$y = (x - 1)(x + 1)^3$；

（8）$y = \sqrt[3]{(2x - a)(a - x)^2}$（$a > 0$）.

3．证明下列不等式.

（1）当 $x > 0$ 时，$1 + \dfrac{1}{2}x > \sqrt{1 + x}$；

（2）当 $x > 0$ 时，$1 + x\ln(x + \sqrt{1 + x^2}) > \sqrt{1 + x^2}$；

（3）当 $0 < x < \dfrac{\pi}{2}$ 时，$\sin x + \tan x > 2x$；

（4）当 $0 < x < \dfrac{\pi}{2}$ 时，$\tan x > x + \dfrac{1}{3}x^3$；

（5）当 $x > 4$ 时，$2^x > x^2$.

4．求下列函数的极值.

（1）$f(x) = 2 + x - x^2$；

（2）$f(x) = x - \sin x,\ x \in [0, 2\pi]$；

（3）$f(x) = \mathrm{e}^x \cos x$；

（4）$f(x) = \arctan x - \dfrac{1}{2}\ln(1 + x^2)$；

（5）$y = 2x^3 - 6x^2 - 18x + 7$；

（6）$y = -x^4 + 2x^2$.

5．求下列函数在所给区间上的最大值与最小值.

（1）$y = 2x^3 - 3x^2,\ [-1, 4]$；

（2）$y = x + \sqrt{1 - x},\ [-5, 1]$；

（3）$y = x^4 - 2x^2 + 5,\ [-2, 2]$；

（4）$y = \arctan \dfrac{1 - x}{1 + x},\ [0, 1]$.

6．试问 a 为何值时，函数 $f(x) = a\sin x + \dfrac{1}{3}\sin 3x$ 在 $x = \dfrac{\pi}{3}$ 处取得极值？并且求此极值.

7．问函数 $y = 2x^3 - 6x^2 - 18x - 7 \ (1 \leqslant x \leqslant 4)$ 在何处取得最大值？并求出它的最大值.

8．某车间靠墙壁要盖一间长方形小屋，现有存砖只够砌 20 m 长的墙壁，问应围成怎样的长方形才能使这间小屋的面积最大？

9．要造一圆柱形油罐，体积为 V，问底半径 r 和高 h 各等于多少时，才能使表面积最小？这时底直径和高的比是多少？

10．一房地产公司有 50 套公寓要出租，当月租金定为 1000 元时，公寓会全部租出去. 当月租金每增加 50 元时，就会多一套公寓租不出去，而租出去的公寓每月需花费 100 元的维修费，试问房租定为多少可获得最大收入？

11．已知制作一个背包的成本为 40 元，如果每一个背包的售出价为 x 元，售出的背包数由

$$n = \frac{a}{x - 40} + b(80 - x)$$

给出，其中 a, b 为正常数. 问什么样的售出价格能带来最大利润？

3.4 曲线的凹凸性与拐点

利用一阶导数的符号可判别函数曲线的升降，即若在某一区间成立 $f'(x) > 0$（或 < 0），则相应的那段曲线弧是上升（或下降）的；虽然这样，曲线弧的形状还可有多种不同的情形，是凹形的还是凸形的，等等. 下面利用二阶导数的符号来判别曲线的凹凸性，首先给出函数曲线凹凸的定义.

定义 2 在某一区间内如果曲线弧位于其上每一点处切线的上方，则称曲线弧

在该区间内是凹的（如图 3.7（a）所示）；如果曲线弧位于其上每一点处切线的下方，则称曲线弧在该区间是凸的（如图 3.7（b）所示）.

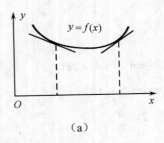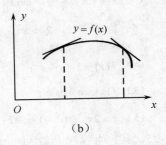

图 3.7

由图 3.7 可以看出，对于凹曲线，其切线斜率 $f'(x)$ 是递增函数，应有 $f''(x) \geqslant 0$；对于凸曲线，其切线斜率 $f'(x)$ 是递减函数，应有 $f''(x) \leqslant 0$. 这就启发我们能否用函数 $f(x)$ 的二阶导数的正、负号判断曲线的凹凸性，事实上，有如下定理：

定理 10（曲线凹凸性的判别法）　设函数 $f(x)$ 在 (a,b) 内具有二阶导数，则在该区间内：

（1）当 $f''(x) > 0$ 时，曲线弧 $y = f(x)$ 是凹的；

（2）当 $f''(x) < 0$ 时，曲线弧 $y = f(x)$ 是凸的.

例 1　讨论曲线 $y = \dfrac{1}{x}$ 的凹凸性.

解　函数 $y = \dfrac{1}{x}$ 的定义域为 $(-\infty, 0)$ 和 $(0, +\infty)$.

$$y' = -\frac{1}{x^2}, \quad y'' = \frac{2}{x^3}.$$

当 $x \in (-\infty, 0)$ 时，$y'' < 0$，曲线是凸的；当 $x \in (0, +\infty)$ 时，$y'' > 0$，曲线是凹的.

由上例可以看出，函数在它的不同定义区间内的图形的凹凸性可能不同，称连续曲线凹弧与凸弧的分界点为曲线的拐点. 由此可知，在拐点横坐标左右两侧邻近处 $f''(x)$ 必然异号，而在拐点横坐标处，$f''(x)$ 等于零或不存在.

例如：函数 $y = \sqrt[3]{x}$ 的二阶导数 $y'' = -\dfrac{2}{9x\sqrt[3]{x^2}}$ 在 $x = 0$ 处不存在，但点 $(0,0)$ 却是曲线的拐点. 在例 1 中，尽管 $x = 0$ 左右 y'' 的符号相异，但 $x = 0$ 不是该曲线拐点的横坐标，因为函数在该点不连续.

综上所述，求曲线的凹凸区间与拐点的步骤如下：

（1）确定 $f(x)$ 的定义域；

（2）求出 $f''(x) = 0$ 的点和 $f''(x)$ 不存在的点，用这些点将函数的定义域划分为若干个子区间；

（3）考察在每个区间内 $f''(x)$ 的符号，从而判别曲线在各子区间内的凹凸性，最后得到拐点．

例 2 求曲线 $y = e^{-\frac{x^2}{2}}$ 的凹凸区间及拐点．

解 函数的定义域为 $(-\infty, +\infty)$，

$$y' = -xe^{-\frac{x^2}{2}}, \quad y'' = (x^2-1)e^{-\frac{x^2}{2}}.$$

令 $y'' = 0$，得 $x = \pm 1$，列表讨论如下：

x	$(-\infty, -1)$	-1	$(-1,1)$	1	$(1, +\infty)$
y''	$+$	0	$-$	0	$+$
y	$\cup$	拐点 $(-1, e^{-\frac{1}{2}})$	$\cap$	拐点 $(1, e^{-\frac{1}{2}})$	$\cup$

（表中"$\cup$"表示曲线是凹的，"$\cap$"表示曲线是凸的）可见，曲线在区间 $(-\infty, -1)$ 及 $(1, +\infty)$ 内是凹的，在区间 $(-1,1)$ 内是凸的，拐点为 $(-1, e^{-\frac{1}{2}})$, $(1, e^{-\frac{1}{2}})$．

习题 3.4

1．求下列函数曲线的凹凸区间及拐点．

（1）$y = x^2 - x^3$；

（2）$y = \ln(x^2 - 1)$；

（3）$y = e^{\arctan x}$；

（4）$y = x^3 - 5x^2 + 3x + 5$；

（5）$y = xe^{-x}$；

（6）$y = (x+1)^4 + e^x$．

2．试确定 a, b, c 的值，使三次曲线 $y = ax^3 + bx^2 + cx$ 有一拐点 $(1,2)$，且在该点处的切线斜率为 -1．

3．试决定曲线 $y = ax^3 + bx^2 + cx + d$ 中的 a, b, c, d，使得 $x = -2$ 处曲线有水平切线，$(1, -10)$ 为拐点，且点 $(-2, 44)$ 在曲线上．

4．试决定 $y = k(x^2 - 3)^2$ 中 k 的值，使曲线的拐点处的法线通过原点．

3.5 函数图形的描绘

上面讨论了函数的各种性态，这为描绘函数的图形打下了基础，为使描绘的函数图形更准确，首先介绍曲线渐近线的概念．

定义 3 若 $\lim\limits_{x \to +\infty} f(x) = a$（或 $\lim\limits_{x \to -\infty} f(x) = a$ 或 $\lim\limits_{x \to \infty} f(x) = a$）（$a$ 为常数），则称直线 $y = a$ 为曲线 $y = f(x)$ 的一条水平渐近线（平行于 x 轴）；若 $\lim\limits_{x \to b} f(x) = \infty$（或 $\lim\limits_{x \to b^+} f(x) = \infty$ 或 $\lim\limits_{x \to b^-} f(x) = \infty$），则称直线 $x = b$ 为曲线 $y = f(x)$ 的一条垂直渐近线（垂直于 x 轴）．

渐近线反映了连续曲线在无限延伸时的变化情况．

例如：对于双曲线 $y = \dfrac{1}{x}$ ，因 $\lim\limits_{x \to \infty} \dfrac{1}{x} = 0$ ，所以直线 $y = 0$ 是该曲线的水平渐近

线；又因 $\lim\limits_{x \to 0} \dfrac{1}{x} = \infty$ ，所以直线 $x = 0$ 是曲线的垂直渐近线．也就是说，当动点沿双

曲线无限远离原点时，双曲线 $y = \dfrac{1}{x}$ 与直线 $y = 0$ 或 $x = 0$ 无限接近（如图 3.8 所示）．

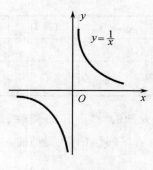

图 3.8

综上本章各节的讨论，描绘函数图形的一般步骤如下：

（1）确定函数的定义域；

（2）考察函数的周期性及奇偶性；

（3）确定函数的单调区间与极值；

（4）确定曲线的凹凸区间与拐点；

（5）考察曲线的渐近线；

（6）求曲线与坐标轴的交点；

（7）描绘函数的图形．

例 1　作函数 $y = \dfrac{4(x+1)}{x^2} - 2$ 的图形．

解　（1）定义域为 $(-\infty, 0) \bigcup (0, +\infty)$ ；

（2）增减区间、极值、凹凸区间及拐点：

$$y' = -\frac{4(x+2)}{x^3} , \quad y'' = \frac{8(x+3)}{x^4} ,$$

令 $y' = 0$ 得 $x = -2$ ；令 $y'' = 0$ 得 $x = -3$ ．

$x = -3, -2, 0$ 将 $(-\infty, +\infty)$ 分成四个子区间， $f(x)$ 的单调性、极值、凹凸性及拐点可以通过列表来讨论．列表如下：

x	$(-\infty,-3)$	-3	$(-3,-2)$	-2	$(-2,0)$	0	$(0,+\infty)$
y'	$-$		$-$	0	$+$		$-$
y''	$-$	0	$+$		$+$		$+$
y	↘		↘		↗		↘

（3）渐近线：因为 $\lim\limits_{x\to\pm\infty}\left(\dfrac{4(x+1)}{x^2}-2\right)=-2$，所以 $y=-2$ 为水平渐近线；

又因为 $\lim\limits_{x\to 0}\left(\dfrac{4(x+1)}{x^2}-2\right)=\infty$，所以 $x=0$ 为垂直渐近线；

（4）描出几个点：$A(-1,-2)$，$B(1,6)$，$C(2,1)$，$D\left(3,\dfrac{2}{9}\right)$；

（5）作出图形，如图 3.9 所示.

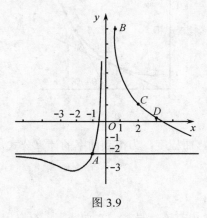

图 3.9

习题 3.5

描绘下列各函数的图形.

（1）$y=x^3-x^2+1$；

（2）$y=\dfrac{\ln x}{x}$；

（3）$y=\dfrac{1}{5}(x^4-6x^2+8x+7)$；

（4）$y=\dfrac{x}{1+x^2}$.

3.6 曲率

在工程技术中，经常需要研究曲线的弯曲程度，曲率就是曲线弯曲程度的定量描述.

3.6.1　曲率的概念

如图 3.10 所示，当曲线上的点 M 沿曲线 $y = f(x)$ 运动到点 N 时，过 M 点的切线也随之转动，设转过的角度为 $\Delta\theta$，对应的弧长为 Δs，则 $\left|\dfrac{\Delta\theta}{\Delta s}\right|$ 为 MN 上的平均曲率，它是单位弧长上切线转角的弧度数，当 $\Delta s \to 0$（即 $M \to N$）时，极限

$$\lim_{\Delta s \to 0}\left|\frac{\Delta\theta}{\Delta s}\right| = \left|\frac{\mathrm{d}\theta}{\mathrm{d}s}\right|$$

就定义为曲线 $y = f(x)$ 在点 M 的曲率，记作 k，即

$$k = \left|\frac{\mathrm{d}\theta}{\mathrm{d}s}\right|.$$

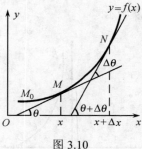

图 3.10

曲率反映了曲线的弯曲程度，为得到曲率的计算公式，下面先讨论曲线弧长的微分公式.

3.6.2　弧微分

设函数 $f(x)$ 在 (a,b) 内有连续导数，在曲线 $y = f(x)$ 上取一固定点 $M_0(x_0, y_0)$ 作为计算弧长的起点，$M(x, y)$ 是曲线上任一点，则有：

（1）曲线的正向与 x 增大的方向一致；

（2）有向弧段 $\overset{\frown}{M_0 M}$ 的长记为 s，当 $\overset{\frown}{M_0 M}$ 的方向与曲线正向一致时，s 取正号，相反时 s 取负号，显然弧长 s 是 M 点横坐标 x 的单调增函数 $s = s(x)$. 现在求弧长函数 $s(x)$ 的微分 $\mathrm{d}s$.

如图 3.11 所示，设 M 和 M' 为曲线上两点，当 Δx 很小时，弧 $\overset{\frown}{MM'}$ 的长度近似为弦 MM' 的长度

$$\Delta s \approx \sqrt{(\Delta x)^2 + (\Delta y)^2}.$$

当 $\Delta x \to 0$ 时，$\overset{\frown}{MM'}$ 无限趋近于弦 MM'，于是有

$$\mathrm{d}s = \sqrt{(\mathrm{d}x)^2 + (\mathrm{d}y)^2}.$$

这样便得到弧微分公式为

$$ds = \sqrt{1 + (y')^2}\, dx\,.$$

若曲线以参数方程形式给出：$x = \varphi(t)$，$y = \psi(t)$，则弧微分公式为

$$ds = \sqrt{[\varphi'(t)]^2 + [\psi'(t)]^2}\, dt\,.$$

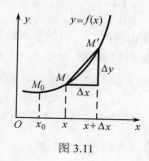

图 3.11

3.6.3 曲率的计算公式

现在推导曲率的计算公式．如果过曲线上 M 点的切线与 x 轴的夹角为 θ，则由导数的几何意义有

$$y' = \tan\theta\,,$$

即

$$\theta = \arctan y'\,,$$

求微分得

$$d\theta = \frac{y''}{1 + y'^2}\, dx\,.$$

根据弧长的微分公式 $ds = \sqrt{1 + (y')^2}\, dx$，于是可得

$$k = \left| \frac{d\theta}{ds} \right| = \left| \frac{y''}{[1 + (y')^2]^{3/2}} \right|\,.$$

这就是曲率公式．

例 求半径为 R 的圆上任一点的曲率．

解 设圆的方程为 $x^2 + y^2 = R^2$．两边对 x 求导，得

$$2x + 2yy' = 0\,,$$

即

$$y' = -\frac{x}{y}\,.$$

再求导，得

$$y'' = -\frac{y - xy'}{y^2} = -\frac{x^2 + y^2}{y^3} = -\frac{R^2}{y^3}\,.$$

代入曲率公式，得

$$k = \left| \frac{\dfrac{-R^2}{y^3}}{\left[1 + \left(\dfrac{x^2}{y^2} \right) \right]^{\frac{3}{2}}} \right| = \frac{1}{R}.$$

即圆上每一点的弯曲程度都是相同的，它们的曲率均为半径的倒数，由此给出一般曲线弧上点的曲率半径及曲率圆的概念.

如果曲线在点 M 处的曲率 k 不为零，则称曲率 k 的倒数 $\dfrac{1}{k}$ 为曲线在点 M 处的曲率半径，记为 R，即 $R = \dfrac{1}{k}$. 因此，曲线上某点处曲率半径较大时，曲线在该点处的曲率 k 就较小，即曲线在该点处也比较平坦.

在上例中，圆的曲率 $k = \dfrac{1}{R}$，因此圆的曲率半径 $R = \dfrac{1}{k}$ 就是它的半径.

习题 3.6

1. 求椭圆 $4x^2 + y^2 = 4$ 在点 $(0, 2)$ 处的曲率.

2. 求曲线 $y = \ln \sec x$ 在点 (x, y) 处的曲率及曲率半径.

3. 求抛物线 $y = x^2 - 4x + 3$ 在其顶点处的曲率及曲率半径.

4. 求曲线 $x = a\cos^3 t$，$y = a\sin^3 t$ 在 $t = t_0$ 相应的点处的曲率.

5. 对数曲线 $y = \ln x$ 上哪一点处的曲率半径最小？求出该点处的曲率半径.

本章小结

1. 中值定理

主要掌握罗尔定理和拉格朗日中值定理的条件和结论，定理中的结论是在区间 (a, b) 内至少存在一点 ξ 满足定理.

2. 洛必达法则

若 $\lim \dfrac{f(x)}{g(x)}$ 是 $\dfrac{0}{0}$ 型或 $\dfrac{\infty}{\infty}$ 型未定式，而且 $\lim \dfrac{f'(x)}{g'(x)} = A$（或 ∞），则有

$$\lim \frac{f(x)}{g(x)} = \lim \frac{f'(x)}{g'(x)}.$$

3. 导数在研究函数特性方面的应用及函数作图

（1）函数的单调区间.

如果在 (a, b) 内 $f'(x) > 0$，则函数 $f(x)$ 在 $[a, b]$ 上单调增加；如果在 (a, b) 内

$f'(x)<0$，则函数 $f(x)$ 在 $[a,b]$ 上单调减少.

（2）函数的极值.

设 $f'(x_0)=0$，函数在 x_0 左边单调增加，在 x_0 右边单调减少，则 x_0 是极大值点；函数在 x_0 左边单调减少，在 x_0 右边单调增加，则 x_0 是极小值点.

若函数在 x_0 两边单调性相同，则 x_0 不是极值点.

也可以用二阶导数的符号来判断：设 $f'(x_0)=0$，若 $f''(x_0)<0$，则函数在 x_0 处取极大值；若 $f''(x_0)>0$，则函数在 x_0 处取极小值.

（3）函数的最大值和最小值.

用函数的 $f'(x)=0$ 或 $f'(x)$ 不存在的点的函数值和端点的函数值相比较可求得.

（4）曲线的凹凸区间和拐点.

在某个区间内，若 $f''(x)>0$，则曲线 $y=f(x)$ 是凹的；在某个区间内，若 $f''(x)<0$，则曲线 $y=f(x)$ 是凸的；凹凸区间的分界点为曲线的拐点.

（5）曲线的渐近线.

$\lim\limits_{x\to\infty}f(x)=a$，则称直线 $y=a$ 为曲线 $y=f(x)$ 的一条水平渐近线；若 $\lim\limits_{x\to b}f(x)=\infty$，则称直线 $x=b$ 为曲线 $y=f(x)$ 的一条垂直渐近线.

（6）函数作图问题.

函数作图问题在以上各问题讨论的基础上，列表、画图.

复习题 3

1．不求函数 $f(x)=(x-1)(x-2)(x-3)(x-4)$ 的导数，说明方程 $f'(x)=0$ 有几个根？并指出它们所在的区间.

2．利用拉格朗日中值定理证明不等式：$|\arctan a-\arctan b|\leqslant|a-b|$.

3．利用洛必达法则求下列极限.

（1）$\lim\limits_{x\to 0}\dfrac{6x-\sin x-\sin 2x-\sin 3x}{x^3}$；

（2）$\lim\limits_{\varphi\to\frac{\pi}{2}^{+}}\dfrac{\ln\left(\varphi-\dfrac{\pi}{2}\right)}{\tan\varphi}$；

（3）$\lim\limits_{x\to +\infty}\dfrac{x}{e^{ax}}$（$a>0$）；

（4）$\lim\limits_{x\to 0}(1+x)^{\frac{1}{x}}$.

4．证明下列不等式.

（1）当 $0<x_1<x_2<\dfrac{\pi}{2}$ 时，$\dfrac{\tan x_2}{\tan x_1}>\dfrac{x_2}{x_1}$.

（2）当 $x>0$ 时，$\ln(1+x)>\dfrac{\arctan x}{1+x}$.

5．从半径为 R 的圆形铁片中剪去一个扇形，将剩余部分围成一个圆锥形漏斗，问剪去的扇形的圆心角多大时，才能使圆锥形漏斗的容积最大？

6．求椭圆 $x^2 - xy + y^2 = 3$ 上纵坐标最大和最小的点．

7．描绘下列各函数的图形．

（1）$y = \dfrac{2x-1}{(x-1)^2}$ ；

（2）$y = \dfrac{x}{1+x^2}$ ．

8．求下列函数在所给区间上的最大值和最小值．

（1）$y = 2\tan x - \tan^2 x$ ， $\left[0, \dfrac{\pi}{2}\right]$ ；

（2）$y = x^2 \mathrm{e}^{-x^2}$ ， $(-\infty, +\infty)$ ．

自测题 3

1．填空题．

（1）函数的极值点可能是_____点和_____点；

（2）设 $f(x) = (x-1)^2$ 在 $[0,2]$ 上满足罗尔定理的条件，当 $\xi = $ _____时， $f'(\xi) = 0$ ；

（3）曲线 $y = x^3 - 3x^2 + 3x$ 的拐点为_____；

（4）曲线 $y = \dfrac{\mathrm{e}^{-x}}{x}$ 的水平渐近线为_____，垂直渐近线为_____．

2．单选题．

（1）曲线 $y = x^2(x-6)$ 在区间 $(4, +\infty)$ 内是（ ）．

A．单调增加且凸   B．单调增加且凹

C．单调减少且凸   D．单调减少且凹

（2）如果 $f'(x_0) = f''(x_0) = 0$ ，则下列结论中正确的是（ ）．

A． x_0 是极大值点

B． $(x_0, f(x_0))$ 是拐点

C． x_0 是极小值点

D．可能 x_0 是极值点，也可能 $(x_0, f(x_0))$ 是拐点

（3）已知 $f(x)$ 在 (a,b) 内具有二阶导数，且（ ），则知 $f(x)$ 在 (a,b) 内单调增加且凸．

A． $f'(x) > 0$, $f''(x) > 0$ ；   B． $f'(x) > 0$, $f''(x) < 0$ ；

C． $f'(x) < 0$, $f''(x) > 0$ ；   D． $f'(x) < 0$, $f''(x) < 0$ ．

3．求下列极限．

（1）$\lim\limits_{x \to 0} \dfrac{\ln(1+x)}{x}$ ；

（2）$\lim\limits_{x \to 0} \dfrac{\mathrm{e}^x - \mathrm{e}^{-x}}{\sin x}$ ；

（3）$\lim\limits_{x \to a} \dfrac{\sin x - \sin a}{x - a}$ ；

（4）$\lim\limits_{x \to \pi} \dfrac{\sin 3x}{\tan 5x}$ ；

（5）$\lim\limits_{x \to \frac{\pi}{2}} \dfrac{\ln \sin x}{(\pi - 2x)^2}$ ；

（6）$\lim\limits_{x \to 1} \left(\dfrac{2}{x^2 - 1} - \dfrac{1}{x - 1} \right)$ ；

（7）$\lim\limits_{x\to\infty}\left(1+\dfrac{a}{x}\right)^x$；　　　　　　（8）$\lim\limits_{x\to0^+}\left(\dfrac{1}{x}\right)^{\tan x}$.

4．计算题.

（1）求 $y=(x+1)(x-1)^3$ 的单调区间；

（2）设 $f(x)=a\ln x+bx^2+x$ 在 $x=1$ 与 $x=2$ 处有极值，试求常数 a 和 b 的值；

（3）当 a,b 为何值时，点 $(1,-2)$ 是曲线 $y=ax^3+bx^2$ 的拐点；

（4）要制作一个下部为矩形，上部为半圆形的窗户，半圆的直径等于矩形的宽，要求窗户的周长为定值，问矩形的宽和高各是多少时，窗户的面积最大.

第 4 章　不定积分

本章学习目标

- 正确理解原函数和不定积分两个基本概念
- 熟练掌握基本积分公式，会查积分表
- 熟练掌握第一类换元积分法和分部积分法
- 掌握第二类换元积分法（限于三角代换、根代换）

4.1　不定积分的概念与性质

4.1.1　不定积分的概念

1. 原函数的概念

定义 1　设函数 $f(x)$ 在区间 I 上有定义，如果存在函数 $F(x)$，使得对于每一点 $x \in I$，都有

$$F'(x) = f(x) \text{ 或 } \mathrm{d}F(x) = f(x)\mathrm{d}x,$$

则称 $F(x)$ 为 $f(x)$ 在区间 I 上的一个原函数，或简称 $F(x)$ 为 $f(x)$ 的原函数.

例如，在区间 $(-\infty, +\infty)$ 内，$(\sin x)' = \cos x$，所以 $\sin x$ 是 $\cos x$ 在区间 $(-\infty, +\infty)$ 内的一个原函数；$(x^2)' = 2x$，所以 x^2 是 $2x$ 的一个原函数.

今后凡说原函数，都是指在某一区间上而言.

引入原函数概念后，自然会提出以下问题：

（1）一个函数具备什么条件，能保证它的原函数一定存在？

（2）如果存在，是否唯一？若不唯一，彼此之间有何关系？

对于问题（1），如果函数 $f(x)$ 在区间 I 上连续，则 $f(x)$ 的原函数一定存在. 具体理由将在下一章给出.

对于问题（2），我们已经知道，x^2 是 $2x$ 的一个原函数，若 C 为任意常数，由 $(x^2 + C)' = 2x$ 知，$x^2 + C$ 也是 $2x$ 的原函数. 可见，一个函数的原函数可以有无穷多个，即若 $F(x)$ 是 $f(x)$ 的一个原函数，则 $F(x) + C$ 也是 $f(x)$ 的原函数（C 为任意常数）. 那么，同一个函数的不同原函数之间有何关系呢？

设 $F_1(x)$ 和 $F_2(x)$ 是 $f(x)$ 的任意两个原函数，即

$$F_1'(x) = f(x), \quad F_2'(x) = f(x).$$

记 $$\varphi(x)=F_1(x)-F_2(x)\,,$$
则
$$\varphi'(x)=[F_1(x)-F_2(x)]'=f(x)-f(x)=0\,,$$
由第 3 章拉格朗日中值定理的推论可知 $\varphi(x)$ 为某个常数 C，即
$$F_1(x)-F_2(x)=C\,.$$

因此，一个函数的不同原函数之间只相差一个常数 C.

2. 不定积分的概念

若 $F(x)$ 是 $f(x)$ 的一个原函数，则 $F(x)+C$（C 为任意常数）就是 $f(x)$ 的所有原函数，由此给出不定积分的定义.

定义 2　若 $F(x)$ 是 $f(x)$ 的一个原函数，则 $f(x)$ 的全体原函数 $F(x)+C$ 称为 $f(x)$ 的不定积分，记为 $\int f(x)\mathrm{d}x$. 即

$$\int f(x)\mathrm{d}x=F(x)+C\,.$$

其中 $\int$ 称为积分号，$f(x)$ 称为被积函数，$f(x)\mathrm{d}x$ 称为被积表达式，x 称为积分变量.

由定义知，求 $f(x)$ 的不定积分只需求出它的一个原函数，再加上任意常数 C 即可.

例 1　求 $\int x^2\mathrm{d}x$.

解　因为 $\left(\dfrac{1}{3}x^3\right)'=x^2$，

所以 $$\int x^2\mathrm{d}x=\dfrac{1}{3}x^3+C\,.$$

例 2　求 $\int\dfrac{1}{x}\mathrm{d}x$.

解　当 $x>0$ 时，$(\ln x)'=\dfrac{1}{x}$；

当 $x<0$ 时，$[\ln(-x)]'=\dfrac{1}{-x}\cdot(-1)=\dfrac{1}{x}$，

所以 $$\int\dfrac{1}{x}\mathrm{d}x=\ln|x|+C\,.$$

3. 不定积分的几何意义

不定积分 $\int f(x)\mathrm{d}x=F(x)+C$ 的结果中含有任意常数 C，所以不定积分表示的不是一个原函数，而是无穷多个（全部）原函数，通常说成一族函数，反映在几何上则是一族曲线，它是曲线 $y=F(x)$ 沿 y 轴上下平移得到的. 这族曲线称为 $f(x)$ 的积分曲线族，其中的每一条曲线称为 $f(x)$ 的积分曲线. 由于在相同的横坐

标 x 处，所有积分曲线的斜率均为 $f(x)$，因此，在每一条积分曲线上，以 x 为横坐标的点处的切线彼此平行（如图 4.1 所示）.

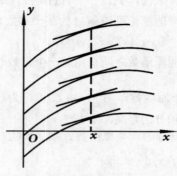

图 4.1

在实际问题中，经常需要求一个满足某种特定条件的原函数. 此时可先求出不定积分，再由已知的特定条件确定出所要求的原函数.

例 3　设一条曲线过点 $(1,2)$，在此曲线上任意点 (x,y) 处的切线斜率为 $2x$，求此曲线方程.

解　先求斜率为 $2x$ 的曲线族，设所求曲线族为 $y = y(x)$. 由题设可得 $y'(x) = 2x$，由不定积分的定义，有

$$y(x) = \int 2x \, \mathrm{d}x = x^2 + C \, .$$

即所求的曲线族为 $y = x^2 + C$（如图 4.2 所示）. 因所求的曲线过点 $(1,2)$，则 $2 = 1 + C$，即 $C = 1$，于是所求的曲线方程为

$$y = x^2 + 1 \, .$$

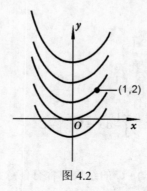

图 4.2

4.　不定积分与微分的关系

由原函数和不定积分的定义知微分与积分是互逆的运算，它们之间的关系可表述如下：

（1）$\left[\int f(x)\mathrm{d}x\right]' = f(x)$ 或 $\mathrm{d}\left[\int f(x)\mathrm{d}x\right] = f(x)\mathrm{d}x$；

（2）$\int F'(x)\mathrm{d}x = F(x)+C$ 或 $\int \mathrm{d}F(x) = F(x)+C$．

　　求不定积分的方法称为积分法．以上几例中被积函数的形式比较简单，通过观察即可找出它的一个原函数，但一般来说，被积函数的原函数是不易观察到的，因此，我们要研究寻找原函数的方法．

4.1.2　基本积分公式

　　因为积分运算是微分运算的逆运算，所以由基本微分公式可以相应地得到下列基本积分公式：

（1）$\int k\,\mathrm{d}x = kx+C$　　　　　　　　　　（ k 为常数）；

（2）$\int x^{\mu}\,\mathrm{d}x = \dfrac{1}{\mu+1}x^{\mu+1}+C$　　　　　（ $\mu \neq -1$)；

（3）$\int \dfrac{1}{x}\mathrm{d}x = \ln|x|+C$ ；

（4）$\int \mathrm{e}^{x}\,\mathrm{d}x = \mathrm{e}^{x}+C$ ；

（5）$\int a^{x}\,\mathrm{d}x = \dfrac{a^{x}}{\ln a}+C$ ；　　　　　（ $a>0,\ a \neq 1$)

（6）$\int \cos x\,\mathrm{d}x = \sin x+C$ ；

（7）$\int \sin x\,\mathrm{d}x = -\cos x+C$ ；

（8）$\int \dfrac{1}{\cos^{2}x}\mathrm{d}x = \int \sec^{2}x\mathrm{d}x = \tan x+C$ ；

（9）$\int \dfrac{1}{\sin^{2}x}\mathrm{d}x = \int \csc^{2}x\,\mathrm{d}x = -\cot x+C$ ；

（10）$\int \sec x\tan x\,\mathrm{d}x = \sec x+C$ ；

（11）$\int \csc x\cot x\,\mathrm{d}x = -\csc x+C$ ；

（12）$\int \dfrac{1}{1+x^{2}}\mathrm{d}x = \arctan x+C = -\mathrm{arc}\cot x+C$ ；

（13）$\int \dfrac{1}{\sqrt{1-x^{2}}}\mathrm{d}x = \arcsin x+C = -\arccos x+C$ ．

4.1.3　不定积分的性质

　　假设涉及的函数的原函数都存在．

性质 1 两个函数代数和的不定积分，等于各函数不定积分的代数和，即

$$\int [f(x) \pm g(x)] \mathrm{d}x = \int f(x) \mathrm{d}x \pm \int g(x) \mathrm{d}x.$$

证 将上式右端求导，得

$$\left[\int f(x) \mathrm{d}x \pm \int g(x) \mathrm{d}x \right]' = \left[\int f(x) \mathrm{d}x \right]' \pm \left[\int g(x) \mathrm{d}x \right]'$$
$$= f(x) \pm g(x).$$

这表明，原式右端是 $f(x) \pm g(x)$ 的原函数，又右端有两个积分记号，形式上含两个任意常数，由于任意常数之和仍为任意常数，故实际上含一个任意常数，因此右端是 $f(x) \pm g(x)$ 的不定积分.得证.

类似地可以证明不定积分的第二个性质.

性质 2 非零常数因子可提到积分号外，即

$$\int kf(x) \mathrm{d}x = k \int f(x) \mathrm{d}x \ (k \neq 0).$$

性质 1 和 2 可推广到有限多个函数的情形.

利用基本积分公式和不定积分的性质可求得一些简单函数的积分. 利用基本积分公式和不定积分的性质求积分的方法叫基本积分法.

例 4 求 $\int (x^3 + 2x^2 - x + 5) \mathrm{d}x$.

解
$$\int (x^3 + 2x^2 - x + 5) \mathrm{d}x = \int x^3 \mathrm{d}x + \int 2x^2 \mathrm{d}x - \int x \mathrm{d}x + \int 5 \mathrm{d}x$$
$$= \int x^3 \mathrm{d}x + 2 \int x^2 \mathrm{d}x - \int x \mathrm{d}x + 5 \int \mathrm{d}x$$
$$= \frac{1}{4}x^4 + \frac{2}{3}x^3 - \frac{1}{2}x^2 + 5x + C.$$

注意 逐项积分后，每个积分结果中均含有一个任意常数. 由于任意常数之和仍是任意常数，因此只要写出一个任意常数即可.

例 5 求 $\int \dfrac{x^2 + 2}{\sqrt{x}} \mathrm{d}x$.

解
$$\int \frac{x^2 + 2}{\sqrt{x}} \mathrm{d}x = \int x^{\frac{3}{2}} \mathrm{d}x + \int 2x^{-\frac{1}{2}} \mathrm{d}x = \frac{2}{5}x^{\frac{5}{2}} + 4x^{\frac{1}{2}} + C.$$

例 6 求 $\int \left(\mathrm{e}^x - \sin x + \dfrac{1}{\sqrt{1-x^2}} \right) \mathrm{d}x$.

解
$$\int \left(\mathrm{e}^x - \sin x + \frac{1}{\sqrt{1-x^2}} \right) \mathrm{d}x = \int \mathrm{e}^x \mathrm{d}x - \int \sin x \mathrm{d}x + \int \frac{1}{\sqrt{1-x^2}} \mathrm{d}x$$
$$= \mathrm{e}^x + \cos x + \arcsin x + C.$$

例 7 求 $\int (x^3 - 3^x + 3^3) \mathrm{d}x$.

解　　$\int (x^3 - 3^x + 3^3)\,\mathrm{d}x = \int x^3\,\mathrm{d}x - \int 3^x\,\mathrm{d}x + \int 3^3\,\mathrm{d}x$

$$= \frac{1}{4}x^4 - \frac{3^x}{\ln 3} + 27x + C.$$

例 8　求 $\int \tan^2 x\,\mathrm{d}x$.

解　　$\int \tan^2 x\,\mathrm{d}x = \int \left(\sec^2 x - 1\right)\mathrm{d}x$

$$= \int \sec^2 x\,\mathrm{d}x - \int \mathrm{d}x = \tan x - x + C.$$

例 9　求 $\int \cos^2 \dfrac{x}{2}\,\mathrm{d}x$.

解　　$\int \cos^2 \dfrac{x}{2}\,\mathrm{d}x = \int \dfrac{1+\cos x}{2}\,\mathrm{d}x = \dfrac{1}{2}\left(\int \mathrm{d}x + \int \cos x\,\mathrm{d}x\right)$

$$= \frac{1}{2}(x + \sin x) + C.$$

例 10　求 $\int \dfrac{1}{x^2(1+x^2)}\,\mathrm{d}x$.

解　　$\int \dfrac{1}{x^2(1+x^2)}\,\mathrm{d}x = \int \left(\dfrac{1}{x^2} - \dfrac{1}{1+x^2}\right)\mathrm{d}x$

$$= \int \frac{1}{x^2}\,\mathrm{d}x - \int \frac{1}{1+x^2}\,\mathrm{d}x = -\frac{1}{x} - \arctan x + C.$$

例 11　求 $\int \dfrac{x^4}{1+x^2}\,\mathrm{d}x$.

解　　$\int \dfrac{x^4}{1+x^2}\,\mathrm{d}x = \int \dfrac{x^4 - 1 + 1}{1+x^2}\,\mathrm{d}x$

$$= \int \left(x^2 - 1 + \frac{1}{1+x^2}\right)\mathrm{d}x = \frac{1}{3}x^3 - x + \arctan x + C.$$

例 8、9、10、11 在基本积分公式中没有相应的类型，但经过对被积函数的适当变形，化为基本公式所列函数的积分后，便可逐项积分求得结果.

习题 4.1

1. 指出下列十个函数中，哪五个函数是另外五个函数的原函数：

$6x^5$, $\arctan x$, $1+x^2$, $\dfrac{x}{\sqrt{1+x^2}}$, $1+(x^3)^2$,

$2x$, $\ln(1+x^2)$, $\sqrt{1+x^2}$, $\dfrac{2x}{1+x^2}$, $\dfrac{1}{1+x^2}$.

2. 在积分曲线族 $y = \int 5x^2\,\mathrm{d}x$ 中，求通过点 $(\sqrt{3}, 5\sqrt{3})$ 的曲线.

3．验证下列等式是否成立．

（1）$\int (3x^2 + 2x + 2)\,\mathrm{d}x = x^3 + x^2 + 2x + C$；

（2）$\int \dfrac{x}{\sqrt{1+x^2}}\,\mathrm{d}x = \sqrt{1+x^2} + C$；

（3）$\int \dfrac{1}{\sin x}\,\mathrm{d}x = \ln \tan \dfrac{x}{2} + C$；

（4）$\int \sqrt{a^2 - x^2}\,\mathrm{d}x = \dfrac{a^2}{2} \arcsin \dfrac{x}{a} + \dfrac{x}{2}\sqrt{a^2 - x^2} + C$．

4．判断下列等式正确与否？

（1）$\int g'(x)\,\mathrm{d}x = g(x)$；

（2）$\left[\int f(x)\,\mathrm{d}x\right]' = f(x)$；

（3）$\int \cos x\,\mathrm{d}x = \sin x + C^2$　　　（C 为任意常数）．

5．试验证积分 $\int \sin x \cos x\,\mathrm{d}x$ 有三种结果．

$$\int \sin x \cos x\,\mathrm{d}x = \frac{1}{2}\sin^2 x + C_1$$；

$$\int \sin x \cos x\,\mathrm{d}x = -\frac{1}{2}\cos^2 x + C_2$$；

$$\int \sin x \cos x\,\mathrm{d}x = -\frac{1}{4}\cos 2x + C_3$$．

如何解释这三种结果彼此并不矛盾？任意常数 C_1, C_2, C_3 之间有何关系？

6．填空题．

（1）曲线在任一点处的切线斜率等于该点横坐标的倒数，且通过点 $(e^2, 3)$，则该曲线方程为＿＿＿＿＿＿；

（2）设 $f(x)$ 的一个原函数为 $\sin x + x^2$，则 $\int f(x)\mathrm{d}x = $＿＿＿＿＿＿；

（3）$f(x) = \dfrac{\cos 2x}{\cos x - \sin x}$ 的原函数 $F(x) = $＿＿＿＿＿＿；

（4）$\int \dfrac{x^2}{1+x^2}\,\mathrm{d}x = $＿＿＿＿＿＿；

（5）设 $F_1(x), F_2(x)$ 是 $f(x)$ 的两个不同的原函数，则有 $F_1(x) - F_2(x) = $＿＿＿＿＿＿；

（6）$\int (\sqrt{x} + 1)(\sqrt{x^3} - 1)\mathrm{d}x = $＿＿＿＿＿＿．

7．求下列不定积分．

（1）$\int 2x\sqrt{x^3}\,\mathrm{d}x$；　　　　　　（2）$\int (\sqrt{x} - 1)^2\,\mathrm{d}x$；

（3）$\int\left(\dfrac{1-x}{x}\right)^2 \mathrm{d}x$；

（4）$\int\left(\dfrac{2}{x}+\dfrac{x}{3}\right)^2 \mathrm{d}x$；

（5）$\int(5\sin x+\cos x)\mathrm{d}x$；

（6）$\int 3^x \mathrm{e}^x \mathrm{d}x$；

（7）$\int(2^x+\sec^2 x)\mathrm{d}x$；

（8）$\int\dfrac{x^3+x-1}{x^2+1}\mathrm{d}x$；

（9）$\int\sec x(\sec x-\tan x)\mathrm{d}x$；

（10）$\int\dfrac{2+\cos^2 x}{\cos^2 x}\mathrm{d}x$；

（11）$\int\sin^2\dfrac{x}{2}\mathrm{d}x$；

（12）$\int\dfrac{1}{\cos^2 x\sin^2 x}\mathrm{d}x$；

（13）$\int\dfrac{\cos 2x}{\cos^2 x\sin^2 x}\mathrm{d}x$；

（14）$\int \mathrm{e}^x\left(1-\dfrac{\mathrm{e}^{-x}}{\sqrt{1-x^2}}\right)\mathrm{d}x$．

4.2 不定积分的换元积分法

能够直接利用基本积分公式及不定积分的性质求积分的函数是很有限的，因此，有必要寻求更有效的积分方法．本节把复合函数的微分法反过来用于求不定积分，利用中间变量的代换，得到复合函数的积分法，称为换元积分法，简称换元法．换元法通常分为两类．换元法将大大拓宽基本积分公式的应用范围．

4.2.1 第一类换元积分法（凑微分法）

我们先来分析一个例子．

例1 求 $\int\cos 2x\,\mathrm{d}x$．

解 在上一节介绍的基本积分公式中没有这个积分，与其类似的是

$$\int\cos x\,\mathrm{d}x=\sin x+C .$$

而

$$\int\cos 2x\,\mathrm{d}x=\frac{1}{2}\int\cos 2x\,\mathrm{d}2x ，\qquad 令\ u=2x ，$$

$$\int\cos 2x\,\mathrm{d}2x=\int\cos u\,\mathrm{d}u=\sin u+C=\sin 2x+C ，$$

所以

$$\int\cos 2x\,\mathrm{d}x=\frac{1}{2}\sin 2x+C .$$

由此可见，对于不能直接使用基本积分公式求解的不定积分，若可以通过适当的变量代换将其化成基本公式中已有的形式，求出积分后，再回代原积分变量，则可求得原来的不定积分，这种方法称为第一类换元积分法，也称"凑微分"法．一般地，有以下定理：

定理1 如果 $\int f(u)\mathrm{d}u=F(u)+C$，且 $u=\varphi(x)$ 是可导函数，则有

$$\int f[\varphi(x)]\varphi'(x)\,\mathrm{d}x = F[\varphi(x)] + C.$$

证 由求复合函数的链导法则，

$$\frac{\mathrm{d}}{\mathrm{d}x}F[\varphi(x)] = \frac{\mathrm{d}F(u)}{\mathrm{d}u}\cdot\frac{\mathrm{d}u}{\mathrm{d}x} = f(u)\cdot\varphi'(x) = f[\varphi(x)]\varphi'(x).$$

因此

$$\int f[\varphi(x)]\varphi'(x)\,\mathrm{d}x = F[\varphi(x)] + C.$$

应用定理 1 求不定积分的步骤为：

$$\int g(x)\,\mathrm{d}x \xrightarrow{\text{拆成}} \int f[\varphi(x)]\varphi'(x)\,\mathrm{d}x \xrightarrow{\text{凑微分}} \int f[\varphi(x)]\,\mathrm{d}\varphi(x)$$

$$\xrightarrow[\varphi(x)=u]{\text{变量代换}} \int f(u)\,\mathrm{d}u \xrightarrow[\text{或性质}]{\text{由基本公式}} F(u) + C$$

$$\xrightarrow[u=\varphi(x)]{\text{变量回代}} F[\varphi(x)] + C.$$

例 2 求 $\int(2x+1)^{10}\,\mathrm{d}x$.

解

$$\int(2x+1)^{10}\,\mathrm{d}x \xrightarrow{\text{拆成}} \int\frac{(2x+1)^{10}}{2}2\,\mathrm{d}x$$

$$\xrightarrow{\text{凑微分}} \frac{1}{2}\int(2x+1)^{10}\,\mathrm{d}(2x+1) \xrightarrow{\text{令}2x+1=u} \frac{1}{2}\int u^{10}\,\mathrm{d}u$$

$$\xrightarrow{\text{基本公式}} \frac{1}{2}\cdot\frac{1}{10+1}u^{10+1} + C$$

$$\xrightarrow[u=2x+1]{\text{变量回代}} \frac{1}{22}(2x+1)^{11} + C.$$

例 3 求 $\int\frac{1}{1-2x}\,\mathrm{d}x$.

解

$$\int\frac{1}{1-2x}\,\mathrm{d}x \xrightarrow{\text{拆成}} -\frac{1}{2}\int\frac{1}{1-2x}(-2)\,\mathrm{d}x \xrightarrow{\text{凑微分}} -\frac{1}{2}\int\frac{1}{1-2x}\,\mathrm{d}(1-2x)$$

$$\xrightarrow{\text{令}1-2x=u} -\frac{1}{2}\int\frac{1}{u}\,\mathrm{d}u \xrightarrow{\text{基本公式}} -\frac{1}{2}\ln|u| + C$$

$$\xrightarrow[u=1-2x]{\text{变量回代}} -\frac{1}{2}\ln|1-2x| + C.$$

例 4 求 $\int x\mathrm{e}^{x^2}\,\mathrm{d}x$.

解　$\displaystyle\int x\mathrm{e}^{x^2}\,\mathrm{d}x \xlongequal{\text{凑微分}} \frac{1}{2}\int \mathrm{e}^{x^2}\,\mathrm{d}(x^2) \xlongequal{\text{令}x^2=u} \frac{1}{2}\int \mathrm{e}^u\,\mathrm{d}u$

$\displaystyle \xlongequal{\text{基本公式}} \frac{1}{2}\mathrm{e}^u + C \underset{u=x^2}{\xlongequal{\text{变量回代}}} \frac{1}{2}\mathrm{e}^{x^2} + C.$

在运算熟练后，积分过程中的中间变量 u 可不必写出.

例5　求 $\displaystyle\int \frac{x}{\sqrt{1+2x^2}}\,\mathrm{d}x$.

解　$\displaystyle\int \frac{x}{\sqrt{1+2x^2}}\,\mathrm{d}x = \frac{1}{2}\int (1+2x^2)^{-\frac{1}{2}}\,\mathrm{d}x^2 = \frac{1}{4}\int (1+2x^2)^{-\frac{1}{2}}\,\mathrm{d}(1+2x^2)$

$\displaystyle = \frac{1}{4}\times 2(1+2x^2)^{\frac{1}{2}} + C = \frac{1}{2}(1+2x^2)^{\frac{1}{2}} + C.$

例6　求 $\displaystyle\int \frac{\sqrt{1+\ln x}}{x}\,\mathrm{d}x$.

解　$\displaystyle\int \frac{\sqrt{1+\ln x}}{x}\,\mathrm{d}x = \int \sqrt{1+\ln x}\,\mathrm{d}\ln x$

$\displaystyle = \int (1+\ln x)^{\frac{1}{2}}\,\mathrm{d}(1+\ln x) = \frac{2}{3}(1+\ln x)^{\frac{3}{2}} + C.$

例7　求 $\displaystyle\int \frac{1}{x(1+\ln x)}\,\mathrm{d}x$.

解　$\displaystyle\int \frac{1}{x(1+\ln x)}\,\mathrm{d}x = \int \frac{1}{1+\ln x}\,\mathrm{d}\ln x = \int \frac{1}{1+\ln x}\,\mathrm{d}(1+\ln x)$

$\displaystyle = \ln|1+\ln x| + C.$

例8　求 $\displaystyle\int \frac{1}{\mathrm{e}^x + \mathrm{e}^{-x}}\,\mathrm{d}x$.

解　$\displaystyle\int \frac{1}{\mathrm{e}^x + \mathrm{e}^{-x}}\,\mathrm{d}x = \int \frac{\mathrm{e}^x}{\mathrm{e}^{2x}+1}\,\mathrm{d}x = \int \frac{1}{(\mathrm{e}^x)^2+1}\,\mathrm{d}\mathrm{e}^x$

$\displaystyle = \arctan \mathrm{e}^x + C.$

例9　求 $\displaystyle\int \frac{\arctan x}{1+x^2}\,\mathrm{d}x$.

解　$\displaystyle\int \frac{\arctan x}{1+x^2}\,\mathrm{d}x = \int \arctan x\,\mathrm{d}\arctan x$

$\displaystyle = \frac{1}{2}(\arctan x)^2 + C.$

例10　求 $\displaystyle\int f'(x)\mathrm{e}^{-2f(x)}\,\mathrm{d}x$.

解 $\displaystyle\int f'(x)\mathrm{e}^{-2f(x)}\,\mathrm{d}x = \int \mathrm{e}^{-2f(x)}\,\mathrm{d}\,f(x)$

$$= -\frac{1}{2}\int \mathrm{e}^{-2f(x)}\,\mathrm{d}\big[-2f(x)\big] = -\frac{1}{2}\mathrm{e}^{-2f(x)} + C.$$

例 11 求 $\displaystyle\int \frac{f'(x)}{f(x)}\mathrm{d}x$.

解 $\displaystyle\int \frac{f'(x)}{f(x)}\mathrm{d}x = \int \frac{1}{f(x)}\,\mathrm{d}f(x) = \ln\big|f(x)\big| + C$.

例 12 求 $\displaystyle\int \frac{\mathrm{d}x}{a^2 + x^2}$ $(a \neq 0)$.

解 $\displaystyle\int \frac{\mathrm{d}x}{a^2 + x^2} = \int \frac{\mathrm{d}x}{a^2\left[1+\left(\dfrac{x}{a}\right)^2\right]} = \frac{1}{a}\int \frac{1}{1+\left(\dfrac{x}{a}\right)^2}\,\mathrm{d}\left(\frac{x}{a}\right)$

$$= \frac{1}{a}\arctan\frac{x}{a} + C .$$

例 13 求 $\displaystyle\int \frac{\mathrm{d}x}{\sqrt{a^2 - x^2}}$ $(a > 0)$.

解 $\displaystyle\int \frac{\mathrm{d}x}{\sqrt{a^2 - x^2}} = \int \frac{1}{\sqrt{1-\left(\dfrac{x}{a}\right)^2}}\,\mathrm{d}\frac{x}{a} = \arcsin\frac{x}{a} + C .$

例 14 求 $\displaystyle\int \frac{1}{x^2 - a^2}\,\mathrm{d}x$ $(a \neq 0)$.

解 $\displaystyle\int \frac{1}{x^2 - a^2}\,\mathrm{d}x = \int \frac{1}{(x+a)(x-a)}\,\mathrm{d}x$

$$= \frac{1}{2a}\int \left(\frac{1}{x-a} - \frac{1}{x+a}\right)\mathrm{d}x$$

$$= \frac{1}{2a}\left[\int \frac{1}{x-a}\,\mathrm{d}(x-a) - \int \frac{1}{x+a}\,\mathrm{d}(x+a)\right]$$

$$= \frac{1}{2a}\big[\ln|x-a| - \ln|x+a|\big] + C$$

$$= \frac{1}{2a}\ln\left|\frac{x-a}{x+a}\right| + C .$$

例 15 求 $\displaystyle\int \frac{1}{x(x^2+1)}\,\mathrm{d}x$.

解 $\displaystyle\int \frac{1}{x(x^2+1)}\,\mathrm{d}x = \int \frac{x^2+1-x^2}{x(x^2+1)}\,\mathrm{d}x = \int \left(\frac{1}{x} - \frac{x}{x^2+1}\right)\mathrm{d}x$

$$= \ln|x| - \frac{1}{2}\int \frac{1}{x^2+1}dx^2$$

$$= \ln|x| - \frac{1}{2}\ln(x^2+1) + C.$$

下面再举一些不定积分的例子，它们的被积函数中含有三角函数. 在计算这种积分时，往往要用到一些三角恒等式.

例 16 求 $\int \sin^3 x \, dx$.

解 $\int \sin^3 x \, dx = \int \sin^2 x \sin x \, dx = \int (1 - \cos^2 x)\sin x \, dx$

$$= \int \sin x \, dx - \int \cos^2 x \sin x \, dx$$

$$= -\cos x + \int \cos^2 x \, d\cos x$$

$$= -\cos x + \frac{1}{3}\cos^3 x + C.$$

例 17 求 $\int \tan x \, dx$.

解 $\int \tan x \, dx = \int \frac{\sin x}{\cos x}dx \xlongequal{\text{拆成}} \int \frac{-1}{\cos x}(-\sin x)dx$

$$\xlongequal{\text{凑微分}} -\int \frac{1}{\cos x}d\cos x \xlongequal{\text{基本公式}} -\ln|\cos x| + C.$$

类似地， $\int \cot x \, dx = \ln|\sin x| + C$.

例 18 求 $\int \csc x \, dx$.

解 $\int \csc x \, dx = \int \frac{1}{\sin x}dx = \int \frac{1}{2\sin\frac{x}{2}\cos\frac{x}{2}}dx$

$$= \int \frac{1}{\tan\frac{x}{2}\cdot\cos^2\frac{x}{2}}d\left(\frac{x}{2}\right)$$

$$= \int \frac{1}{\tan\frac{x}{2}}\sec^2\frac{x}{2}d\left(\frac{x}{2}\right)$$

$$= \int \frac{1}{\tan\frac{x}{2}}d\left(\tan\frac{x}{2}\right) = \ln\left|\tan\frac{x}{2}\right| + C.$$

而 $\tan\frac{x}{2} = \frac{1-\cos x}{\sin x} = \csc x - \cot x,$

因此 $\displaystyle\int \csc x\,\mathrm{d}x = \ln|\csc x - \cot x| + C$.

例 19 求 $\displaystyle\int \sec x\,\mathrm{d}x$.

解 $\displaystyle\int \sec x\,\mathrm{d}x = \int \frac{1}{\cos x}\,\mathrm{d}x = \int \frac{1}{\sin\left(x+\dfrac{\pi}{2}\right)}\,\mathrm{d}\left(x+\frac{\pi}{2}\right)$

$$= \int \csc\left(x+\frac{\pi}{2}\right)\mathrm{d}\left(x+\frac{\pi}{2}\right),$$

应用例 13 的结论，得

$$\int \sec x\,\mathrm{d}x = \ln\left|\csc\left(x+\frac{\pi}{2}\right) - \cot\left(x+\frac{\pi}{2}\right)\right| + C$$

$$= \ln|\sec x + \tan x| + C .$$

上述例题中，有几个积分是以后经常会遇到的．所以它们通常也被当作公式使用：

（14）$\displaystyle\int \tan x\,\mathrm{d}x = -\ln|\cos x| + C$ ；

（15）$\displaystyle\int \cot x\,\mathrm{d}x = \ln|\sin x| + C$ ；

（16）$\displaystyle\int \sec x\,\mathrm{d}x = \ln|\sec x + \tan x| + C$ ；

（17）$\displaystyle\int \csc x\,\mathrm{d}x = \ln|\csc x - \cot x| + C = \ln\left|\tan\frac{x}{2}\right| + C$ ；

（18）$\displaystyle\int \frac{\mathrm{d}x}{a^2 + x^2} = \frac{1}{a}\arctan\frac{x}{a} + C$ （$a \neq 0$）；

（19）$\displaystyle\int \frac{\mathrm{d}x}{\sqrt{a^2 - x^2}} = \arcsin\frac{x}{a} + C$ （$a > 0$）；

（20）$\displaystyle\int \frac{1}{x^2 - a^2}\,\mathrm{d}x = \frac{1}{2a}\ln\left|\frac{x-a}{x+a}\right| + C$ （$a \neq 0$）．

4.2.2 第二类换元积分法

第一类换元积分法虽然应用比较广泛，但对于某些积分，如 $\displaystyle\int \frac{\mathrm{d}x}{1+\sqrt{x+1}}$，

$\displaystyle\int \frac{\mathrm{d}x}{\sqrt{\mathrm{e}^x + 1}}$，$\displaystyle\int \sqrt{a^2 - x^2}\,\mathrm{d}x$，$\displaystyle\int \frac{\mathrm{d}x}{\sqrt{x^2 + a^2}}$ 等，就不一定适用，为此介绍第二类换元积分法．

先看一个例子．

例 20 $\int \dfrac{1}{1+\sqrt{x}}\,\mathrm{d}x$.

解 此积分的问题是分母含有根式，先作变换把根式去掉，为此，设 $t=\sqrt{x}$ ，则 $x=t^2$ ， $\mathrm{d}x=2t\,\mathrm{d}t$. 于是

$$\int \frac{\mathrm{d}x}{1+\sqrt{x}}=\int \frac{2t\,\mathrm{d}t}{1+t}=2\int \frac{t+1-1}{t+1}\,\mathrm{d}t=2\int \left(1-\frac{1}{t+1}\right)\mathrm{d}t$$

$$=2\int \mathrm{d}t-2\int \frac{1}{t+1}\,\mathrm{d}(t+1)$$

$$=2t-2\ln|t+1|+C=2\sqrt{x}-2\ln(\sqrt{x}+1)+C.$$

由此可见，对不能用基本公式、性质和凑微分法求解的积分，若能选择适当的变换 $x=\varphi(t)$ 将 $\int f(x)\,\mathrm{d}x$ 变为 $\int f[\varphi(t)]\varphi'(t)\,\mathrm{d}t$ ，而后者可用基本公式、性质及凑微分法求得积分，然后求出结果，这就是第二类换元积分法，用定理表述如下：

定理 2 设 $x=\varphi(t)$ 是单调可导函数，且 $\varphi'(t)\neq 0$. 如果 $f[\varphi(t)]\varphi'(t)$ 有原函数，则有换元公式

$$\int f(x)\,\mathrm{d}x=\left[\int f[\varphi(t)]\varphi'(t)\,\mathrm{d}t\right]_{t=\varphi^{-1}(x)}.$$

证 设 $f[\varphi(t)]\varphi'(t)$ 的原函数为 $\varPhi(t)$ ，记 $\varPhi[\varphi^{-1}(x)]=F(x)$ ，利用复合函数及反函数的求导法则，得到

$$F'(x)=\frac{\mathrm{d}\varPhi}{\mathrm{d}t}\cdot\frac{\mathrm{d}t}{\mathrm{d}x}=f[\varphi(t)]\varphi'(t)\cdot\frac{1}{\varphi'(t)}=f[\varphi(t)]=f(x).$$

即 $F(x)$ 是 $f(x)$ 的原函数，所以有

$$\int f(x)\,\mathrm{d}x=F(x)+C=\varPhi[\varphi^{-1}(x)]+C$$

$$=\left[\int f[\varphi(t)]\varphi'(t)\,\mathrm{d}t\right]_{t=\varphi^{-1}(x)}.$$

定理得证.

应用第二类换元法求不定积分的步骤为

$$\int f(x)\,\mathrm{d}x\xrightarrow[x=\varphi(t)]{\text{换元}}\int f[\varphi(t)]\varphi'(t)\,\mathrm{d}t=\int g(t)\,\mathrm{d}t\xrightarrow[\text{性质与凑微分等求}]{\text{能用基本公式}}\varPhi(t)+C$$

$$\xrightarrow[t=\varphi^{-1}(x)]{\text{还原}}\varPhi[\varphi^{-1}(x)]+C.$$

例 21 求 $\int \dfrac{x}{\sqrt{2x+1}}\,\mathrm{d}x$.

解 将被积函数有理化，为此消去根式，

令 $\sqrt{2x+1}=t$，则 $x=\dfrac{t^2-1}{2}$，$\mathrm{d}x=t\,\mathrm{d}t$，于是

$$\int\frac{x}{\sqrt{2x+1}}\mathrm{d}x=\int\frac{t^2-1}{2t}t\,\mathrm{d}t=\frac{1}{2}\int(t^2-1)\mathrm{d}t=\frac{1}{2}\left(\frac{1}{3}t^3-t\right)+C$$

$$=\frac{1}{6}(\sqrt{2x+1})^3-\frac{1}{2}\sqrt{2x+1}+C.$$

例22 求 $\displaystyle\int\frac{1}{\sqrt{\mathrm{e}^x-1}}\mathrm{d}x$.

解 令 $\sqrt{\mathrm{e}^x-1}=t$，则 $x=\ln(t^2+1)$，$\mathrm{d}x=\dfrac{2t}{t^2+1}\mathrm{d}t$，于是

$$\int\frac{1}{\sqrt{\mathrm{e}^x-1}}\mathrm{d}x=\int\frac{2}{t^2+1}\mathrm{d}t$$

$$=2\arctan t+C=2\arctan\sqrt{\mathrm{e}^x-1}+C.$$

例23 求 $\displaystyle\int\frac{1}{(1+\sqrt[3]{x})\sqrt{x}}\mathrm{d}x$.

解 被积函数中出现了两个根式 $\sqrt[3]{x}$ 及 $\sqrt{x}$，做变换要同时消去这两个根式.
令 $\sqrt[6]{x}=t$，则 $x=t^6$，$\mathrm{d}x=6t^5\,\mathrm{d}t$，于是

$$\int\frac{1}{(1+\sqrt[3]{x})\sqrt{x}}\mathrm{d}x=\int\frac{6t^5}{(1+t^2)t^3}\mathrm{d}t=6\int\frac{t^2}{1+t^2}\mathrm{d}t$$

$$=6\int\left(1-\frac{1}{1+t^2}\right)\mathrm{d}t=6(t-\arctan t)+C.$$

$$=6(\sqrt[6]{x}-\arctan\sqrt[6]{x})+C.$$

例24 求 $\displaystyle\int\sqrt{a^2-x^2}\,\mathrm{d}x$ $(a>0)$.

解 令 $x=a\sin t\left(-\dfrac{\pi}{2}<t<\dfrac{\pi}{2}\right)$，则

$$\mathrm{d}x=a\cos t\,\mathrm{d}t,\quad\sqrt{a^2-x^2}=a\cos t,$$

于是

$$\int\sqrt{a^2-x^2}\,\mathrm{d}x=\int a\cos t\cdot a\cos t\,\mathrm{d}t=\int a^2\cos^2 t\,\mathrm{d}t$$

$$=a^2\int\frac{1+\cos 2t}{2}\mathrm{d}t=\frac{a^2}{2}t+\frac{a^2}{4}\sin 2t+C.$$

为把 t 还原成 x 的函数，可根据 $x=a\sin t$ 作一直角三角形，如图 4.3 所示，于是

$$\cos t = \frac{\sqrt{a^2 - x^2}}{a},$$

$$\sin 2t = 2\sin t \cdot \cos t = 2 \cdot \frac{x}{a} \cdot \frac{\sqrt{a^2 - x^2}}{a}.$$

因此

$$\int \sqrt{a^2 - x^2}\, \mathrm{d}x = \frac{a^2}{2}\arcsin\frac{x}{a} + \frac{1}{2}x\sqrt{a^2 - x^2} + C.$$

例 25 求 $\displaystyle\int \frac{\mathrm{d}x}{\sqrt{x^2 + a^2}}$ （$a > 0$）.

解 类似上例，令 $x = a\tan t\left(-\dfrac{\pi}{2} < t < \dfrac{\pi}{2}\right)$，则

$$\mathrm{d}x = a\sec^2 t\, \mathrm{d}t, \quad \sqrt{x^2 + a^2} = a\sec t.$$

于是

$$\int \frac{\mathrm{d}x}{\sqrt{x^2 + a^2}} = \int \frac{a\sec^2 t}{a\sec t}\mathrm{d}t = \int \sec t\, \mathrm{d}t$$

$$= \ln|\sec t + \tan t| + C_1.$$

为还原成原积分变量，根据 $x = a\tan t$ 作直角三角形，如图 4.4 所示，于是

$$\sec t = \frac{1}{\cos t} = \frac{\sqrt{a^2 + x^2}}{a},$$

因此

$$\int \frac{\mathrm{d}x}{\sqrt{x^2 + a^2}} = \ln\left|\frac{x}{a} + \frac{\sqrt{a^2 + x^2}}{a}\right| + C_1$$

$$= \ln\left|x + \sqrt{x^2 + a^2}\right| + C,$$

其中 $C = C_1 - \ln a$.

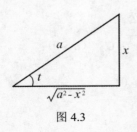
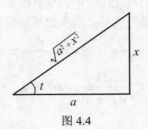

图 4.3　　　　　　　　　　　图 4.4

例 26 求 $\displaystyle\int \frac{\mathrm{d}x}{\sqrt{x^2 - a^2}}$ （$a > 0$）.

解 令 $x = a\sec t \left(0 < t < \dfrac{\pi}{2}\right)$，则

$$\mathrm{d}x = a\sec t \cdot \tan t \,\mathrm{d}t .$$

于是

$$\int \frac{\mathrm{d}x}{\sqrt{x^2 - a^2}} = \int \frac{a\sec t \cdot \tan t}{a\tan t} \mathrm{d}t = \int \sec t \,\mathrm{d}t$$

$$= \ln \left| \sec t + \tan t \right| + C_1 .$$

由 $\sec t = \dfrac{x}{a}$ 作直角三角形，如图 4.5 所示.

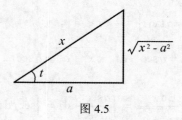

图 4.5

于是

$$\tan t = \frac{\sqrt{x^2 - a^2}}{a} ,$$

因此

$$\int \frac{\mathrm{d}x}{\sqrt{x^2 - a^2}} = \ln \left| \frac{x}{a} + \frac{\sqrt{x^2 - a^2}}{a} \right| + C_1 = \ln \left| x + \sqrt{x^2 - a^2} \right| + C .$$

其中 $C = C_1 - \ln a$.

当 $-\dfrac{\pi}{2} < t < 0$ 时，类似.

例 20～23 为根代换，例 24～26 所用的变换称为三角代换，主要是去掉根号. 这是第二类换元法常用的变量代换.

利用第二类换元法我们又得到几个不定积分公式：

（21） $\displaystyle\int \sqrt{a^2 - x^2} \,\mathrm{d}x = \frac{a^2}{2} \arcsin \frac{x}{a} + \frac{1}{2} x\sqrt{a^2 - x^2} + C$ （$a > 0$）；

（22） $\displaystyle\int \frac{\mathrm{d}x}{\sqrt{x^2 \pm a^2}} = \ln \left| x + \sqrt{x^2 \pm a^2} \right| + C$ （$a > 0$）.

习题 4.2

1. 填空题.

（1） $\sin \dfrac{x}{3} \mathrm{d}x = \underline{\qquad\qquad} \mathrm{d}\left(\cos \dfrac{x}{3} \right)$；

（2） $x\mathrm{e}^{-2x^2}\mathrm{d}x = \underline{\hspace{2cm}} \mathrm{d}(\mathrm{e}^{-2x^2})$;

（3） $\dfrac{1}{1+9x^2}\mathrm{d}x = \underline{\hspace{2cm}} \mathrm{d}(\arctan 3x)$;

（4） $\dfrac{x\mathrm{d}x}{\sqrt{1-x^2}} = \underline{\hspace{2cm}} \mathrm{d}(\sqrt{1-x^2})$;

（5） $\mathrm{d}x = \underline{\hspace{2cm}} \mathrm{d}(3-2x)$;

（6） $\dfrac{\ln x}{x}\mathrm{d}x = 3\mathrm{d}\underline{\hspace{2cm}}$;

（7） $x\mathrm{d}x = \underline{\hspace{2cm}} \mathrm{d}(1-x^2)$.

2． 求下列不定积分．

（1） $\displaystyle\int \mathrm{e}^{4x}\mathrm{d}x$;

（2） $\displaystyle\int (3-2x)^{20}\mathrm{d}x$;

（3） $\displaystyle\int \dfrac{1}{1+2x}\mathrm{d}x$;

（4） $\displaystyle\int \dfrac{1}{\sqrt[3]{2-3x}}\mathrm{d}x$;

（5） $\displaystyle\int \cos(2x+3)\mathrm{d}x$;

（6） $\displaystyle\int \dfrac{\sin\sqrt{x}}{\sqrt{x}}\mathrm{d}x$;

（7） $\displaystyle\int x\sqrt{2x^2+1}\,\mathrm{d}x$;

（8） $\displaystyle\int x\mathrm{e}^{-x^2}\mathrm{d}x$;

（9） $\displaystyle\int \dfrac{1}{x\ln x}\mathrm{d}x$;

（10） $\displaystyle\int \dfrac{1}{x\sqrt{1+\ln x}}\mathrm{d}x$;

（11） $\displaystyle\int \dfrac{1}{x\ln x\ln\ln x}\mathrm{d}x$;

（12） $\displaystyle\int \mathrm{e}^x(1+2\mathrm{e}^x)^3\mathrm{d}x$.

（13） $\displaystyle\int \dfrac{\sec^2 x}{1+\tan x}\mathrm{d}x$;

（14） $\displaystyle\int \dfrac{1}{x^2}\tan\dfrac{1}{x}\mathrm{d}x$;

（15） $\displaystyle\int \dfrac{\arctan x}{1+x^2}\mathrm{d}x$;

（16） $\displaystyle\int \dfrac{1}{\mathrm{e}^x-\mathrm{e}^{-x}}\mathrm{d}x$;

（17） $\displaystyle\int \dfrac{1}{\mathrm{e}^x(\mathrm{e}^x+1)}\mathrm{d}x$;

（18） $\displaystyle\int \dfrac{1}{x^2-2x+5}\mathrm{d}x$;

（19） $\displaystyle\int \dfrac{1}{x^2-2x-5}\mathrm{d}x$;

（20） $\displaystyle\int \dfrac{x}{x^4-1}\mathrm{d}x$;

（21） $\displaystyle\int \dfrac{\sin x+\cos x}{\sqrt{\sin x-\cos x}}\mathrm{d}x$;

（22） $\displaystyle\int \dfrac{1+\ln x}{(x\ln x)^2}\mathrm{d}x$;

（23） $\displaystyle\int \dfrac{1+\cos x}{x+\sin x}\mathrm{d}x$;

（24） $\displaystyle\int \dfrac{\arctan\sqrt{x}}{(1+x)\sqrt{x}}\mathrm{d}x$.

3． 求下列不定积分．

（1） $\displaystyle\int \dfrac{1}{1+\sqrt{3x}}\mathrm{d}x$;

（2） $\displaystyle\int \dfrac{x^2}{\sqrt{2-x}}\mathrm{d}x$;

（3） $\displaystyle\int \dfrac{\mathrm{d}x}{\sqrt{1+\mathrm{e}^x}}$;

（4） $\displaystyle\int \dfrac{1}{1+\sqrt[3]{x+2}}\mathrm{d}x$;

（5）$\int \dfrac{1}{\sqrt{x}+\sqrt[4]{x}}\,\mathrm{d}x$ ；

（6）$\int \dfrac{\sqrt{x-1}}{x}\,\mathrm{d}x$ ；

（7）$\int \dfrac{x^2}{\sqrt{a^2-x^2}}\,\mathrm{d}x$ ；

（8）$\int \dfrac{1}{x+\sqrt{1-x^2}}\,\mathrm{d}x$ ；

（9）$\int \dfrac{1}{\sqrt{(x^2+1)^3}}\,\mathrm{d}x$ ；

（10）$\int \dfrac{1}{(x^2+1)^2}\,\mathrm{d}x$ ；

（11）$\int \dfrac{\sqrt{x^2-9}}{x}\,\mathrm{d}x$ ；

（12）$\int \dfrac{1}{x\sqrt{x^2-1}}\,\mathrm{d}x$ ．

4.3　分部积分法

换元积分法是一个很重要的积分方法，但这种方法对诸如 $\int x^2 \cdot \mathrm{e}^x\,\mathrm{d}x$ ，$\int \sin x \cdot \mathrm{e}^x\,\mathrm{d}x$ 等类型的积分却又无能为力．为此我们介绍分部积分法．

分部积分法源于两个函数乘积的微分法则．

设 $u=u(x), v=v(x)$ 具有连续导数，由于

$$\mathrm{d}(uv)=v\,\mathrm{d}u+u\,\mathrm{d}v ，$$

移项，得

$$u\,\mathrm{d}v=\mathrm{d}(uv)-v\,\mathrm{d}u ．$$

两边对 x 积分，得

$$\int u\,\mathrm{d}v=uv-\int v\,\mathrm{d}u ，$$

或

$$\int uv'\,\mathrm{d}x=uv-\int vu'\,\mathrm{d}x ．$$

这就是分部积分法公式，它把求形如 $\int uv'\,\mathrm{d}x$ 的积分转化为求 $\int vu'\,\mathrm{d}x$ 的积分．当然，这种转化必须是后者较前者积分容易求得才有意义．下面举例说明．

例1　求 $\int x\cos x\,\mathrm{d}x$ ．

解　$\int x\cos x\,\mathrm{d}x=\int x\,\mathrm{d}(\sin x)$ ，令 $u=x$ ，$v=\sin x$ ，由分部积分公式，得

$$\int x\cos x\,\mathrm{d}x=x\sin x-\int \sin x\,\mathrm{d}x$$

$$=x\sin x+\cos x+C ．$$

若将原式写为 $\int \cos x\,\mathrm{d}\left(\dfrac{1}{2}x^2\right)$ ，即令 $u=\cos x$ ，$v=\dfrac{1}{2}x^2$ ，则

$$\int x\cos x\,\mathrm{d}x=\dfrac{x^2}{2}\cos x+\int \dfrac{x^2}{2}\sin x\,\mathrm{d}x ．$$

显然上式右端的积分比原积分更难求,这种转化无意义.

由此可见,应用分部积分法的关键在于恰当地选取 u 和 v. 在运算熟练后,可不必写出 u 和 v.

例2 求 $\int x^2 e^x \, dx$.

解 $\int x^2 e^x \, dx = \int x^2 \, d(e^x) = x^2 e^x - \int e^x \, d(x^2) = x^2 e^x - 2 \int x e^x \, dx$.

其中对 $\int x e^x \, dx$ 再用一次分部积分公式,即

$$\int x e^x \, dx = \int x \, d(e^x) = x e^x - \int e^x \, dx = x e^x - e^x + C_0,$$

于是

$$\int x^2 e^x \, dx = x^2 e^x - 2x e^x + 2 e^x + C = e^x(x^2 - 2x + 2) + C.$$

其中 $C = -2C_0$.

例3 求 $\int x \ln x \, dx$.

解 $\int x \ln x \, dx = \int \ln x \, d\left(\dfrac{x^2}{2}\right) = \dfrac{x^2}{2} \ln x - \int \dfrac{x^2}{2} \, d(\ln x)$

$$= \dfrac{x^2}{2} \ln x - \int \dfrac{x}{2} \, dx = \dfrac{x^2}{2} \ln x - \dfrac{x^2}{4} + C.$$

例4 求 $\int \ln x \, dx$.

解 $\int \ln x \, dx = x \ln x - \int x \, d(\ln x) = x \ln x - \int dx = x \ln x - x + C$.

例5 求 $\int \arccos x \, dx$.

解 $\int \arccos x \, dx = x \arccos x - \int x \, d\arccos x$

$$= x \arccos x + \int \dfrac{x}{\sqrt{1-x^2}} \, dx$$

$$= x \arccos x - \dfrac{1}{2} \int (1-x^2)^{-\frac{1}{2}} \, d(1-x^2)$$

$$= x \arccos x - \sqrt{1-x^2} + C.$$

例6 求 $\int x \arctan x \, dx$.

解 $\int x \arctan x \, dx = \int \arctan x \, d\left(\dfrac{x^2}{2}\right)$

$$= \dfrac{x^2}{2} \arctan x - \int \dfrac{x^2}{2} \, d(\arctan x)$$

$$= \frac{x^2}{2}\arctan x - \frac{1}{2}\int\left(1-\frac{1}{1+x^2}\right)dx = \frac{x^2}{2}\arctan x - \frac{1}{2}x + \frac{1}{2}\arctan x + C.$$

例7 求 $\int e^x \cos x\, dx$.

解
$$\int e^x \cos x\, dx = \int \cos x\, de^x = e^x \cos x - \int e^x\, d\cos x$$
$$= e^x \cos x + \int e^x \sin x\, dx$$
$$= e^x \cos x + \int \sin x\, de^x$$
$$= e^x \cos x + e^x \sin x - \int e^x\, d\sin x$$
$$= e^x(\cos x + \sin x) - \int e^x \cos x\, dx.$$

将等式右端 $\int e^x \cos x\, dx$ 移到左端，得

$$2\int e^x \cos x\, dx = e^x(\cos x + \sin x) + C_1,$$

于是
$$\int e^x \cos x\, dx = \frac{1}{2}e^x(\cos x + \sin x) + C.$$

其中 $C = \frac{1}{2}C_1$.

分部积分法的关键是选" u "，如何选择，有规律可循，即

（1）$\int x^n \cdot e^{ax}\, dx$，$\int x^n \cdot \sin ax\, dx$，$\int x^n \cdot \cos bx\, dx$，可令 $u = x^n$；

（2）$\int x^n \cdot \ln x\, dx$，$\int x^n \cdot \arctan x\, dx$，$\int x^n \cdot \arcsin x\, dx$，可令 $u = \ln x$，$u = \arctan x$，$u = \arcsin x$；

（3）$\int e^{ax} \cdot \sin bx\, dx$，$\int e^{ax} \cdot \cos bx\, dx$，设 $u = e^{ax}$，$u = \sin bx$，$u = \cos bx$ 均可.

在计算积分时，有时需要同时使用换元积分法与分部积分法.

例8 求 $\int \sin x \cos x e^{\sin x}\, dx$.

解
$$\int \sin x \cos x e^{\sin x}\, dx = \int \sin x e^{\sin x}\, d\sin x$$
$$\xlongequal{\sin x = u} \int u e^u\, du = \int u\, de^u$$
$$= u e^u - \int e^u\, du = u e^u - e^u + C$$
$$\xlongequal{u = \sin x} \sin x e^{\sin x} - e^{\sin x} + C.$$

例 9 求 $\int x^3 \cos x^2 \, dx$.

解 $\int x^3 \cos x^2 \, dx = \dfrac{1}{2} \int x^2 \cos x^2 \, dx^2$

$\xlongequal{x^2 = u} \dfrac{1}{2} \int \cos u \cdot u \, du = \dfrac{1}{2} \int u \, d \sin u$

$= \dfrac{1}{2} \left(u \sin u - \int \sin u \, du \right) = \dfrac{1}{2} (u \sin u + \cos u) + C$

$\xlongequal{u = x^2} \dfrac{1}{2} (x^2 \sin x^2 + \cos x^2) + C$.

例 10 求 $\int \cos \sqrt{x} \, dx$.

解 令 $\sqrt{x} = t$，则 $x = t^2$，$dx = 2t \, dt$，于是

$\int \cos \sqrt{x} \, dx = \int \cos t \cdot 2t \, dt = 2 \int t \, d(\sin t)$

$= 2 \left(t \sin t - \int \sin t \, dt \right) = 2(t \sin t + \cos t) + C$

$= 2(\sqrt{x} \sin \sqrt{x} + \cos \sqrt{x}) + C$.

习题 4.3

1. 求下列不定积分.

(1) $\int x e^x \, dx$；

(2) $\int x \sin 2x \, dx$；

(3) $\int x^2 \ln x \, dx$；

(4) $\int \arctan x \, dx$；

(5) $\int e^{2x} \sin x \, dx$；

(6) $\int e^{\sqrt[3]{x}} \, dx$；

(7) $\int x^2 \arctan x \, dx$；

(8) $\int x \sec^2 x \, dx$；

(9) $\int (\arcsin x)^2 \, dx$；

(10) $\int \dfrac{\ln \ln x}{x} \, dx$；

(11) $\int \dfrac{x^2 \arctan x}{1 + x^2} \, dx$；

(12) $\int \dfrac{\arctan x}{x^2} \, dx$；

(13) $\int x^5 e^{x^3} \, dx$；

(14) $\int \dfrac{\ln \tan x}{\cos^2 x} \, dx$；

(15) $\int \sin \sqrt{x} \, dx$；

(16) $\int \cos \ln x \, dx$.

2. 已知 $f(x)$ 的一个原函数为 e^{-x^2}，求 $\int x f'(x) \, dx$.

*4.4　简单有理函数的积分及积分表的使用

上面介绍了积分学中两种典型的积分方法. 本节介绍简单有理函数的积分和积分表的使用.

4.4.1　简单有理函数的积分

两个多项式的商 $\dfrac{P(x)}{Q(x)}$ 称为有理函数，又称为有理分式. 我们总假定分子多项式 $P(x)$ 与分母多项式 $Q(x)$ 之间没有公因子. 当分子多项式 $P(x)$ 的次数小于分母多项式 $Q(x)$ 的次数时，称这个有理函数为真分式，否则称为假分式.

利用多项式的除法，总可以将一个假分式化为一个多项式与真分式之和的形式. 而任何一个真分式都可以化成部分分式之和. 下面举例说明.

例1　求 $\displaystyle\int \dfrac{x+3}{x^2-5x+6}\,\mathrm{d}x$.

解　这是一个被积函数为有理函数的积分. 由代数学知道，有理函数总可以在实数范围内分解为若干个最简分式之和的形式. 因为 $x^2-5x+6=(x-2)(x-3)$ ，所以

$$\frac{x+3}{x^2-5x+6}=\frac{x+3}{(x-2)(x-3)}=\frac{A}{x-2}+\frac{B}{x-3}\,.$$

其中 A,B 为待定系数，用 $(x-2)(x-3)$ 乘等式两边，得

$$(x+3)=A(x-3)+B(x-2)\,,$$

把上式展开并比较系数，即可确定 A,B .

也可采用对 x 取特殊值的方法确定 A,B ，因为上式对 x 是恒等式，因此令 $x=2$ 得 $A=-5$ ，令 $x=3$ 得 $B=6$.

于是

$$\int \frac{x+3}{x^2-5x+6}\,\mathrm{d}x=\int\left(\frac{-5}{x-2}+\frac{6}{x-3}\right)\mathrm{d}x$$

$$=-5\int\frac{\mathrm{d}x}{x-2}+6\int\frac{\mathrm{d}x}{x-3}$$

$$=-5\ln|x-2|+6\ln|x-3|+C.$$

注意　若分母中有一次因式的 k 重因子 $(x-a)^k$ ，则在部分分式中必须相应地有 k 项，分母分别为 $(x-a),\cdots,(x-a)^k$ ，分子均为待定常数.

例2　求 $\displaystyle\int \dfrac{2x+1}{x^3-2x^2+x}\,\mathrm{d}x$.

解 将被积函数分解成部分分式之和

$$\frac{2x+1}{x^3-2x^2+x}=\frac{2x+1}{x(x-1)^2}=\frac{A}{x}+\frac{B}{x-1}+\frac{C}{(x-1)^2},$$

两端去分母得

$$2x+1=A(x-1)^2+Bx(x-1)+Cx,$$

令 $x=0$，得 $A=1$；令 $x=1$，得 $C=3$；令 $x=2$，得 $5=A+2B+2C$，$B=-1$.
于是

$$\int\frac{2x+1}{x^3-2x^2+x}\mathrm{d}x=\int\left[\frac{1}{x}+\frac{-1}{x-1}+\frac{3}{(x-1)^2}\right]\mathrm{d}x$$

$$=\int\frac{1}{x}\mathrm{d}x-\int\frac{1}{x-1}\mathrm{d}(x-1)+3\int\frac{1}{(x-1)^2}\mathrm{d}(x-1)$$

$$=\ln|x|-\ln|x-1|-\frac{3}{x-1}+C$$

$$=\ln\left|\frac{x}{x-1}\right|-\frac{3}{x-1}+C.$$

如果分母中有二次质因式，则在部分分式中其分子应为一次多项式；如果有二次质因式的 k 重因式，则仿上例的做法进行，每个部分分式中其分子均为一次多项式.

例 3 求 $\displaystyle\int\frac{x+4}{x^3+2x-3}\mathrm{d}x$.

解 $\dfrac{x+4}{x^3+2x-3}=\dfrac{x+4}{(x-1)(x^2+x+3)}=\dfrac{A}{x-1}+\dfrac{Bx+C}{x^2+x+3}$,

去分母，得

$$x+4=A(x^2+x+3)+(Bx+C)(x-1).$$

令 $x=1$，得 $A=1$；令 $x=0$，得 $4=3A-C$，$C=-1$；
令 $x=2$，得 $6=9A+2B+C$，$B=-1$.
于是

$$\int\frac{x+4}{x^3+2x-3}\mathrm{d}x=\int\left(\frac{1}{x-1}+\frac{-x-1}{x^2+x+3}\right)\mathrm{d}x$$

$$=\int\frac{\mathrm{d}(x-1)}{x-1}-\int\frac{\frac{1}{2}(2x+1)+\frac{1}{2}}{x^2+x+3}\mathrm{d}x$$

$$=\ln|x-1|-\frac{1}{2}\int\frac{1}{x^2+x+3}\mathrm{d}(x^2+x+3)-\frac{1}{2}\int\frac{\mathrm{d}x}{x^2+x+3}$$

$$= \ln|x-1| - \frac{1}{2}\ln|x^2+x+3| - \frac{1}{2}\int \frac{\mathrm{d}\left(x+\frac{1}{2}\right)}{\left(x+\frac{1}{2}\right)^2 + \left(\frac{\sqrt{11}}{2}\right)^2}$$

$$= \ln|x-1| - \frac{1}{2}\ln|x^2+x+3| - \frac{1}{\sqrt{11}}\arctan\frac{2x+1}{\sqrt{11}} + C.$$

注意 由于 x^2+x+3 是二次质因式 x^2+px+q 的形式（p,q 为常数），所以可以配成 $\left(x+\frac{p}{2}\right)^2 + \left(\frac{\sqrt{4q-p^2}}{2}\right)^2$ 的形式.

4.4.2 三角函数有理式的积分

例4 求 $\int \frac{1+\sin x}{1+\cos x}\mathrm{d}x$.

解 这个积分的被积函数为三角函数有理式. 由三角函数关系知道，$\sin x$ 与 $\cos x$ 均可用 $\tan\frac{x}{2}$ 的有理式表示，即

$$\sin x = 2\sin\frac{x}{2}\cos\frac{x}{2} = \frac{2\tan\frac{x}{2}}{\sec^2\frac{x}{2}} = \frac{2\tan\frac{x}{2}}{1+\tan^2\frac{x}{2}},$$

$$\cos x = \cos^2\frac{x}{2} - \sin^2\frac{x}{2} = \frac{1-\tan^2\frac{x}{2}}{\sec^2\frac{x}{2}} = \frac{1-\tan^2\frac{x}{2}}{1+\tan^2\frac{x}{2}},$$

所以，若作变换 $t = \tan\frac{x}{2}$，则

$$\sin x = \frac{2t}{1+t^2},\ \cos x = \frac{1-t^2}{1+t^2}.$$

而 $x = 2\arctan t$，$\mathrm{d}x = \frac{2}{1+t^2}\mathrm{d}t$，于是

$$\int \frac{1+\sin x}{1+\cos x}\mathrm{d}x = \int \frac{1+\frac{2t}{1+t^2}}{1+\frac{1-t^2}{1+t^2}} \cdot \frac{2}{1+t^2}\mathrm{d}t$$

$$= \int \frac{t^2+1+2t}{2} \cdot \frac{2}{1+t^2}\mathrm{d}t = \int\left(1+\frac{2t}{1+t^2}\right)\mathrm{d}t$$

$$= \int \mathrm{d}\,t + \int \frac{1}{1+t^2}\mathrm{d}(1+t^2)$$

$$= t + \ln(1+t^2) + C$$

$$= \tan\frac{x}{2} + \ln(\sec^2\frac{x}{2}) + C$$

$$= \tan\frac{x}{2} - 2\ln\left|\cos\frac{x}{2}\right| + C.$$

由于任何三角函数都可用 $\sin x, \cos x$ 表示，所以变量代换 $t = \tan\dfrac{x}{2}$ 对于三角函数的有理式的积分均适用．但这个方法对某些三角函数有理式的积分不一定是最简便的方法．如上例

$$\int \frac{1+\sin x}{1+\cos x}\mathrm{d}\,x = \int \frac{1+2\sin\dfrac{x}{2}\cos\dfrac{x}{2}}{2\cos^2\dfrac{x}{2}}\mathrm{d}\,x$$

$$= \frac{1}{2}\int \sec^2\frac{x}{2}\mathrm{d}\,x + \int \tan\frac{x}{2}\mathrm{d}\,x = \tan\frac{x}{2} - 2\ln\left|\cos\frac{x}{2}\right| + C.$$

4.4.3 积分表的使用

上面介绍了常见函数类型的积分方法．对于更广泛的常用函数类型的积分，为了实际工作应用方便，把它们的积分公式汇集成表（见附录 1），称为积分表，这样对于较复杂的积分可从表中查得结果．如果所求积分与积分表中的公式不完全相同，则可通过变量代换或恒等变形化为表中的类型．

例 5 求 $\displaystyle\int \frac{x}{(3x+4)^2}\mathrm{d}\,x$．

解 被积函数含有形如 $ax+b$ 的因式，在积分表中查得公式

$$\int \frac{x}{(ax+b)^2}\mathrm{d}\,x = \frac{1}{a^2}\left(\ln|ax+b| + \frac{b}{ax+b}\right) + C,$$

在此，$a=3$，$b=4$，所以

$$\int \frac{x}{(3x+4)^2}\mathrm{d}x = \frac{1}{9}\left(\ln|3x+4| + \frac{4}{3x+4}\right) + C.$$

例 6 $\displaystyle\int \frac{\mathrm{d}\,x}{x\sqrt{4x^2+9}}$．

解 这个积分在表中不能直接查得，先进行变量代换．

令 $2x = t$，则 $\sqrt{4x^2+9} = \sqrt{t^2+3^2}$，$\mathrm{d}\,x = \dfrac{1}{2}\mathrm{d}\,t$，于是

$$\int \frac{\mathrm{d}x}{x\sqrt{4x^2+9}} = \int \frac{\frac{1}{2}\mathrm{d}t}{\frac{t}{2}\sqrt{t^2+3^2}} = \int \frac{\mathrm{d}t}{t\sqrt{t^2+3^2}}.$$

被积函数中含有形如 $\sqrt{x^2+a^2}$ 的因式，在积分表中查得

$$\int \frac{\mathrm{d}x}{x\sqrt{x^2+a^2}} = \frac{1}{a}\ln\frac{\sqrt{x^2+a^2}-a}{|x|}+C,$$

此处 $a=3$，于是

$$\int \frac{\mathrm{d}t}{t\sqrt{t^2+3^2}} = \frac{1}{3}\ln\frac{\sqrt{t^2+3^2}-3}{|t|}+C,$$

回代原积分变量，得

$$\int \frac{\mathrm{d}x}{x\sqrt{4x^2+9}} = \frac{1}{3}\ln\frac{\sqrt{4x^2+9}-3}{2|x|}+C.$$

习题 4.4

1. 求下列有理函数与三角函数有理式的积分.

（1）$\int \frac{x^2}{x+2}\mathrm{d}x$；

（2）$\int \frac{x+1}{x^2-3x+2}\mathrm{d}x$；

（3）$\int \frac{3\mathrm{d}x}{1+x^3}$；

（4）$\int \frac{x^2+1}{(x+1)^2(x-1)}\mathrm{d}x$；

（5）$\int \frac{\mathrm{d}x}{3+\cos x}$；

（6）$\int \frac{\mathrm{d}x}{x(x^2+1)}$；

（7）$\int \frac{\sin x}{1+\sin x}\mathrm{d}x$；

（8）$\int \frac{\mathrm{d}x}{3+\sin^2 x}$.

2. 利用积分表求下列积分.

（1）$\int \frac{\sqrt{3+2x}}{x^2}\mathrm{d}x$；

（2）$\int \cos^4 2x\mathrm{d}x$.

本 章 小 结

1. 原函数与不定积分的概念

设函数 $f(x)$ 定义在某区间上，如果存在一个函数 $F(x)$，使得对于该区间上每一点都有

$$F'(x)=f(x) \text{ 或 } \mathrm{d}F(x)=f(x)\mathrm{d}x.$$

则称 $F(x)$ 为 $f(x)$ 在该区间上的一个原函数.

$f(x)$ 的不定积分就是 $f(x)$ 的全部原函数，即

$$\int f(x)\,\mathrm{d}x = F(x) + C.$$

2．不定积分的性质

（1）不定积分与求导数或微分互为逆运算，即

$$\left[\int f(x)\,\mathrm{d}x\right]' = f(x); \qquad \mathrm{d}\left[\int f(x)\,\mathrm{d}x\right] = f(x)\,\mathrm{d}x;$$

$$\int F'(x)\,\mathrm{d}x = F(x) + C; \qquad \int \mathrm{d}F(x) = F(x) + C.$$

（2）两个函数和的不定积分等于各自不定积分的和．

（3）被积函数的非零常数因子可提到积分号外．

3．换元积分法

第一类换元积分法又叫凑微分法：若 $\int f(u)\,\mathrm{d}u = F(u) + C$，则

$$\int f\left[\varphi(x)\right]\varphi'(x)\,\mathrm{d}x = \int f\left[\varphi(x)\right]\mathrm{d}\varphi(x) = F\left[\varphi(x)\right] + C.$$

凑微分的步骤为：

$$\int g(x)\,\mathrm{d}x \xrightarrow{\text{拆成}} \int f\left[\varphi(x)\right]\varphi'(x)\,\mathrm{d}x \xrightarrow{\text{凑微分}} \int f\left[\varphi(x)\right]\mathrm{d}\varphi(x)$$

$$\xrightarrow[\varphi(x)=u]{\text{变量代换}} \int f(u)\,\mathrm{d}u \xrightarrow{\text{由基本公式}} F(u) + C$$

$$\xrightarrow[u=\varphi(x)]{\text{变量回代}} F\left[\varphi(x)\right] + C.$$

一些常见的凑微分情形如下：

（1）$\displaystyle\int f\left(ax+b\right)\mathrm{d}x = \frac{1}{a}\int f\left(ax+b\right)\mathrm{d}\left(ax+b\right)$ （$a \neq 0$）；

（2）$\displaystyle\int x f(x^2)\,\mathrm{d}x = \frac{1}{2}\int f(x^2)\,\mathrm{d}x^2$；

（3）$\displaystyle\int x^{\mu} f(x^{\mu+1})\,\mathrm{d}x = \frac{1}{\mu+1}\int f(x^{\mu+1})\,\mathrm{d}x^{\mu+1}$ （$\mu \neq -1$）；

（4）$\displaystyle\int \frac{1}{x} f(\ln x)\,\mathrm{d}x = \int f(\ln x)\,\mathrm{d}\ln x$；

（5）$\displaystyle\int \frac{1}{1+x^2} f(\arctan x)\,\mathrm{d}x = \int f(\arctan x)\,\mathrm{d}\arctan x$；

（6）$\displaystyle\int \frac{1}{\sqrt{1-x^2}} f(\arcsin x)\,\mathrm{d}x = \int f(\arcsin x)\,\mathrm{d}\arcsin x$；

（7）$\displaystyle\int \mathrm{e}^x f(\mathrm{e}^x)\,\mathrm{d}x = \int f(\mathrm{e}^x)\,\mathrm{d}\mathrm{e}^x$；

（8）$\displaystyle\int \sin x f(\cos x)\,\mathrm{d}x = -\int f(\cos x)\,\mathrm{d}\cos x$；

（9） $\displaystyle\int \cos x f(\sin x)\mathrm{d}x = \int f(\sin x)\mathrm{d}\sin x$；

（10） $\displaystyle\int \sec^2 x f(\tan x)\mathrm{d}x = \int f(\tan x)\mathrm{d}\tan x$；

（11） $\displaystyle\int \csc^2 x f(\cot x)\mathrm{d}x = -\int f(\cot x)\mathrm{d}\cot x$；

（12） $\displaystyle\int f'(x)g[f(x)]\mathrm{d}x = \int g[f(x)]\mathrm{d}f(x)$．

第二类换元积分法：设 $x = \varphi(t)$ 是单调可导函数，且 $\varphi'(t) \neq 0$，$\displaystyle\int f[\varphi(t)]\varphi'(t)\mathrm{d}t = \varPhi(t) + C$，则

$$\int f(x)\mathrm{d}x = \int f[\varphi(t)]\varphi'(t)\mathrm{d}t = \varPhi(t) + C = \varPhi[\varphi^{-1}(x)] + C.$$

应用第二类换元法求不定积分的步骤为：

$$\int f(x)\mathrm{d}x \xrightarrow[x=\varphi(t)]{\text{换元}} \int f[\varphi(t)]\varphi'(t)\mathrm{d}t$$

$$= \int g(t)\mathrm{d}t \xrightarrow[\text{性质与凑微分求}]{\text{能用基本公式}} \varPhi(t) + C$$

$$\xrightarrow[t=\varphi^{-1}(x)]{\text{还原}} \varPhi[\varphi^{-1}(x)] + C.$$

第二类换元法主要有根代换和三角代换.

若被积函数包含：

（1） $\sqrt{\dfrac{ax+b}{cx+d}}$， 令 $\sqrt{\dfrac{ax+b}{cx+d}} = t$；

（2） $\sqrt{\mathrm{e}^x + a}$， 令 $\sqrt{\mathrm{e}^x + a} = t$；

（3） $(a^2 - x^2)^\alpha$， 令 $x = a\sin x$；

（4） $(a^2 + x^2)^\beta$， 令 $x = a\tan x$；

（5） $(x^2 - a^2)^\gamma$， 令 $x = a\sec x$．

4．分部积分法关键是选 u

$$\int f(x)\mathrm{d}x \xrightarrow[\text{其余的凑微分}]{\text{选作}u\text{的不动}} \int u\,\mathrm{d}v = uv - \int v\,\mathrm{d}u = uv - \int u'v\,\mathrm{d}x.$$

选 u 的口诀：指多弦多只选多，反多对多不选多，指弦同在可任选，一旦选中要固定．

其中：指是指数函数，多是多项式，弦是正弦、余弦，反是反三角函数，对是对数函数．

5．简单有理函数的积分与积分表的使用

会求简单有理函数和三角函数有理式的积分，但应该尽量用简便求法．

通常不定积分的计算比较灵活，计算量较大，为此，把一些常用的积分公式汇集在一起，组成一个积分表，以备查找.

复习题 4

1. 用适当的方法求下列不定积分.

(1) $\int x\sqrt{2-3x^2}\,\mathrm{d}x$；

(2) $\int \dfrac{2-\ln x}{x}\mathrm{d}x$；

(3) $\int x^2\mathrm{e}^{-2x}\,\mathrm{d}x$；

(4) $\int x\cos 2x\,\mathrm{d}x$；

(5) $\int x\sec^2 x\,\mathrm{d}x$；

(6) $\int \ln^2 x\,\mathrm{d}x$；

(7) $\int \dfrac{1}{\mathrm{e}^x-\mathrm{e}^{-x}}\mathrm{d}x$；

(8) $\int \dfrac{\sec^2 x}{1+\tan x}\mathrm{d}x$；

(9) $\int \dfrac{\mathrm{d}x}{\sin^2 x\cos^2 x}$；

(10) $\int \dfrac{\mathrm{d}x}{x^4-1}$；

(11) $\int \sqrt{\dfrac{1+x}{1-x}}\mathrm{d}x$；

(12) $\int \cos^2 x\sin^3 x\,\mathrm{d}x$；

(13) $\int \dfrac{\mathrm{d}x}{\sqrt{x+1}+\sqrt{x-1}}$；

(14) $\int \dfrac{1}{x}\sqrt{\dfrac{1+x}{x}}\mathrm{d}x$；

(15) $\int \dfrac{x}{(1-x)^3}\mathrm{d}x$；

(16) $\int \dfrac{\sin x\cos x}{1+\sin^4 x}\mathrm{d}x$；

(17) $\int \dfrac{1}{\sqrt{1+\mathrm{e}^x}}\mathrm{d}x$；

(18) $\int \ln(x+\sqrt{a^2+x^2})\mathrm{d}x$；

(19) $\int \dfrac{\mathrm{d}x}{\sqrt{x}(1+x)}$；

(20) $\int \dfrac{\ln(1+\mathrm{e}^x)}{\mathrm{e}^x}\mathrm{d}x$；

(21) $\int \dfrac{\ln x}{x^3}\mathrm{d}x$；

(22) $\int \dfrac{\mathrm{d}x}{x\sqrt{1-\ln^2 x}}$；

(23) $\int x^3\sqrt[5]{1-3x^4}\,\mathrm{d}x$；

(24) $\int \dfrac{\mathrm{e}^{\arctan x}}{1+x^2}\mathrm{d}x$；

(25) $\int \ln(1+x^2)\mathrm{d}x$；

(26) $\int \dfrac{\cos^2 x}{\sin x}\mathrm{d}x$；

(27) $\int \mathrm{e}^x\sin 2x\,\mathrm{d}x$；

(28) $\int \dfrac{1}{x^2}\sec^2\dfrac{1}{x}\mathrm{d}x$；

(29) $\int \sin\sqrt{x}\,\mathrm{d}x$；

(30) $\int \dfrac{\mathrm{d}x}{1+\cos x}$；

(31) $\int \dfrac{\mathrm{d}x}{x\sqrt{1+2\ln x}}$；

(32) $\int \mathrm{e}^{\sqrt{x}}\,\mathrm{d}x$；

(33) $\int \dfrac{\sqrt{1-2\ln x}}{x}\mathrm{d}x$；

(34) $\int x\mathrm{e}^{-x}\,\mathrm{d}x$；

（35）$\int \dfrac{\mathrm{d}x}{1+\sqrt[3]{x+2}}$ ；

（36）$\int \dfrac{1}{\sqrt{x}+\sqrt[4]{x}}\mathrm{d}x$ ；

（37）$\int \dfrac{\mathrm{d}x}{4x^2+4x+5}$ ；

（38）$\int x\ln x\mathrm{d}x$ ；

（39）$\int \dfrac{\arcsin\sqrt{x}}{\sqrt{x}}\mathrm{d}x$ ；

（40）$\int \ln x\mathrm{d}x$ ；

（41）$\int x^3\cos x^2\mathrm{d}x$ ；

（42）$\int \arctan x\mathrm{d}x$ ；

（43）$\int \dfrac{x\mathrm{e}^x}{(\mathrm{e}^x+1)^2}\mathrm{d}x$ ；

（44）$\int \dfrac{x+\sin x}{1+\cos x}\mathrm{d}x$.

2．设 $f(x)$ 有连续的导数，求 $\int\left[f(x)+xf'(x)\right]\mathrm{d}x$.

3．利用积分表求下列积分.

（1）$\int \sqrt{16-3x^2}\,\mathrm{d}x$ ；

（2）$\int \mathrm{e}^{-2x}\sin 3x\mathrm{d}x$ ；

（3）$\int \dfrac{\mathrm{d}x}{2+5\cos x}$ ；

（4）$\int \ln^3 x\mathrm{d}x$.

自测题 4

1．填空题.

（1）若 $\int f(x)\mathrm{d}x=F(x)+C$ ，则 $\int xf(x^2)\mathrm{d}x=$ _____ ；

（2）若 $\int f(x)\mathrm{d}x=\mathrm{e}^{-x^2}+C$ ，则 $f(x)=$ _____ ；

（3）若 $\int f(x)\mathrm{d}x=\arctan\mathrm{e}^x+C$ ，则 $f(x)=$ _____ ；

（4）$\int \dfrac{\mathrm{e}^{\sqrt{x}}}{\sqrt{x}}\mathrm{d}x=$ _____ ；

（5）$\int x\sin x\mathrm{d}x=$ _____ ；

（6）若 $f(x)$ 的一个原函数为 $\dfrac{\sin x}{x}$ ，则 $\int xf'(x)\mathrm{d}x=$ _____ ；

（7）$\int \ln x\mathrm{d}x=$ _____ ；

（8）$\int x\sin x\cos x\mathrm{d}x=$ _____ ；

（9）若 $\int xf(x)\mathrm{d}x=x^2\mathrm{e}^x+C$ ，则 $\int \dfrac{\mathrm{e}^x}{f(x)}\mathrm{d}x=$ _____ ；

（10）$\int \dfrac{f'(\ln x)}{x\sqrt{f(\ln x)}}\mathrm{d}x=$ _____ .

2. 单选题.

（1）若 $f(x)$ 的一个原函数为 $\ln x$ ，则 $f'(x) = （\quad）$.

  A. $x\ln x$ B. $\ln x$

  C. $\dfrac{1}{x}$ D. $-\dfrac{1}{x^2}$

（2）如果 $f'(x)$ 存在，则 $\left[\displaystyle\int \mathrm{d}f(x)\right]' = （\quad）$.

  A. $f(x)$ B. $f'(x)$

  C. $f(x)+C$ D. $f'(x)+C$

（3）$\sqrt{x}$ 是（ ）的一个原函数.

  A. $\dfrac{1}{\sqrt{x}}$ B. $2\sqrt{x}$

  C. $\dfrac{1}{2\sqrt{x}}$ D. $\sqrt{x^3}$

（4）下列等式中正确的是（ ）.

  A. $\mathrm{d}\left[\displaystyle\int f(x)\mathrm{d}x\right]=f(x)$ B. $\dfrac{\mathrm{d}}{\mathrm{d}x}\left[\displaystyle\int f(x)\mathrm{d}x\right]=f(x)\mathrm{d}x$

  C. $\displaystyle\int \mathrm{d}f(x)=f(x)$ D. $\displaystyle\int \mathrm{d}f(x)=f(x)+C$

（5）设 $f(x)=\mathrm{e}^{-x}$ ，则 $\displaystyle\int \dfrac{f(\ln x)}{x}\mathrm{d}x = （\quad）$.

  A. $\dfrac{1}{x}+C$ B. $\ln x+C$

  C. $-\dfrac{1}{x}+C$ D. $-\ln x+C$

（6）$\displaystyle\int \mathrm{e}^x\left(1-\dfrac{\mathrm{e}^{-x}}{\sqrt{x}}\right)\mathrm{d}x = （\quad）$.

  A. $\mathrm{e}^x-\sqrt{x}+C$ B. $\mathrm{e}^{-x}-2\sqrt{x}+C$

  C. $\mathrm{e}^x-2\sqrt{x}+C$ D. $\mathrm{e}^x-2\sqrt{x}$

（7）$\displaystyle\int 3^x\mathrm{e}^x\mathrm{d}x = （\quad）$.

  A. $3^x\mathrm{e}^x+C$ B. $\dfrac{3^x\mathrm{e}^x}{\ln 3}+C$

  C. $\dfrac{3^x\mathrm{e}^x}{\ln 3+1}+C$ D. $(\ln 3+1)3^x\mathrm{e}^x+C$

（8）$\displaystyle\int f(x)\mathrm{d}x = \mathrm{e}^x\cos 2x+C$ ，则 $f(x) = （\quad）$.

  A. $\mathrm{e}^x(\cos 2x-2\sin 2x)$ B. $\mathrm{e}^x(\cos 2x-2\sin 2x)+C$

  C. $\mathrm{e}^x\cos 2x$ D. $-\mathrm{e}^x\sin 2x$

3．计算下列不定积分．

（1） $\displaystyle\int \frac{x}{\sqrt{2-3x^2}}\mathrm{d}x$ ；

（2） $\displaystyle\int \frac{\sqrt{2-\ln x}}{x}\mathrm{d}x$ ；

（3） $\displaystyle\int x\cos(1+4x^2)\mathrm{d}x$ ；

（4） $\displaystyle\int \frac{1}{x(1+x^2)}\mathrm{d}x$ ；

（5） $\displaystyle\int \mathrm{e}^{\sqrt{x}}\,\mathrm{d}x$ ；

（6） $\displaystyle\int x^2\ln x\mathrm{d}x$ ；

（7） $\displaystyle\int x\mathrm{e}^{-2x}\,\mathrm{d}x$ ；

（8） $\displaystyle\int x\cos 2x\mathrm{d}x$ ；

（9） $\displaystyle\int x\sec^2 x\mathrm{d}x$ ；

（10） $\displaystyle\int \ln^2 x\mathrm{d}x$ ；

（11） $\displaystyle\int \frac{1}{\sqrt{x}+\sqrt[4]{x}}\mathrm{d}x$ ；

（12） $\displaystyle\int x\arctan x\mathrm{d}x$ ．

第 5 章　定积分

本章学习目标

- 理解定积分的概念和几何意义
- 理解定积分的性质
- 熟练掌握和应用牛顿—莱布尼兹公式
- 熟练掌握定积分的计算方法
- 了解无限区间上广义积分的定义和计算

5.1　定积分的概念与性质

5.1.1　引出定积分概念的实例

例 1　曲边梯形的面积.

由曲线 $y = f(x)$（$f(x) \geqslant 0$），x 轴以及直线 $x = a$，$x = b$ 所围成的平面图形称为曲边梯形（如图 5.1 所示），现在计算它的面积 A.

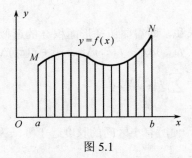

图 5.1

对于一般的曲边梯形，其高度 $f(x)$ 在 $[a,b]$ 上是变化的，因而不能直接按矩形面积公式来计算. 然而，由于 $f(x)$ 在 $[a,b]$ 上是连续变化的，在很小的一段区间上它的变化很小，因此，如果通过分割曲边梯形的底边 $[a,b]$ 将整个曲边梯形分成若干个小曲边梯形，用每一个小矩形的面积来近似代替小曲边梯形的面积. 将所有的小矩形面积求和，就是曲边梯形面积 A 的近似值，显然，底边 $[a,b]$ 分割得越细，近似程度就越高，因此，无限地细分区间 $[a,b]$，使每个小区间的长度趋于零，面积的近似值就趋近于精确值.

根据上面的分析，曲边梯形的面积可按如下四步计算：

（1）分割.

把区间 $[a,b]$ 任意分成 n 个小区间（如图 5.2 所示），则分点 x_n 的取值范围为

$$a = x_0 < x_1 < \cdots < x_{n-1} < x_n = b,$$

于是每个小区间的长度为

$$\Delta x_i = x_i - x_{i-1} \quad (i = 1, 2, \cdots, n),$$

相应地，把曲边梯形分成 n 个小曲边梯形，设它们的面积为 ΔA_i （$i = 1, 2, \cdots, n$）.

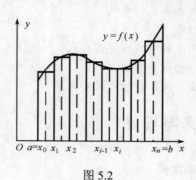

图 5.2

（2）近似代替.

对于第 i 个小曲边梯形，在其底边 $x_{i-1} x_i$ 上任取一点 ξ_i，以 $[x_{i-1}, x_i]$ 为底，以 $f(\xi_i)$ 为高的矩形，用其面积近似代替小曲边梯形的面积 ΔA_i，则

$$\Delta A_i \approx f(\xi_i) \Delta x_i \quad (i = 1, 2, \cdots, n).$$

（3）求和.

将所有小矩形面积求和，即得曲边梯形面积 A 的近似值，即

$$A \approx f(\xi_1)\Delta x_1 + f(\xi_2)\Delta x_2 + \cdots + f(\xi_n)\Delta x_n$$

$$= \sum_{i=1}^{n} f(\xi_i)\Delta x_i.$$

（4）取极限.

无限细分区间 $[a,b]$，使所有小区间的长度趋于零. 为此记 $\lambda = \max\limits_{1 \leqslant i \leqslant n}\{\Delta x_i\}$，当 $\lambda \to 0$ 时，和式 $\sum\limits_{i=1}^{n} f(\xi_i)\Delta x_i$ 的极限便是曲边梯形的面积 A，即

$$A = \lim_{\lambda \to 0} \sum_{i=1}^{n} f(\xi_i)\Delta x_i.$$

例 2　变速直线运动的路程.

设某物体作直线运动，其速度 $v = v(t)$ 是时间间隔 $[a,b]$ 上的连续函数，且 $v(t)$

$\geqslant 0$，求在这段时间内物体经过的路程 s.

对于匀速直线运动，即 $v(t)$ 为常数，立即可得：路程=速度×时间.

但现在速度不是常量而是随时间变化的变量，因此，路程不能按上述公式计算，然而，由于速度是连续变化的，在较短的时间内变化不大，运动近似于匀速，可仿照上例将时间间隔 $[a,b]$ 分割，在每一小段时间内，用匀速运动近似代替变速运动，求出路程的近似值，通过取极限，算出所求路程. 具体计算步骤如下：

（1）分割.

任意分割 $[a,b]$ 为 n 个小区间，设分点为
$$a = t_0 < t_1 < \cdots < t_{n-1} < t_n = b ,$$
每个小区间的长度为
$$\Delta t_i = t_i - t_{i-1} \quad (i = 1, 2, \cdots, n),$$
设物体在第 i 个时间间隔 $[t_{i-1}, t_i]$ 内所走的路程为 $\Delta s_i (i = 1, 2, \cdots, n)$.

（2）近似代替.

在第 i 个时间间隔 $[t_{i-1}, t_i]$ 上任取一时刻 ξ_i，以速度 $v(\xi_i)$ 代替时间 $[t_{i-1}, t_i]$ 上各个时刻的速度，则有
$$\Delta s_i \approx v(\xi_i)\Delta t_i \quad (i = 1, 2, \cdots, n).$$

（3）求和.

将所有这些近似值求和，得到总路程 s 的近似值，即
$$s \approx \sum_{i=1}^{n} v(\xi_i)\Delta t_i .$$

（4）取极限.

对时间间隔 $[a,b]$ 分得越细，误差就越小. 于是记 $\lambda = \max_{1 \leqslant i \leqslant n}\{\Delta t_i\}$，当 $\lambda \to 0$ 时，和式 $\sum_{i=1}^{n} v(\xi_i)\Delta t_i$ 的极限便是所求的路程 s，即
$$s = \lim_{\lambda \to 0} \sum_{i=1}^{n} v(\xi_i)\Delta t_i .$$

5.1.2　定积分的概念

定义 1　设函数 $f(x)$ 在区间 $[a,b]$ 上有界，任意用分点
$$a = x_0 < x_1 < \cdots < x_{n-1} < x_n = b$$
把区间 $[a,b]$ 分成 n 个小区间，每个小区间的长度为 $\Delta x_i = x_i - x_{i-1}(i = 1, 2, \cdots, n)$，在每个小区间 $[x_{i-1}, x_i]$ 上任取一点 ξ_i（$x_{i-1} \leqslant \xi_i \leqslant x_i$）作和式
$$\sum_{i=1}^{n} f(\xi_i)\Delta x_i ,$$
记 $\lambda = \max_{1 \leqslant i \leqslant n}\{\Delta x_i\}$，如果当 $\lambda \to 0$ 时，上述和式的极限存在，则称函数 $f(x)$ 在区间

$[a,b]$ 上可积，并称此极限值为 $f(x)$ 在区间 $[a,b]$ 上的定积分，记为 $\int_a^b f(x)\mathrm{d}x$ ，即

$$\int_a^b f(x)\mathrm{d}x = \lim_{\lambda \to 0}\sum_{i=1}^n f(\xi_i)\Delta x_i .$$

其中 $f(x)$ 称为被积函数，$f(x)\mathrm{d}x$ 称为被积表达式，x 称为积分变量，" $\int$ " 称为积分号，区间 $[a,b]$ 称为积分区间，a 与 b 分别称为积分下限与积分上限.

根据定积分的定义，前面所举的两例中，曲边梯形的面积 A 是函数 $y = f(x)$ （ $f(x) \geqslant 0$ ）在 $[a,b]$ 上的定积分：$A = \int_a^b f(x)\mathrm{d}x$ ；变速直线运动的路程 s 是速度函数 $v(t)$ （ $v(t) \geqslant 0$ ）在时间间隔 $[a,b]$ 上的定积分：$s = \int_a^b v(t)\mathrm{d}t$.

关于定积分的定义，有以下几点说明：

（1）函数 $f(x)$ 在 $[a,b]$ 上可积，是指积分 $\int_a^b f(x)\mathrm{d}x$ 存在，无论区间 $[a,b]$ 如何划分及点 ξ_i 如何选取，当 $\lambda \to 0$ 时，和式 $\sum_{i=1}^n f(\xi_i)\Delta x_i$ 的极限值都唯一存在. 如果该极限不存在，则说函数 $f(x)$ 在 $[a,b]$ 上不可积. 可以证明：若函数 $f(x)$ 在 $[a,b]$ 上连续，或只有有限个第一类间断点，则函数 $f(x)$ 在 $[a,b]$ 上可积.

（2）定积分表示一个数值，只取决于被积函数和积分区间，与积分变量用何字母表示无关，即

$$\int_a^b f(x)\mathrm{d}x = \int_a^b f(u)\mathrm{d}u = \int_a^b f(t)\mathrm{d}t .$$

（3）在定义中曾假定 $a < b$ ，为今后运用方便规定：

① $\int_a^b f(x)\mathrm{d}x = -\int_b^a f(x)\mathrm{d}x$ ；

② $\int_a^a f(x)\mathrm{d}x = 0$.

5.1.3 定积分的几何意义

由例 1 及定积分的定义可知，当 $f(x) \geqslant 0$ 时，定积分 $\int_a^b f(x)\mathrm{d}x$ 表示由曲线 $y = f(x)$ ，直线 $x = a$, $x = b$ 与 x 轴所围成的曲边梯形的面积 A ，即

$$\int_a^b f(x)\mathrm{d}x = A .$$

当 $f(x) \leqslant 0$ 时，曲边梯形位于 x 轴的下方，若曲边梯形的面积为 A ，则 $\int_a^b f(x)\mathrm{d}x$ 等于曲边梯形面积的负值，即 $\int_a^b f(x)\mathrm{d}x = -A$.

一般地，当 $f(x)$ 在 $[a,b]$ 上的值有正有负时，定积分 $\int_a^b f(x)\mathrm{d}x$ 在几何上表示曲线 $y=f(x)$，直线 $x=a$，$x=b$ 及 x 轴所围成的图形的面积的代数和. 例如，对于图 5.3，此时

$$\int_a^b f(x)\mathrm{d}x = (A_1+A_3)-(A_2+A_4)$$
$$= A_1-A_2+A_3-A_4 .$$

曲线 $y=f(x)$，直线 $x=a$，$x=b$ 及 x 轴所围成的图形的面积为

$$A = \int_a^b |f(x)|\mathrm{d}x .$$

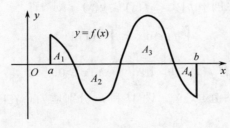

图 5.3

5.1.4　定积分的基本性质

在下列性质中，假设 $f(x)$ 和 $g(x)$ 均可积.

性质1　两个函数代数和（差）的定积分等于它们定积分的代数和（差），即

$$\int_a^b [f(x)\pm g(x)]\mathrm{d}x = \int_a^b f(x)\mathrm{d}x \pm \int_a^b g(x)\mathrm{d}x .$$

此性质可推广到有限多个函数和（差）的情形.

性质2　被积函数的常数因子可以提到积分号外，即

$$\int_a^b kf(x)\mathrm{d}x = k\int_a^b f(x)\mathrm{d}x \quad （k\text{ 是常数}）.$$

性质3　如果将积分区间分成两部分，则在整个区间上的定积分等于这两部分区间上定积分之和，即设 $a<c<b$，则

$$\int_a^b f(x)\mathrm{d}x = \int_a^c f(x)\mathrm{d}x + \int_c^b f(x)\mathrm{d}x .$$

这个性质说明定积分对积分区间具有可加性.

另外，不论 a,b,c 相对位置如何，只要 $f(x)$ 在相应区间上可积，总有上式成立.

例如，当 $a<b<c$ 时，由于

$$\int_a^c f(x)\mathrm{d}x = \int_a^b f(x)\mathrm{d}x + \int_b^c f(x)\mathrm{d}x,$$

故有

$$\int_a^b f(x)\mathrm{d}x = \int_a^c f(x)\mathrm{d}x - \int_b^c f(x)\mathrm{d}x$$

$$= \int_a^c f(x)\mathrm{d}x + \int_c^b f(x)\mathrm{d}x.$$

性质 4　如果在区间 $[a,b]$ 上，$f(x)=1$，则

$$\int_a^b 1\mathrm{d}x = \int_a^b \mathrm{d}x = b-a.$$

性质 5　如果在区间 $[a,b]$ 上，$f(x) \geqslant g(x)$，则

$$\int_a^b f(x)\mathrm{d}x \geqslant \int_a^b g(x)\mathrm{d}x,$$

特别地，在 $[a,b]$ 上，若 $f(x) \geqslant 0$，则 $\int_a^b f(x)\mathrm{d}x \geqslant 0$.

性质 6（定积分估值定理）　设 M 和 m 分别是 $f(x)$ 在区间 $[a,b]$ 上的最大值与最小值，则

$$m(b-a) \leqslant \int_a^b f(x)\mathrm{d}x \leqslant M(b-a).$$

证　因为 $m \leqslant f(x) \leqslant M$，所以

$$\int_a^b m\mathrm{d}x \leqslant \int_a^b f(x)\mathrm{d}x \leqslant \int_a^b M\mathrm{d}x.$$

再由性质 2 及性质 4，即得

$$m(b-a) \leqslant \int_a^b f(x)\mathrm{d}x \leqslant M(b-a).$$

这个性质可用来估计定积分值的大致范围.

例 3　估计定积分 $\int_{-1}^1 \mathrm{e}^{-x^2}\mathrm{d}x$ 的值.

解　先求 $f(x)=\mathrm{e}^{-x^2}$ 在 $[-1,1]$ 上的最大值与最小值.

由 $f'(x) = -2x\mathrm{e}^{-x^2}$，令 $f'(x)=0$ 得驻点 $x=0$，比较函数在驻点及区间端点处的值

$$f(0)=1,\ f(\pm 1)=\mathrm{e}^{-1}=\frac{1}{\mathrm{e}},$$

故在 $[-1,1]$ 上，$f(x)=\mathrm{e}^{-x^2}$ 的最大值 $M=f(0)=1$，最小值 $m=f(\pm 1)=\frac{1}{\mathrm{e}}$，于是

$$\frac{2}{\mathrm{e}} \leqslant \int_{-1}^1 \mathrm{e}^{-x^2}\mathrm{d}x \leqslant 2.$$

性质7（积分中值定理）　如果 $f(x)$ 在 $[a,b]$ 上连续，则在区间 $[a,b]$ 上至少存在一点 ξ，使得

$$\int_a^b f(x)\mathrm{d}x = f(\xi)(b-a).$$

证　将性质6中不等式除以 $(b-a)$，得

$$m \leqslant \frac{1}{b-a}\int_a^b f(x)\mathrm{d}x \leqslant M.$$

由于 $f(x)$ 在 $[a,b]$ 上连续，由介值定理知，在 $[a,b]$ 上至少存在一点 ξ，使

$$\frac{1}{b-a}\int_a^b f(x)\mathrm{d}x = f(\xi).$$

两端同乘以 $(b-a)$，即得所要证的等式.

积分中值定理的几何意义是，在 $[a,b]$ 上至少存在一点 ξ 使得以区间 $[a,b]$ 为底边、以曲线 $y=f(x)$ 为曲边的曲边梯形的面积等于同底边而高为 $f(\xi)$ 的矩形面积（如图 5.4 所示）.

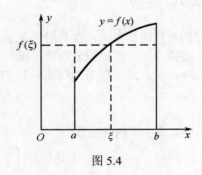

图 5.4

由几何意义可以看出，数值 $\dfrac{1}{b-a}\int_a^b f(x)\mathrm{d}x$ 表示连续曲线 $y=f(x)$ 在 $[a,b]$ 上的平均高度，即函数 $f(x)$ 在 $[a,b]$ 上的平均值，这是有限个数算术平均值概念的推广，所以应用定积分才有可能求出连续函数在闭区间上的平均值.

习题 5.1

1. 一曲边梯形由曲线 $y=2x^2+3$，x 轴及 $x=-1$，$x=2$ 所围成，试列出用定积分表示该曲边梯形的面积的表达式.

2. 一物体以速度 $v(t)=\dfrac{1}{2}t+3$ 作直线运动，试列出在时间间隔 $[0,3]$ 内该物体所走过的路程 s 表示为定积分的表达式.

3. 利用定积分的几何意义，计算下列定积分.

（1）$\displaystyle\int_0^1 2x\mathrm{d}x$；

（2）$\displaystyle\int_0^a \sqrt{a^2-x^2}\,\mathrm{d}x$；

（3）$\int_a^b k\,\mathrm{d}x$；　　　　　　　　（4）$\int_{-2}^2 x\,\mathrm{d}x$.

4. 设 $f(x)$ 是 $[a,b]$ 上的单调增加的有界函数，证明：

$$f(a)(b-a) \leqslant \int_a^b f(x)\mathrm{d}x \leqslant f(b)(b-a).$$

5. 比较下列定积分的大小.

（1）$\int_0^1 x^2\,\mathrm{d}x$ 与 $\int_0^1 x^3\,\mathrm{d}x$；　　（2）$\int_1^2 x^2\,\mathrm{d}x$ 与 $\int_1^2 x^3\,\mathrm{d}x$；

（3）$\int_0^1 x\,\mathrm{d}x$ 与 $\int_0^1 \ln(1+x)\,\mathrm{d}x$；　　（4）$\int_0^1 e^x\,\mathrm{d}x$ 与 $\int_0^1 (1+x)\,\mathrm{d}x$.

6. 估计下列定积分的值.

（1）$\int_2^5 (x^2+4)\,\mathrm{d}x$；　　　　　（2）$\int_{\frac{\pi}{4}}^{\frac{5\pi}{4}} \sqrt{1+\sin^2 x}\,\mathrm{d}x$.

5.2　定积分基本公式

定积分作为一种特定的和式的极限，直接利用定义来计算是很困难的，有时甚至是不可能的. 因此，必须寻求计算定积分的简便而有效的方法，这就是牛顿—莱布尼兹（Newton－Leibniz）公式或称为微积分基本定理.

5.2.1　变上限的定积分

我们先来介绍一类函数，变上限积分函数.

设函数 $f(x)$ 在 $[a,b]$ 上连续，$x\in[a,b]$，于是积分 $\int_a^b f(x)\mathrm{d}x$ 是一个定数，这种写法有一个不方便之处，就是 x 既表示积分上限，又表示积分变量. 为避免混淆，利用定积分的性质，把积分变量改写为 t，于是这个积分就写成了 $\int_a^x f(t)\mathrm{d}t$.

显然，当 x 在 $[a,b]$ 上变动时，对应每一个 x 值，积分 $\int_a^x f(t)\mathrm{d}t$ 就有一个确定的值，因此 $\int_a^x f(t)\mathrm{d}t$ 是变上限 x 的一个函数，记作 $\Phi(x)$：

$$\Phi(x) = \int_a^x f(t)\mathrm{d}t \quad (a\leqslant x\leqslant b).$$

通常称函数 $\Phi(x)$ 为变上限积分函数或变上限定积分. 对于变上限积分函数，有如下定理：

定理 1　设函数 $f(x)$ 在 $[a,b]$ 上连续，则函数 $\Phi(x) = \int_a^x f(t)\mathrm{d}t\,(x\in[a,b])$ 可导，且

$$\Phi'(x) = \frac{\mathrm{d}}{\mathrm{d}x} \int_a^x f(t)\,\mathrm{d}t = f(x) \quad (a \leqslant x \leqslant b). \tag{5.2.1}$$

证 对于函数 $\Phi(x)$ ，当自变量 x 取得增量 Δx 时，相应地，函数有增量

$$\Delta\Phi = \Phi(x+\Delta x) - \Phi(x) = \int_a^{x+\Delta x} f(t)\,\mathrm{d}t - \int_a^x f(t)\,\mathrm{d}t$$

$$= \int_a^x f(t)\,\mathrm{d}t + \int_x^{x+\Delta x} f(t)\,\mathrm{d}t - \int_a^x f(t)\,\mathrm{d}t = \int_x^{x+\Delta x} f(t)\,\mathrm{d}t.$$

由积分中值定理，可得

$$\Delta\Phi = \int_x^{x+\Delta x} f(t)\,\mathrm{d}t = f(\xi)\Delta x,$$

其中 ξ 介于 x 与 $x+\Delta x$ 之间，于是

$$\frac{\Delta\Phi}{\Delta x} = f(\xi).$$

当 $\Delta x \to 0$ 时，$\xi \to x$. 又由函数 $f(x)$ 的连续性，得

$$\Phi'(x) = \lim_{\Delta x \to 0} \frac{\Delta\Phi}{\Delta x} = \lim_{\xi \to x} f(\xi) = f(x).$$

定理 1 表明了微分与积分的内在联系. 也表明了连续函数的原函数一定存在. 这样就解决了上一章留下来的原函数的存在问题.

例 1 设 $\Phi(x) = \int_0^x \sin 2t^2\,\mathrm{d}t$ ，求 $\Phi'(x)$.

解 由（5.2.1）式可得 $\Phi'(x) = \sin 2x^2$.

利用定积分的性质与复合函数的求导法则，可以证明有以下结论：

$$\frac{\mathrm{d}}{\mathrm{d}x} \int_x^b f(t)\,\mathrm{d}t = -f(x);$$

$$\frac{\mathrm{d}}{\mathrm{d}x} \int_a^{\varphi(x)} f(t)\,\mathrm{d}t = f[\varphi(x)]\varphi'(x);$$

$$\frac{\mathrm{d}}{\mathrm{d}x} \int_{\varphi_1(x)}^{\varphi_2(x)} f(t)\,\mathrm{d}t = f[\varphi_2(x)]\varphi_2'(x) - f[\varphi_1(x)]\varphi_1'(x).$$

其中 $f(x)$ 在 $[a,b]$ 上连续，$\varphi(x)$、$\varphi_1(x)$、$\varphi_2(x)$ 在 $[a,b]$ 上有连续导数.

例 2 计算下列各导数.

（1）$\dfrac{\mathrm{d}}{\mathrm{d}x} \int_0^{x^2} \sqrt{1+t^2}\,\mathrm{d}t$ ；（2）$\dfrac{\mathrm{d}}{\mathrm{d}x} \int_{x^2}^{x^3} \dfrac{1}{\sqrt{1+t^2}}\,\mathrm{d}t$.

解 （1）$\dfrac{\mathrm{d}}{\mathrm{d}x} \int_0^{x^2} \sqrt{1+t^2}\,\mathrm{d}t = \sqrt{1+(x^2)^2} \cdot (x^2)' = 2x\sqrt{1+x^4}$；

（2）$\dfrac{\mathrm{d}}{\mathrm{d}x} \int_{x^2}^{x^3} \dfrac{1}{\sqrt{1+t^2}}\,\mathrm{d}t = \dfrac{3x^2}{\sqrt{1+x^6}} - \dfrac{2x}{\sqrt{1+x^4}}$.

例3 求极限 $\lim\limits_{x\to 0}\dfrac{\int_{\cos x}^{1}\mathrm{e}^{-t^2}\mathrm{d}t}{x^2}$.

解 这是一个 $\dfrac{0}{0}$ 型的未定式，我们利用洛必达法则来计算.

$$\lim_{x\to 0}\frac{\int_{\cos x}^{1}\mathrm{e}^{-t^2}\mathrm{d}t}{x^2}=\lim_{x\to 0}\frac{-\mathrm{e}^{-(\cos x)^2}\cdot(\cos x)'}{2x}$$

$$=\lim_{x\to 0}\frac{\mathrm{e}^{-(\cos x)^2}\cdot\sin x}{2x}=\frac{1}{2\mathrm{e}}.$$

例4 当 x 为何值时，函数 $\varPhi(x)=\int_0^x t\mathrm{e}^{-t^2}\mathrm{d}t$ 有极值?

解 函数的定义域为 $(-\infty,+\infty)$.

$\varPhi'(x)=x\mathrm{e}^{-x^2}$ ，令 $\varPhi'(x)=0$ ，得驻点 $x=0$.

当 $x<0$ 时，$\varPhi'(x)<0$ ；当 $x>0$ 时，$\varPhi'(x)>0$ ，所以，函数 $\varPhi(x)=\int_0^x t\mathrm{e}^{-t^2}\mathrm{d}t$ 在 $x=0$ 点取得极值，且取极小值 $\varPhi(0)=\int_0^0 t\mathrm{e}^{-t^2}\mathrm{d}t=0$.

5.2.2 微积分学基本定理

下面介绍利用原函数计算定积分的方法，这就是微积分学基本定理.

定理2 设函数 $f(x)$ 在 $[a,b]$ 上连续，如果 $F(x)$ 是 $f(x)$ 的一个原函数，则

$$\int_a^b f(x)\mathrm{d}x=F(b)-F(a). \tag{5.2.2}$$

证 因为 $f(x)$ 在 $[a,b]$ 上连续，由定理 1 知，$\varPhi(x)=\int_a^x f(t)\mathrm{d}t$ 也是 $f(x)$ 的一个原函数，因而与 $F(x)$ 相差一个常数，即

$$\int_a^x f(t)\mathrm{d}t-F(x)=C.$$

当 $x=a$ 时，

$$\int_a^a f(t)\mathrm{d}t=0，故 -F(a)=C，$$

上式成为

$$\int_a^x f(t)\mathrm{d}t=F(x)-F(a).$$

令 $x=b$ ，即得

$$\int_a^b f(t)\mathrm{d}t=F(b)-F(a)，$$

或 $$\int_a^b f(x)\,\mathrm{d}x = F(b) - F(a).$$

公式（5.2.2）也称为牛顿——莱布尼兹公式，它揭示了定积分与原函数之间的联系，指出了一个连续函数在某一区间上的定积分等于它的任何一个原函数在该区间上的增量，这样就把求定积分 $\int_a^b f(x)\,\mathrm{d}x$ 的问题转化为求 $f(x)$ 的原函数的问题，从而大大简化了定积分的计算，为了书写方便，在计算过程中用记号 $F(x)\big|_a^b$ 表示 $F(b) - F(a)$.

例 5 计算 $\int_1^2 x^2\,\mathrm{d}x$.

解 因为 $\left(\dfrac{1}{3}x^3\right)' = x^2$，所以由牛顿—莱布尼兹公式，得

$$\int_1^2 x^2\,\mathrm{d}x = \frac{1}{3}x^3\Big|_1^2 = \frac{1}{3}\times 2^3 - \frac{1}{3}\times 1^3 = \frac{7}{3}.$$

例 6 计算 $\int_0^{\frac{\pi}{3}} \cos x\,\mathrm{d}x$.

解 因为 $(\sin x)' = \cos x$，所以

$$\int_0^{\frac{\pi}{3}} \cos x\,\mathrm{d}x = \sin x\Big|_0^{\frac{\pi}{3}} = \frac{\sqrt{3}}{2}.$$

例 7 计算 $\int_0^1 \dfrac{1}{1+x^2}\,\mathrm{d}x$.

解 因为 $(\arctan x)' = \dfrac{1}{1+x^2}$，所以

$$\int_0^1 \frac{1}{1+x^2}\,\mathrm{d}x = \arctan x\Big|_0^1 = \frac{\pi}{4}.$$

对于定积分的计算，一般只需在求出不定积分的基础上，应用牛顿—莱布尼兹公式即可，有时还需用到积分的性质.

例 8 计算 $\int_{-2}^{-1} \dfrac{1}{x}\,\mathrm{d}x$.

解 $\displaystyle\int_{-2}^{-1} \frac{1}{x}\,\mathrm{d}x = \ln|x|\Big|_{-2}^{-1} = \ln 1 - \ln 2 = -\ln 2$.

例 9 计算由曲线 $y = \sin x$，x 轴和直线 $x = 0$，$x = 2\pi$ 围成的图形 A 的面积.

解 由定积分的几何意义，得

$$A = \int_0^{2\pi} |\sin x|\,\mathrm{d}x = \int_0^{\pi} \sin x\,\mathrm{d}x + \int_{\pi}^{2\pi} (-\sin x)\,\mathrm{d}x$$

$$= (-\cos x)\Big|_0^{\pi} + \cos x\Big|_{\pi}^{2\pi} = -\cos \pi + \cos 0 + \cos 2\pi - \cos \pi = 4.$$

例 10 一架飞机以 240 m/s 的速度开始着陆，着陆后又以等加速度 $a = -12$ m/s^2 滑行．问从飞机开始着陆到完全停止走了多少路程？

解 着陆后飞机的速度为

$$v(t) = v_0 + at = 240 - 12t，$$

当飞机停止时，速度 $v(t) = 0$，从而

$$v(t) = 240 - 12t = 0，$$

得 $t = 20$ s，于是飞机在这段时间内走过的路程为

$$s = \int_0^{20} (240 - 12t)\,\mathrm{d}t = (240t - 6t^2)\big|_0^{20}$$

$$= 2400 \quad （\text{m}）.$$

即飞机从开始着陆到完全停止走了 2400 m.

习题 5.2

1．求函数 $\Phi(x) = \int_1^x t\cos^2 t\,\mathrm{d}t$ 在点 $x = 1$，$x = \dfrac{\pi}{2}$，$x = \pi$ 处的导数.

2．设函数 $f(x)$ 在区间 $[a, b]$ 上连续，那么积分下限函数 $\int_x^b f(t)\,\mathrm{d}t$ 的导数等于什么？并求函数 $\int_x^{-1} \sqrt[3]{t}\ln(t^2 + 1)\,\mathrm{d}t$ 的导数.

3．计算下列定积分.

（1）$\displaystyle\int_1^3 x^3\,\mathrm{d}x$；

（2）$\displaystyle\int_{\frac{\sqrt{3}}{3}}^1 \frac{2}{1 + x^2}\,\mathrm{d}x$；

（3）$\displaystyle\int_4^9 \sqrt{x}(1 + \sqrt{x})\,\mathrm{d}x$；

（4）$\displaystyle\int_{-\frac{1}{2}}^{\frac{1}{2}} \frac{1}{\sqrt{1 - x^2}}\,\mathrm{d}x$；

（5）$\displaystyle\int_{\frac{\pi}{6}}^{\frac{\pi}{4}} \frac{1}{\sin^2 x}\,\mathrm{d}x$；

（6）$\displaystyle\int_0^2 |1 - x|\,\mathrm{d}x$；

（7）$\displaystyle\int_0^2 x\sqrt{x^3}\,\mathrm{d}x$；

（8）$\displaystyle\int_0^\pi \sqrt{\cos^2 x}\,\mathrm{d}x$；

（9）$\displaystyle\int_0^{\frac{\pi}{4}} \tan^2 x\,\mathrm{d}x$；

（10）$\displaystyle\int_0^1 \frac{x^2}{1 + x^2}\,\mathrm{d}x$；

（11）$\displaystyle\int_1^2 \frac{1}{x^2\left(1 + x^2\right)}\,\mathrm{d}x$；

（12）$\displaystyle\int_0^{2\pi} |\sin x|\,\mathrm{d}x$.

4．求函数 $y = x^3 + 3x^2 - 4$ 在区间 $[-1, 2]$ 上的平均值.

5．计算下列极限.

（1）$\displaystyle\lim_{x \to 0} \frac{\displaystyle\int_0^x \cos^2 t\,\mathrm{d}t}{x}$；

（2）$\displaystyle\lim_{x \to 0} \frac{\displaystyle\int_0^x \sqrt{1 + t^2}\,\mathrm{d}t}{x}$；

（3）$\displaystyle\lim_{x\to 0}\frac{\displaystyle\int_x^0 t^2\,\mathrm{d}t}{\displaystyle\int_0^x t(t+\sin t)\,\mathrm{d}t}$.

6. 设 $f(x)=\begin{cases} x^2, & 0\leqslant x<1, \\ x, & 1\leqslant x\leqslant 2, \end{cases}$ 求 $\Phi(x)=\displaystyle\int_0^x f(t)\,\mathrm{d}t$ 在 $[0,2]$ 上的表达式.

7. 设 $f(x)=\begin{cases} \dfrac{1}{2}\sin x, & 0\leqslant x\leqslant\pi, \\ 0, & x<0\text{ 或 }x>\pi, \end{cases}$ 求 $\Phi(x)=\displaystyle\int_0^x f(t)\,\mathrm{d}t$ 在 $(-\infty,+\infty)$ 内的表达式.

5.3 定积分的换元法和分部积分法

与不定积分的基本积分方法相对应，定积分也有换元法和分部积分法. 不定积分求出原函数后再加 C，定积分求出原函数后代入上下限作差.

5.3.1 定积分的换元积分法

定理 若函数 $f(x)$ 在区间 $[a,b]$ 上连续，而 $x=\varphi(t)$ 满足下列条件：

（1）在区间 $[\alpha,\beta]$ 或 $[\beta,\alpha]$ 上单值且有连续导数 $\varphi'(t)$；

（2）$\varphi(\alpha)=a$，$\varphi(\beta)=b$，且当 t 在 $[\alpha,\beta]$（或 $[\beta,\alpha]$）上变化时，$x=\varphi(t)$ 在 $[a,b]$ 上变化，则

$$\int_a^b f(x)\,\mathrm{d}x=\int_\alpha^\beta f[\varphi(t)]\varphi'(t)\,\mathrm{d}t.$$

上述条件是为了保证两端的被积函数在相应的区间上连续，从而可积. 在应用中，我们强调指出：换元必换限，原上限对新上限，原下限对新下限；不换元不换限；定积分的换元积分法可以对应不定积分的换元积分法.

用第一类换元法即凑微分法计算一些定积分时，一般可以不引入中间变量，只需将不定积分的结果 $F(x)$ 代入积分上下限作差即可.

设 $f(x)$ 与 $g(x)$ 在区间 $[a,b]$ 上连续，$\varphi(x)$ 在 $[a,b]$ 上连续可导，$\displaystyle\int f(x)\,\mathrm{d}x=F(x)+C$，

$$\int g(x)\,\mathrm{d}x=\int f[\varphi(x)]\,\mathrm{d}\varphi(x)=F[\varphi(x)]+C,$$

则 $$\int_a^b g(x)\,\mathrm{d}x=\int_a^b f[\varphi(x)]\,\mathrm{d}\varphi(x)=F[\varphi(x)]\Big|_a^b.$$

例1 计算 $\displaystyle\int_0^{\frac{\pi}{2}} 5\cos^4 x\sin x\,\mathrm{d}x$.

解 $\displaystyle\int_0^{\frac{\pi}{2}} 5\cos^4 x\sin x\,\mathrm{d}x=-\int_0^{\frac{\pi}{2}} 5\cos^4 x\,\mathrm{d}(\cos x)=-\cos^5 x\Big|_0^{\frac{\pi}{2}}=1.$

例2 计算 $\displaystyle\int_0^1 \frac{x}{\sqrt{1+x^2}}\mathrm{d}x$.

解 $\displaystyle\int_0^1 \frac{x}{\sqrt{1+x^2}}\mathrm{d}x = \frac{1}{2}\int_0^1 (1+x^2)^{-\frac{1}{2}}\mathrm{d}x^2 = (1+x^2)^{\frac{1}{2}}\Big|_0^1 = \sqrt{2}-1$

例3 计算 $\displaystyle\int_1^e \frac{1}{x(1+\ln x)}\mathrm{d}x$.

解 $\displaystyle\int_1^e \frac{1}{x(1+\ln x)}\mathrm{d}x = \int_1^e \frac{1}{1+\ln x}\mathrm{d}(1+\ln x)$

$$= \ln|1+\ln x|\ \Big|_1^e = \ln 2 .$$

例4 计算 $\displaystyle\int_0^\pi \sqrt{\sin x - \sin^3 x}\ \mathrm{d}x$.

解 $\displaystyle\int_0^\pi \sqrt{\sin x - \sin^3 x}\ \mathrm{d}x = \int_0^\pi \sqrt{\sin x(1-\sin^2 x)}\ \mathrm{d}x$

$$= \int_0^\pi \sin^{\frac{1}{2}} x |\cos x|\mathrm{d}x$$

$$= \int_0^{\frac{\pi}{2}} \sin^{\frac{1}{2}} x \cos x\,\mathrm{d}x - \int_{\frac{\pi}{2}}^\pi \sin^{\frac{1}{2}} x \cos x\,\mathrm{d}x$$

$$= \int_0^{\frac{\pi}{2}} \sin^{\frac{1}{2}} x\,\mathrm{d}(\sin x) - \int_{\frac{\pi}{2}}^\pi \sin^{\frac{1}{2}} x\,\mathrm{d}(\sin x)$$

$$= \frac{2}{3}\sin^{\frac{3}{2}} x\,\Big|_0^{\frac{\pi}{2}} - \frac{2}{3}\sin^{\frac{3}{2}} x\,\Big|_{\frac{\pi}{2}}^\pi = \frac{2}{3} - \left(-\frac{2}{3}\right) = \frac{4}{3}.$$

如果忽视 $\cos x$ 在 $\left[\dfrac{\pi}{2},\pi\right]$ 上非正，而按 $\sqrt{\sin x - \sin^3 x} = \sin^{\frac{1}{2}} x \cos x$ 计算，将导致错误.

用第二类换元法计算定积分时，由于引入了新的积分变量，因此必须"换元换限".

例5 计算 $\displaystyle\int_0^3 \frac{x}{\sqrt{1+x}}\mathrm{d}x$.

解 令 $\sqrt{1+x} = t$ ，则 $x = t^2 - 1$, $\mathrm{d}x = 2t\,\mathrm{d}t$ ，

当 $x=0$ 时， $t=1$ ，当 $x=3$ 时， $t=2$.

于是

$$\int_0^3 \frac{x}{\sqrt{1+x}}\mathrm{d}x = \int_1^2 \frac{t^2-1}{t}\cdot 2t\ \mathrm{d}t = 2\int_1^2 (t^2-1)\mathrm{d}t$$

$$= 2\left(\frac{1}{3}t^3 - t\right)\Big|_1^2 = 2\frac{2}{3} .$$

例6 计算 $\int_0^a \sqrt{a^2 - x^2}\,\mathrm{d}x$ $(a > 0)$.

解 令 $x = a\sin t$，则 $\mathrm{d}x = a\cos t\,\mathrm{d}t$，

当 $x = 0$ 时，$t = 0$，当 $x = a$ 时，$t = \dfrac{\pi}{2}$.

于是

$$\int_0^a \sqrt{a^2 - x^2}\,\mathrm{d}x = a^2 \int_0^{\frac{\pi}{2}} \cos^2 t\,\mathrm{d}t = \frac{a^2}{2}\int_0^{\frac{\pi}{2}}(1 + \cos 2t)\,\mathrm{d}t$$

$$= \frac{a^2}{2}\left(t + \frac{1}{2}\sin 2t\right)\Big|_0^{\frac{\pi}{2}} = \frac{\pi a^2}{4} .$$

例7 计算 $\int_0^{\ln 2} \sqrt{\mathrm{e}^x - 1}\,\mathrm{d}x$.

解 设 $\sqrt{\mathrm{e}^x - 1} = t$，则 $x = \ln(1 + t^2)$，$\mathrm{d}x = \dfrac{2t}{1 + t^2}\,\mathrm{d}t$，

当 $x = 0$ 时，$t = 0$，当 $x = \ln 2$ 时，$t = 1$.

于是

$$\int_0^{\ln 2} \sqrt{\mathrm{e}^x - 1}\,\mathrm{d}x = \int_0^1 \frac{2t^2}{1 + t^2}\,\mathrm{d}t = 2\int_0^1\left(1 - \frac{1}{1 + t^2}\right)\mathrm{d}t$$

$$= 2(t - \arctan t)\Big|_0^1 = 2 - \frac{\pi}{2} .$$

此外，利用定积分的换元积分法还可以证明一些定积分等式. 此时，关键是选择合适的变量代换.

例8 设 $f(x)$ 在 $[-a, a]$ 上连续，证明：

（1）若 $f(x)$ 为偶函数，则有 $\int_{-a}^a f(x)\,\mathrm{d}x = 2\int_0^a f(x)\,\mathrm{d}x$；

（2）若 $f(x)$ 为奇函数，则有 $\int_{-a}^a f(x)\,\mathrm{d}x = 0$.

证 $\int_{-a}^a f(x)\,\mathrm{d}x = \int_{-a}^0 f(x)\,\mathrm{d}x + \int_0^a f(x)\,\mathrm{d}x$，由积分 $\int_{-a}^0 f(x)\,\mathrm{d}x$ 得

$$\int_{-a}^0 f(x)\,\mathrm{d}x \xlongequal{x=-t} -\int_a^0 f(-t)\,\mathrm{d}t = \int_0^a f(-t)\,\mathrm{d}t$$

$$= \int_0^a f(-x)\,\mathrm{d}x ,$$

于是

$$\int_{-a}^{a} f(x)\,\mathrm{d}x = \int_{0}^{a} f(x)\,\mathrm{d}x + \int_{0}^{a} f(-x)\,\mathrm{d}x$$
$$= \int_{0}^{a} [f(x)+f(-x)]\,\mathrm{d}x.$$

（1）若 $f(x)$ 为偶函数，即 $f(-x)=f(x)$，则

$$\int_{-a}^{a} f(x)\,\mathrm{d}x = \int_{0}^{a}[f(x)+f(-x)]\,\mathrm{d}x = \int_{0}^{a} 2f(x)\,\mathrm{d}x = 2\int_{0}^{a} f(x)\,\mathrm{d}x\ ;$$

（2）若 $f(x)$ 为奇函数，即 $f(-x)=-f(x)$，则

$$\int_{-a}^{a} f(x)\,\mathrm{d}x = \int_{0}^{a}[f(x)+f(-x)]\,\mathrm{d}x = \int_{0}^{a}[f(x)-f(x)]\,\mathrm{d}x = 0\ .$$

此题的结论在今后定积分的计算中可以直接应用.

例 如 $\int_{-\pi}^{\pi} x^3 \cos x\,\mathrm{d}x = 0$ ， 因 为 $x^3 \cos x$ 是 连 续 的 奇 函 数 .

$\int_{-1}^{1} \dfrac{\sqrt{\mathrm{e}^{x}+\mathrm{e}^{-x}}}{1+x^2}\sin x\,\mathrm{d}x = 0$ ，同样因为此积分的被积函数是连续的奇函数.

在应用上述结论时，除了考察被积函数的奇偶性外，还要注意被积函数是否连续，而且积分区间必须是关于原点对称的.

例 9 设 $f(x)$ 在 $[0,1]$ 上连续，证明：

（1） $\displaystyle\int_{0}^{\frac{\pi}{2}} f(\sin x)\,\mathrm{d}x = \int_{0}^{\frac{\pi}{2}} f(\cos x)\,\mathrm{d}x$ ；

（2） $\displaystyle\int_{0}^{\pi} x f(\sin x)\,\mathrm{d}x = \frac{\pi}{2}\int_{0}^{\pi} f(\sin x)\,\mathrm{d}x$ ，并由此计算

$$\int_{0}^{\pi} \frac{x\sin x}{1+\cos^2 x}\,\mathrm{d}x\ .$$

证 （1）设 $x = \dfrac{\pi}{2}-t$ ，则 $\mathrm{d}x = -\mathrm{d}t$.

当 $x=0$ 时， $t=\dfrac{\pi}{2}$ ；当 $x=\dfrac{\pi}{2}$ 时， $t=0$.

于是

$$\int_{0}^{\frac{\pi}{2}} f(\sin x)\,\mathrm{d}x = -\int_{\frac{\pi}{2}}^{0} f\left[\sin\left(\frac{\pi}{2}-t\right)\right]\mathrm{d}t$$
$$= \int_{0}^{\frac{\pi}{2}} f(\cos t)\,\mathrm{d}t = \int_{0}^{\frac{\pi}{2}} f(\cos x)\,\mathrm{d}x.$$

（2）设 $x = \pi - t$ ，则 $\mathrm{d}x = -\mathrm{d}t$.

当 $x=0$ 时， $t=\pi$ ；当 $x=\pi$ 时 $t=0$.

于是

$$\int_0^\pi xf(\sin x)\,\mathrm{d}x = -\int_\pi^0 (\pi-t)f\left[\sin(\pi-t)\right]\mathrm{d}t$$

$$= \pi\int_0^\pi f(\sin t)\,\mathrm{d}t - \int_0^\pi tf(\sin t)\,\mathrm{d}t$$

$$= \pi\int_0^\pi f(\sin x)\,\mathrm{d}x - \int_0^\pi xf(\sin x)\,\mathrm{d}x.$$

所以

$$\int_0^\pi xf(\sin x)\,\mathrm{d}x = \frac{\pi}{2}\int_0^\pi f(\sin x)\,\mathrm{d}x.$$

利用上述结论，即得

$$\int_0^\pi \frac{x\sin x}{1+\cos^2 x}\mathrm{d}x = \frac{\pi}{2}\int_0^\pi \frac{\sin x}{1+\cos^2 x}\mathrm{d}x$$

$$= -\frac{\pi}{2}\int_0^\pi \frac{1}{1+\cos^2 x}\mathrm{d}\cos x$$

$$= -\frac{\pi}{2}\arctan(\cos x)\Big|_0^\pi$$

$$= -\frac{\pi}{2}\left(-\frac{\pi}{4}-\frac{\pi}{4}\right) = \frac{\pi^2}{4}.$$

例 10 设函数 $f(x) = \begin{cases} \dfrac{1}{1+\cos x}, & -\pi < x < 0, \\ xe^{-x^2}, & x \geqslant 0, \end{cases}$ 求 $\displaystyle\int_1^4 f(x-2)\mathrm{d}x$.

解 设 $x-2=t$，则 $\mathrm{d}x=\mathrm{d}t$.

当 $x=1$ 时，$t=-1$；当 $x=4$ 时，$t=2$.

于是

$$\int_1^4 f(x-2)\mathrm{d}x = \int_{-1}^2 f(t)\mathrm{d}t = \int_{-1}^0 \frac{1}{1+\cos t}\mathrm{d}t + \int_0^2 te^{-t^2}\mathrm{d}t$$

$$= \tan\frac{t}{2}\Big|_1^0 - \frac{1}{2}e^{-t^2}\Big|_0^2 = \tan\frac{1}{2} - \frac{1}{2}e^{-4} + \frac{1}{2}.$$

5.3.2 定积分的分部积分法

这种方法可以叙述为：设函数 $u(x),v(x)$ 在 $[a,b]$ 上有连续导数，则有

$$\int_a^b u\,\mathrm{d}v = uv\Big|_a^b - \int_a^b v\,\mathrm{d}u.$$

应用分部积分公式计算定积分时，只要在不定积分的结果中代入上下限作差即可. 若同时使用了换元积分法，则要根据引入的变量代换相应地变换积分上下限.

例 11 计算 $\displaystyle\int_0^1 xe^{-x}\,\mathrm{d}x$.

解 $\displaystyle\int_0^1 xe^{-x}\,\mathrm{d}x = -\int_0^1 x\,\mathrm{d}(e^{-x}) = (-xe^{-x})\Big|_0^1 + \int_0^1 e^{-x}\,\mathrm{d}x$

$$= -e^{-1} + (-e^{-x})\Big|_0^1 = -e^{-1} - e^{-1} + 1 = 1 - \frac{2}{e}.$$

例 12 计算 $\displaystyle\int_{\frac{1}{e}}^e |\ln x|\,\mathrm{d}x$.

解 先去掉绝对值符号，再用分部积分法.

$$\int_{\frac{1}{e}}^e |\ln x|\,\mathrm{d}x = \int_{\frac{1}{e}}^1 (-\ln x)\,\mathrm{d}x + \int_1^e \ln x\,\mathrm{d}x$$

$$= (-x\ln x)\Big|_{\frac{1}{e}}^1 - \int_{\frac{1}{e}}^1 x\cdot\left(-\frac{1}{x}\right)\mathrm{d}x + (x\ln x)\Big|_1^e - \int_1^e x\cdot\frac{1}{x}\mathrm{d}x$$

$$= -\frac{1}{e} + \int_{\frac{1}{e}}^1 \mathrm{d}x + e - \int_1^e \mathrm{d}x = 2\left(1 - \frac{1}{e}\right).$$

例 13 计算 $\displaystyle\int_0^1 e^{\sqrt{x}}\,\mathrm{d}x$.

解 此例属综合题，不能直接使用分部积分法，要先作变量代换，去掉根式. 为此，令 $\sqrt{x} = t$ ，则有 $x = t^2$ ， $\mathrm{d}x = 2t\,\mathrm{d}t$.

当 $x = 0$ 时， $t = 0$ ，当 $x = 1$ 时， $t = 1$.

于是

$$\int_0^1 e^{\sqrt{x}}\,\mathrm{d}x = \int_0^1 e^t \cdot 2t\,\mathrm{d}t = 2\int_0^1 te^t\,\mathrm{d}t$$

$$= 2(te^t)\Big|_0^1 - 2\int_0^1 e^t\,\mathrm{d}t = 2e - 2e^t\Big|_0^1 = 2.$$

例 14 计算 $\displaystyle\int_0^{\sqrt{2}} 2x^3 \sin x^2\,\mathrm{d}x$.

解 $\displaystyle\int_0^{\sqrt{2}} 2x^3 \sin x^2\,\mathrm{d}x = \int_0^{\sqrt{2}} x^2 \sin x^2\,\mathrm{d}x^2 \xlongequal{x^2 = u} \int_0^2 u\sin u\,\mathrm{d}u$

$$= -\int_0^2 u\,\mathrm{d}\cos u = -\left(u\cos u\Big|_0^2 - \int_0^2 \cos u\,\mathrm{d}u\right)$$

$$= -2\cos 2 + \sin u\Big|_0^2 = -2\cos 2 + \sin 2.$$

例 15 证明 $\displaystyle I_n = \int_0^{\frac{\pi}{2}} \sin^n x\,\mathrm{d}x = \int_0^{\frac{\pi}{2}} \cos^n x\,\mathrm{d}x$

$$= \begin{cases} \dfrac{n-1}{n} \cdot \dfrac{n-3}{n-2} \cdots \cdots \dfrac{3}{4} \cdot \dfrac{1}{2} \cdot \dfrac{\pi}{2} = \dfrac{\pi}{2} \dfrac{(n-1)!!}{n!!}, & (n\text{为正偶数}), \\[3mm] \dfrac{n-1}{n} \cdot \dfrac{n-3}{n-2} \cdots \cdots \dfrac{4}{5} \cdot \dfrac{2}{3} = \dfrac{(n-1)!!}{n!!}, & (n\text{为正奇数}). \end{cases}$$

证 令 $x = \dfrac{\pi}{2} - t$，则 $\mathrm{d}x = -\mathrm{d}t$．

当 $x = 0$ 时，$t = \dfrac{\pi}{2}$；当 $x = \dfrac{\pi}{2}$ 时，$t = 0$．

于是

$$I_n = \int_0^{\frac{\pi}{2}} \sin^n x \, \mathrm{d}x = -\int_{\frac{\pi}{2}}^0 \sin^n \left(\frac{\pi}{2} - t \right) \mathrm{d}t = \int_0^{\frac{\pi}{2}} \cos^n x \, \mathrm{d}x .$$

以下只需证明对于 $\int_0^{\frac{\pi}{2}} \cos^n x \, \mathrm{d}x$，结论正确即可．

当 $n = 1$ 时，$I_1 = \int_0^{\frac{\pi}{2}} \cos x \, \mathrm{d}x = \sin x \Big|_0^{\frac{\pi}{2}} = 1$；

当 $n > 1$ 时，$I_n = \int_0^{\frac{\pi}{2}} \cos^n x \, \mathrm{d}x = \int_0^{\frac{\pi}{2}} \cos^{n-1} x \cos x \, \mathrm{d}x$

$$= \int_0^{\frac{\pi}{2}} \cos^{n-1} x \, \mathrm{d}(\sin x)$$

$$= (\cos^{n-1} x \sin x) \Big|_0^{\frac{\pi}{2}} + \int_0^{\frac{\pi}{2}} (n-1) \sin^2 x \cos^{n-2} x \, \mathrm{d}x$$

$$= (n-1) \int_0^{\frac{\pi}{2}} (1 - \cos^2 x) \cos^{n-2} x \, \mathrm{d}x$$

$$= (n-1) \int_0^{\frac{\pi}{2}} \cos^{n-2} x \, \mathrm{d}x - (n-1) \int_0^{\frac{\pi}{2}} \cos^n x \, \mathrm{d}x ,$$

即

$$I_n = (n-1) I_{n-2} - (n-1) I_n .$$

移项整理得到 I 关于下标 n 的递推公式：$I_n = \dfrac{n-1}{n} I_{n-2}$．如果将 n 换成 $n-2$，则得

$$I_{n-2} = \frac{n-3}{n-2} I_{n-4} ,$$

依次进行下去，直到 I_n 的下标递减到 0 或 1 为止．于是

$$I_{2m} = \frac{2m-1}{2m} \cdot \frac{2m-3}{2m-2} \cdots \cdots \frac{5}{6} \cdot \frac{3}{4} \cdot \frac{1}{2} I_0 ,$$

$$I_{2m+1} = \frac{2m}{2m+1} \cdot \frac{2m-2}{2m-1} \cdots \frac{6}{7} \cdot \frac{4}{5} \cdot \frac{2}{3} I_1 .$$
$$(m = 1, 2, \cdots)$$

而

$$I_0 = \int_0^{\frac{\pi}{2}} dx = \frac{\pi}{2}, \quad I_1 = 1,$$

所以

$$I_{2m} = \int_0^{\frac{\pi}{2}} \cos^{2m} x\, dx = \frac{2m-1}{2m} \cdot \frac{2m-3}{2m-2} \cdots \frac{5}{6} \cdot \frac{3}{4} \cdot \frac{1}{2} \cdot \frac{\pi}{2},$$

$$I_{2m+1} = \int_0^{\frac{\pi}{2}} \cos^{2m+1} x\, dx = \frac{2m}{2m+1} \cdot \frac{2m-2}{2m-1} \cdots \frac{6}{7} \cdot \frac{4}{5} \cdot \frac{2}{3},$$
$$(m = 1, 2, \cdots)$$

或写成

$$I_n = \int_0^{\frac{\pi}{2}} \sin^n x\, dx = \int_0^{\frac{\pi}{2}} \cos^n x\, dx$$

$$= \begin{cases} \dfrac{n-1}{n} \cdot \dfrac{n-3}{n-2} \cdots \dfrac{3}{4} \cdot \dfrac{1}{2} \cdot \dfrac{\pi}{2} = \dfrac{\pi}{2} \dfrac{(n-1)!!}{n!!}, & (n\text{为正偶数}), \\ \dfrac{n-1}{n} \cdot \dfrac{n-3}{n-2} \cdots \dfrac{4}{5} \cdot \dfrac{2}{3} = \dfrac{(n-1)!!}{n!!}, & (n\text{为正奇数}). \end{cases}$$

这个结果在计算定积分时可直接使用，如

$$\int_0^{\frac{\pi}{2}} \sin^5 x\, dx = \frac{4}{5} \cdot \frac{2}{3} \cdot 1 = \frac{8}{15},$$

$$\int_0^{\frac{\pi}{2}} \cos^6 x\, dx = \frac{5}{6} \cdot \frac{3}{4} \cdot \frac{1}{2} \cdot \frac{\pi}{2} = \frac{5}{32}\pi .$$

习题 5.3

1. 计算下列定积分.

（1）$\int_0^1 \dfrac{1}{(1+x)^2}\, dx$；

（2）$\int_{-2}^1 \dfrac{dx}{(11+5x)^3}$；

（3）$\int_0^{\sqrt{\frac{\pi}{2}}} x\cos x^2\, dx$；

（4）$\int_0^1 x\sqrt{1-x^2}\, dx$；

（5）$\int_0^1 xe^{x^2}\, dx$；

（6）$\int_0^1 \dfrac{dx}{x^2+2x+2}$；

（7）$\int_0^1 \dfrac{1}{e^x+e^{-x}}\, dx$；

（8）$\int_0^1 \dfrac{1}{1+e^x}\, dx$；

(9) $\displaystyle\int_0^1 e^{x+e^x}\,dx$;

(10) $\displaystyle\int_0^{\frac{\pi}{2}} \cos^5 x \sin 2x\,dx$;

(11) $\displaystyle\int_1^{e^2} \frac{dx}{x\sqrt{1+\ln x}}$;

(12) $\displaystyle\int_1^e \frac{dx}{x(1+\ln x)}$;

(13) $\displaystyle\int_0^4 \frac{1}{1+\sqrt{x}}\,dx$;

(14) $\displaystyle\int_0^3 \frac{x}{1+\sqrt{1+x}}\,dx$;

(15) $\displaystyle\int_{-1}^1 \frac{x}{\sqrt{5-4x}}\,dx$;

(16) $\displaystyle\int_0^{\ln 2} \sqrt{e^x-1}\,dx$;

(17) $\displaystyle\int_0^1 \sqrt{4-x^2}\,dx$;

(18) $\displaystyle\int_{-1}^1 \frac{1}{(1+x^2)^2}\,dx$;

(19) $\displaystyle\int_1^3 f(x-2)\,dx$ ，其中 $f(x)=\begin{cases} \dfrac{2x}{1+x^2}, & x \leqslant 0, \\[2mm] e^{-x}, & x>0. \end{cases}$

2. 利用函数的奇偶性计算下列积分.

(1) $\displaystyle\int_{-\pi}^{\pi} x^4 \sin^3 x\,dx$;

(2) $\displaystyle\int_{-3}^3 \frac{x^2 \arctan x}{1+x^2}\,dx$;

(3) $\displaystyle\int_{-5}^6 \frac{x^3 \sin^2 x}{1+x^2+x^4}\,dx$;

(4) $\displaystyle\int_{\frac{\pi}{2}}^{\frac{\pi}{2}} \frac{dx}{1+\cos x}$.

3. 设 $f(x)$ 为连续函数，证明：

(1) $\displaystyle\int_{-a}^a f(x^2)\,dx = 2\int_0^a f(x^2)\,dx$;

(2) $\displaystyle\int_0^a f(x)\,dx = \int_0^a f(a-x)\,dx$;

(3) $\displaystyle\int_{-b}^b f(x)\,dx = \int_{-b}^b f(-x)\,dx$;

(4) $\displaystyle\int_0^{\frac{\pi}{2}} f(\sin x)\,dx = \int_0^{\frac{\pi}{2}} f(\cos x)\,dx$;

(5) $\displaystyle\int_a^b f(x)\,dx = \int_a^b f(a+b-x)\,dx$;

(6) $\displaystyle\int_a^b f(x)\,dx = (b-a)\int_0^1 f[a+(b-a)x]\,dx$.

4. 计算下列定积分.

(1) $\displaystyle\int_0^{\frac{\pi}{2}} x\sin x\,dx$;

(2) $\displaystyle\int_0^1 xe^x\,dx$;

(3) $\displaystyle\int_1^e x\ln x\,dx$;

(4) $\displaystyle\int_{\frac{1}{e}}^e \ln t\,dt$;

(5) $\displaystyle\int_1^4 \frac{\ln x}{\sqrt{x}}\,dx$;

(6) $\displaystyle\int_0^1 \arctan x\,dx$;

(7) $\displaystyle\int_0^1 x\arctan x\,dx$;

(8) $\displaystyle\int_0^{\frac{\pi}{2}} e^x \cos x\,dx$;

（9）$\displaystyle\int_1^e \sin(\ln x)\mathrm{d}x$；

（10）$\displaystyle\int_{\frac{\pi}{4}}^{\frac{\pi}{3}} \frac{x}{\sin^2 x}\mathrm{d}x$；

（11）$\displaystyle\int_0^4 \cos\sqrt{x}\,\mathrm{d}x$；

（12）$\displaystyle\int_0^1 2x^3 \mathrm{e}^{x^2}\mathrm{d}x$．

5.4 广义积分

前面所讨论的定积分，其积分区间都是有限区间且被积函数在该区间上有界．然而，在实际问题中，常常会遇到积分区间为无穷区间或者被积函数为无界函数的积分．这样的积分称为广义积分．

5.4.1 无穷区间上的广义积分

定义 1 设 $f(x)$ 在 $[a,+\infty)$ 上连续，取 $t>a$，极限 $\displaystyle\lim_{t\to+\infty}\int_a^t f(x)\mathrm{d}x$ 称为 $f(x)$ 在无穷区间 $[a,+\infty)$ 上的广义积分．记作 $\displaystyle\int_a^{+\infty} f(x)\mathrm{d}x$，即

$$\int_a^{+\infty} f(x)\mathrm{d}x = \lim_{t\to+\infty}\int_a^t f(x)\mathrm{d}x.$$

若上式等号右端的极限存在，则称此无穷区间上的广义积分 $\displaystyle\int_a^{+\infty} f(x)\mathrm{d}x$ 收敛，否则称之为发散．

类似地，定义 $f(x)$ 在无穷区间 $(-\infty,b]$ 上的广义积分为

$$\int_{-\infty}^b f(x)\mathrm{d}x = \lim_{t\to-\infty}\int_t^b f(x)\mathrm{d}x.$$

若上式等号右端的极限存在，则称之为收敛，否则称之为发散．

函数在无穷区间 $(-\infty,+\infty)$ 上的广义积分定义为

$$\int_{-\infty}^{+\infty} f(x)\mathrm{d}x = \int_{-\infty}^c f(x)\mathrm{d}x + \int_c^{+\infty} f(x)\mathrm{d}x.$$

其中，c 为任意实数，当上式右端两个积分都收敛时，则称之为收敛，否则称之为发散．

无穷区间上的广义积分也称为无穷积分．

例 1 计算无穷积分 $\displaystyle\int_0^{+\infty} \mathrm{e}^{-x}\mathrm{d}x$．

解 $\displaystyle\int_0^{+\infty} \mathrm{e}^{-x}\mathrm{d}x = \lim_{t\to+\infty}\int_0^t \mathrm{e}^{-x}\mathrm{d}x = -\lim_{t\to+\infty}\mathrm{e}^{-x}\Big|_0^t = -\lim_{t\to+\infty}\left(\frac{1}{\mathrm{e}^t}-1\right)=1$．

在计算过程中可用记号 $F(x)\big|_a^{+\infty}$ 表示 $\lim\limits_{x\to+\infty}[F(x)-F(a)]=\lim\limits_{x\to+\infty}F(x)-F(a)$，这样例1可写为

$$\int_0^{+\infty} e^{-x}\,dx = -e^{-x}\big|_0^{+\infty} = -\left[\lim_{x\to+\infty} e^{-x}-1\right]=1.$$

一般的，若 $\int f(x)\,dx = F(x)+C$ ，则

$$\int_a^{+\infty} f(x)\,dx = F(x)\big|_a^{+\infty} = \lim_{x\to+\infty}F(x)-F(a);$$

$$\int_{-\infty}^b f(x)\,dx = F(x)\big|_{-\infty}^b = F(b)-\lim_{x\to-\infty}F(x);$$

$$\int_{-\infty}^{+\infty} f(x)\,dx = F(x)\big|_{-\infty}^{+\infty} = \lim_{x\to+\infty}F(x)-\lim_{x\to-\infty}F(x).$$

例2 计算无穷积分 $\displaystyle\int_0^{+\infty}\frac{1}{1+x^2}\,dx$.

解 $\displaystyle\int_0^{+\infty}\frac{1}{1+x^2}\,dx = \arctan x\big|_0^{+\infty} = \frac{\pi}{2}-0 = \frac{\pi}{2}$.

例3 计算无穷积分 $\displaystyle\int_{-\infty}^{+\infty}\frac{1}{1+x^2}\,dx$.

解 $\displaystyle\int_{-\infty}^{+\infty}\frac{1}{1+x^2}\,dx = \int_{-\infty}^0\frac{1}{1+x^2}\,dx + \int_0^{+\infty}\frac{1}{1+x^2}\,dx$

$$= \arctan x\big|_{-\infty}^0 + \arctan x\big|_0^{+\infty}$$

$$= \left[0-\left(-\frac{\pi}{2}\right)\right] + \left(\frac{\pi}{2}-0\right) = \pi .$$

例4 讨论无穷积分 $\displaystyle\int_1^{+\infty}\frac{1}{x^p}\,dx$ 的收敛性.

解 当 $p=1$ 时， $\displaystyle\int_1^{+\infty}\frac{1}{x}\,dx = \ln|x|\,\big\|_1^{+\infty} = +\infty$ ；

当 $p\neq 1$ 时， $\displaystyle\int_1^{+\infty}\frac{1}{x^p}\,dx = \frac{x^{1-p}}{1-p}\bigg|_1^{+\infty} = \begin{cases} +\infty, & p<1, \\ \dfrac{1}{p-1}, & p>1. \end{cases}$

因此，当 $p>1$ 时，该无穷积分收敛，其值为 $\dfrac{1}{p-1}$ ；当 $p\leqslant 1$ 时，该无穷积分发散.

类似地，对无穷积分 $\displaystyle\int_a^{+\infty}\frac{1}{x^p}\,dx$ （$a>0$)有如下结论：

当 $p > 1$ 时，该无穷积分收敛，其值为 $\dfrac{1}{p-1}a^{1-p}$；当 $p \leqslant 1$ 时，该无穷积分发散.

例 5 判断无穷积分 $\displaystyle\int_0^{+\infty} x\mathrm{e}^{-x}\,\mathrm{d}x$ 的收敛性，若收敛求其值.

解 因为

$$\int x\mathrm{e}^{-x}\,\mathrm{d}x = -\int x\mathrm{d}\,\mathrm{e}^{-x} = -\left(x\mathrm{e}^{-x} - \int \mathrm{e}^{-x}\,\mathrm{d}x\right)$$
$$= -(x\mathrm{e}^{-x} + \mathrm{e}^{-x}) + C,$$

所以

$$\int_0^{+\infty} x\mathrm{e}^{-x}\,\mathrm{d}x = -(x\mathrm{e}^{-x} + \mathrm{e}^{-x})\Big|_0^{+\infty} = -\lim_{x\to+\infty}\frac{x+1}{\mathrm{e}^x} + 1 = 1.$$

因此，该无穷积分收敛，其值为 1.

例 6 判断无穷积分 $\displaystyle\int_0^{+\infty}\dfrac{x}{1+x^2}\,\mathrm{d}x$ 的收敛性.

解 因为 $\displaystyle\int_0^{+\infty}\frac{x}{1+x^2}\,\mathrm{d}x = \frac{1}{2}\int_0^{+\infty}\frac{1}{1+x^2}\,\mathrm{d}x^2 = \frac{1}{2}\ln\left(1+x^2\right)\Big|_0^{+\infty} = +\infty,$

所以，无穷积分 $\displaystyle\int_0^{+\infty}\dfrac{x}{1+x^2}\,\mathrm{d}x$ 发散.

5.4.2 无界函数的广义积分

现在我们把定积分推广到被积函数为无界函数的情形.

如果函数 $f(x)$ 在点 a 的任一邻域内都无界，那么点 a 称为函数 $f(x)$ 的瑕点（也称为无界间断点）.无界函数的广义积分又称为瑕积分.

定义 2 设函数 $f(x)$ 在区间 $(a,b]$ 上连续，点 a 为函数 $f(x)$ 的瑕点，极限 $\displaystyle\lim_{t\to a^+}\int_t^b f(x)\,\mathrm{d}x$ 称为无界函数 $f(x)$ 在 $(a,b]$ 上的广义积分，记为 $\displaystyle\int_a^b f(x)\,\mathrm{d}x$，即

$$\int_a^b f(x)\,\mathrm{d}x = \lim_{t\to a^+}\int_t^b f(x)\,\mathrm{d}x.$$

若上式右端极限存在，则称此无界函数的广义积分收敛；否则，称之为发散.

类似地，定义 b 为函数 $f(x)$ 的瑕点时的无界函数的广义积分为

$$\int_a^b f(x)\,\mathrm{d}x = \lim_{t\to b^-}\int_a^t f(x)\,\mathrm{d}x.$$

若上式右端极限存在，则称广义积分收敛；否则，称之为发散.

对于 $f(x)$ 在 $[a,b]$ 上除 c（$a < c < b$）一点外连续，而 c 为函数 $f(x)$ 的瑕点时，则定义为

$$\int_a^b f(x)\mathrm{d}x = \int_a^c f(x)\mathrm{d}x + \int_c^b f(x)\mathrm{d}x$$

$$= \lim_{s \to c^-} \int_a^s f(x)\mathrm{d}x + \lim_{t \to c^+} \int_t^b f(x)\mathrm{d}x.$$

当右端的两个极限都存在时，则称之为收敛；否则称之为发散.

此外，如果 a,b 均为 $f(x)$ 的瑕点，则 $f(x)$ 在 $[a,b]$ 上的无界函数的广义积分定义为

$$\int_a^b f(x)\mathrm{d}x = \int_a^c f(x)\mathrm{d}x + \int_c^b f(x)\mathrm{d}x$$

$$= \lim_{x \to a^+} \int_x^c f(x)\mathrm{d}x + \lim_{x \to b^-} \int_c^x f(x)\mathrm{d}x.$$

上式中 c 为 a 与 b 之间的任意实数，当右端的两个极限都存在时，则称之为收敛；否则称之为发散.

一般地，若 $\int f(x)\mathrm{d}x = F(x) + C$，$a < b$，则：

（1）当 a 为瑕点时，

$$\int_a^b f(x)\mathrm{d}x = F(x)\Big|_{a^+}^b = F(b) - \lim_{x \to a^+} F(x);$$

（2）当 b 为瑕点时，

$$\int_a^b f(x)\mathrm{d}x = F(x)\Big|_a^{b^-} = \lim_{x \to b^-} F(x) - F(a);$$

（3）当 c（$a < c < b$）为瑕点时，

$$\int_a^b f(x)\mathrm{d}x = \int_a^c f(x)\mathrm{d}x + \int_c^b f(x)\mathrm{d}x$$

$$= F(x)\Big|_a^{c^-} + F(x)\Big|_{c^+}^b$$

$$= \lim_{x \to c^-} F(x) - F(a) + F(b) - \lim_{x \to c^+} F(x);$$

（4）当 a,b 均为瑕点时，

$$\int_a^b f(x)\mathrm{d}x = \int_a^c f(x)\mathrm{d}x + \int_c^b f(x)\mathrm{d}x$$

$$= F(x)\Big|_{a^+}^c + F(x)\Big|_c^{b^-}$$

$$= \lim_{x \to b^-} F(x) - \lim_{x \to a^+} F(x).$$

瑕积分与一般定积分（亦称常义积分）的形式虽然一样，但其含义不同. 因此，在计算定积分时，首先要考察是常义积分还是瑕积分，若是瑕积分，则要按

瑕积分的计算方法处理.

例 7 计算瑕积分 $\int_0^1 \dfrac{2}{\sqrt{x}}\,\mathrm{d}x$.

解 $x=0$ 是瑕点，于是

$$\int_0^1 \frac{2}{\sqrt{x}}\,\mathrm{d}x = 4\sqrt{x}\,\Big|_{0^+}^1 = 4\left(1 - \lim_{x \to 0^+}\sqrt{x}\right) = 4 .$$

例 8 讨论瑕积分 $\int_{-1}^1 \dfrac{1}{x^2}\,\mathrm{d}x$ 的收敛性.

解 $x=0$ 是瑕点，于是

$$\int_{-1}^1 \frac{1}{x^2}\,\mathrm{d}x = \int_{-1}^0 \frac{1}{x^2}\,\mathrm{d}x + \int_0^1 \frac{1}{x^2}\,\mathrm{d}x$$

$$= \left(-\frac{1}{x}\right)\Big|_{-1}^{0^-} + \left(-\frac{1}{x}\right)\Big|_{0^+}^{1}$$

$$= \lim_{x \to 0^-}\left(-\frac{1}{x}\right) + 1 + -1 - \lim_{x \to 0^+}\frac{1}{x} .$$

由于上面两个极限都不存在，所以 $\int_{-1}^1 \dfrac{1}{x^2}\,\mathrm{d}x$ 发散（只要其中之一极限不存在，即可判断为发散）.

注意 本例如果疏忽了 $x=0$ 是瑕点，就会得到错误结果：

$$\int_{-1}^1 \frac{1}{x^2}\,\mathrm{d}x = -\frac{1}{x}\Big|_{-1}^1 = -1 - 1 = -2 .$$

例 9 计算瑕积分 $\int_0^a \dfrac{\mathrm{d}x}{\sqrt{a^2 - x^2}}$ （$a>0$）.

解 $x=a$ 是瑕点，于是

$$\int_0^a \frac{\mathrm{d}x}{\sqrt{a^2 - x^2}} = \arcsin \frac{x}{a}\,\Big|_0^{a^-} = \lim_{x \to a^-}\arcsin \frac{x}{a}$$

$$= \arcsin 1 = \frac{\pi}{2} .$$

例 10 证明瑕积分 $\int_0^1 \dfrac{1}{x^q}\,\mathrm{d}x$ ，当 $q<1$ 时收敛，当 $q \geqslant 1$ 时发散.

证 当 $q \leqslant 0$ 时，$\dfrac{1}{x^q}$ 在 $[0,1]$ 上连续，$\int_0^1 \dfrac{1}{x^q}\,\mathrm{d}x$ 为通常的定积分.

当 $q>0$ 时，0 为 $\dfrac{1}{x^q}$ 的瑕点，$\int_0^1 \dfrac{1}{x^q}\,\mathrm{d}x$ 为瑕积分.

（1）当 $q=1$ 时，

$$\int_0^1 \frac{1}{x}\mathrm{d}x = \ln x \Big|_{0^+}^1 = 0 - \lim_{x \to 0^+} \ln x = \infty, \qquad \int_0^1 \frac{1}{x^q}\mathrm{d}x \ \text{发散}.$$

（2）当 $q \neq 1$ 时，

$$\int_0^1 \frac{1}{x^q}\mathrm{d}x = \frac{x^{1-q}}{1-q}\Big|_{0^+}^1 = \frac{1}{1-q}\left(1 - \lim_{x \to 0^+} \frac{x^{1-q}}{1-q}\right) = \begin{cases} \dfrac{1}{1-q}, & 0 < q < 1, \\[2mm] +\infty, & q > 1. \end{cases}$$

所以，当 $q < 1$ 时，积分收敛，其值为 $\dfrac{1}{1-q}$，当 $q \geq 1$ 时，积分发散.

习题 5.4

1．讨论下列无穷积分的收敛性，若收敛，求其值.

（1）$\displaystyle\int_1^{+\infty} \frac{1}{x^4}\mathrm{d}x$；

（2）$\displaystyle\int_0^{+\infty} \mathrm{e}^{-\lambda t}\mathrm{d}t$（$\lambda > 0$）；

（3）$\displaystyle\int_{-\infty}^{+\infty} \frac{2x}{x^2+1}\mathrm{d}x$；

（4）$\displaystyle\int_{\mathrm{e}}^{+\infty} \frac{\mathrm{d}x}{x(\ln x)^2}$；

（5）$\displaystyle\int_{-\infty}^{+\infty} \frac{1}{x^2+2x+2}\mathrm{d}x$；

（6）$\displaystyle\int_0^{+\infty} \mathrm{e}^{-x}\cos x\,\mathrm{d}x$；

（7）$\displaystyle\int_{-\infty}^{+\infty} \frac{\mathrm{e}^x}{\mathrm{e}^{2x}+1}\mathrm{d}x$.

2．讨论下列瑕积分的收敛性，若收敛，求其值.

（1）$\displaystyle\int_0^{27} \frac{\mathrm{d}x}{\sqrt[3]{x^2}}$；

（2）$\displaystyle\int_0^2 \frac{1}{(1-x)^2}\mathrm{d}x$；

（3）$\displaystyle\int_{-1}^1 \frac{\mathrm{d}x}{x^4}$；

（4）$\displaystyle\int_{-1}^1 \frac{x}{\sqrt{1-x^2}}\mathrm{d}x$；

（5）$\displaystyle\int_1^{\mathrm{e}} \frac{1}{x\sqrt{1-(\ln x)^2}}\mathrm{d}x$；

（6）$\displaystyle\int_1^2 \frac{x}{\sqrt{x-1}}\mathrm{d}x$.

3．已知 $\displaystyle\int_0^{+\infty} \frac{\sin x}{x}\mathrm{d}x = \frac{\pi}{2}$，证明 $\displaystyle\int_0^{+\infty} \frac{\sin x \cos x}{x}\mathrm{d}x = \frac{\pi}{4}$.

4．已知 $\displaystyle\lim_{x \to +\infty}\left(\frac{x+c}{x-c}\right)^x = \int_{-\infty}^c x\mathrm{e}^{2x}\mathrm{d}x$（$c \neq 0$），求 c.

本章小结

1．定积分的概念

函数 $f(x)$ 在区间 $[a,b]$ 上的定积分是通过极限来定义的.

$$\int_a^b f(x)\mathrm{d}x = \lim_{\lambda \to 0} \sum_{i=1}^n f(\xi_i)\Delta x_i.$$

2．定积分的性质

定积分的性质（见性质 1～7）在积分中很重要，此外，以下结论在定积分的计算中也有重要应用：

（1）定积分的值仅依赖于被积函数和积分区间，与积分变量的选取无关，即

$$\int_a^b f(x)\mathrm{d}x = \int_a^b f(t)\mathrm{d}t ;$$

（2）交换定积分的上、下限，定积分变号.

$$\int_a^b f(x)\mathrm{d}x = -\int_b^a f(x)\mathrm{d}x ;$$

特别地，当 $a = b$ 时，有

$$\int_a^a f(x)\mathrm{d}x = 0 ;$$

（3）对于定义在对称区间 $[-a,a]$ 上的连续的奇（偶）函数 $f(x)$，有

$$\int_{-a}^a f(x)\mathrm{d}x = \begin{cases} 0 & ，当 f(x) 为奇函数, \\ 2\int_0^a f(x)\mathrm{d}x & ，当 f(x) 为偶函数. \end{cases}$$

3．变上限的定积分

若函数 $f(x)$ 在区间 $[a,b]$ 上连续，则函数

$$\varPhi(x) = \int_a^x f(t)\mathrm{d}t ，\quad x \in [a,b]$$

是以 x 为积分上限的定积分，其导数等于被积函数在上限 x 处的值，即

$$\varPhi'(x) = \frac{\mathrm{d}}{\mathrm{d}x} \int_a^x f(t)\mathrm{d}t = f(x) .$$

一般地，则

$$\frac{\mathrm{d}}{\mathrm{d}x} \int_x^b f(t)\mathrm{d}t = -f(x) ;$$

$$\frac{\mathrm{d}}{\mathrm{d}x} \int_a^{\varphi(x)} f(t)\mathrm{d}t = f[\varphi(x)]\varphi'(x) ;$$

$$\frac{\mathrm{d}}{\mathrm{d}x} \int_{\varphi_1(x)}^{\varphi_2(x)} f(t)\mathrm{d}t = f[\varphi_2(x)]\varphi_2'(x) - f[\varphi_1(x)]\varphi_1'(x) .$$

其中 $f(x)$ 在 $[a,b]$ 上连续，$\varphi(x), \varphi_1(x), \varphi_2(x)$ 在 $[a,b]$ 上有连续导数.

4．牛顿—莱布尼兹公式

设函数 $f(x)$ 在 $[a,b]$ 上连续，如果 $F(x)$ 是 $f(x)$ 的一个原函数，则

$$\int_a^b f(x)\mathrm{d}x = F(x)\Big|_a^b = F(b) - F(a) .$$

这里与不定积分 $\int f(x)\mathrm{d}x = F(x) + C$ 相比，求原函数 $F(x)$ 的方法基本相同，只要求出 $f(x)$ 的一个原函数，就可以求得 $f(x)$ 在区间 $[a,b]$ 上的定积分.

5．定积分的计算

（1）定积分的换元积分法：用换元积分法计算定积分时，注意换元必换限，下限对下限，上限对上限；

（2）定积分的分部积分法：$\int_a^b u\,\mathrm{d}v = uv\big|_a^b - \int_a^b v\,\mathrm{d}u$ ．

6．无穷区间上的广义积分

无穷区间上的广义积分和无界函数的广义积分，原则上把它化为一个定积分，再通过求极限的方法确定该广义积分是否收敛，在广义积分收敛时，就求出了该广义积分的值．

复习题 5

*1．利用定积分的定义计算下列极限．

（1）$\displaystyle\lim_{n\to\infty}\frac{1}{n}\sum_{i=1}^{n}\sqrt{1+\frac{i}{n}}$ ；

（2）$\displaystyle\lim_{n\to\infty}\frac{1}{n^2}\left(\sqrt{n^2-1}+\sqrt{n^2-2^2}+\cdots+\sqrt{n^2-(n-1)^2}\right)$ ；

（3）$\displaystyle\lim_{n\to\infty}\frac{1^p+2^p+\cdots+n^p}{n^{p+1}}$ $(p>0)$ ．

2．求下列极限．

（1）$\displaystyle\lim_{x\to a}\frac{x}{x-a}\int_a^x f(t)\,\mathrm{d}t$，其中$f(t)$连续 ；　（2）$\displaystyle\lim_{x\to+\infty}\frac{\int_a^x (\arctan t)^2\,\mathrm{d}t}{\sqrt{x^2+1}}$ ；

（3）$\displaystyle\lim_{x\to 0}\frac{\left(\int_0^x \mathrm{e}^{t^2}\,\mathrm{d}t\right)^2}{\int_0^x t\mathrm{e}^{2t^2}\,\mathrm{d}t}$ ．

3．设 $x>0$ ，证明 $\displaystyle\int_0^x \frac{1}{1+t^2}\,\mathrm{d}t + \int_0^{\frac{1}{x}} \frac{1}{1+t^2}\,\mathrm{d}t = \frac{\pi}{2}$ ．

4．计算下列积分．

（1）$\displaystyle\int_0^1 x(1+2x^2)^3\,\mathrm{d}x$ ；　　　　　（2）$\displaystyle\int_0^{\pi} \sin^2\frac{x}{2}\,\mathrm{d}x$ ；

（3）$\displaystyle\int_1^4 \frac{\mathrm{d}x}{\sqrt{x}(1+x)}$ ；　　　　（4）$\displaystyle\int_0^{\pi} \mathrm{e}^x\sin 2x\,\mathrm{d}x$ ；

（5）$\displaystyle\int_0^{\frac{\pi}{2}} \frac{x+\sin x}{1+\cos x}\,\mathrm{d}x$ ；　　　　（6）$\displaystyle\int_0^1 \ln(1+x^2)\,\mathrm{d}x$ ；

（7）$\displaystyle\int_0^1 x^3\mathrm{e}^{x^2}\,\mathrm{d}x$ ；　　　　　（8）$\displaystyle\int_0^{\left(\frac{\pi}{2}\right)^2} \sin\sqrt{x}\,\mathrm{d}x$ ．

5. 当 k 为何值时，广义积分 $\int_{2}^{+\infty} \dfrac{\mathrm{d}x}{x(\ln x)^{k}}$ 收敛？又 k 为何值时广义积分发散？

6. 设函数 $f(x)$ 以 T 为周期，试证明：

$$\int_{a}^{a+T} f(x)\,\mathrm{d}x = \int_{0}^{T} f(x)\,\mathrm{d}x \quad (a \text{ 为常数}).$$

7. 一物体由静止开始作直线运动，在 t s 末的速度是 $3t^2$ m/s，问：

（1）3 s 后物体离开出发点的距离是多少？

（2）需要多少时间走完 300 m？

8. 一质点沿 x 轴作变速直线运动，加速度是 $a(t) = 13\sqrt{t}$ m/min^2，初始位置 $s_0 = 100$ m，若初速度 $v_0 = 25$ m/min，试求该质点的运动方程.

9. 一曲边梯形由 $y = x^2 - 1$，x 轴和直线 $x = \dfrac{1}{2}$ 所围成的 $x \leqslant \dfrac{1}{2}$ 部分区域，求此曲边梯形的面积 A.

10. 已知某物质在反应过程中的反应速度是 $v(t) = ak\mathrm{e}^{-kt}$，其中 a 是反应开始时原有物质的质量，k 是常数，求从 $t = t_0$ 到 $t = t_1$ 这段时间内反应速度的平均值.

自测题 5

1. 填空题.

（1）比较大小，$\int_{0}^{1} x^2\,\mathrm{d}x \underline{\hspace{2cm}} \int_{0}^{1} x^3\,\mathrm{d}x$ ；

（2）$\int_{-a}^{a} (3\sin x - \sin^3 x)\,\mathrm{d}x = \underline{\hspace{2cm}}$ ；

（3）$\int_{\mathrm{e}}^{+\infty} \dfrac{\mathrm{d}x}{x(\ln x)} = \underline{\hspace{2cm}}$.

2. 单选题.

（1）$\int_{0}^{3} |2 - x|\,\mathrm{d}x = ($ 　　$)$.

　　A. $\dfrac{5}{2}$ 　　　　B. $\dfrac{1}{2}$ 　　　　C. $\dfrac{3}{2}$ 　　　　D. $\dfrac{2}{3}$

（2）设 $F(x) = \int_{x}^{2} \sqrt{1 + 2t^2}\,\mathrm{d}t$ ，则 $F'(1) = ($ 　　$)$.

　　A. $\sqrt{3}$ 　　　　B. $-\sqrt{3}$ 　　　　C. $3 - \sqrt{3}$ 　　　　D. $-\sqrt{3} - 3$

（3）下列广义积分收敛的是（ 　　）.

　　A. $\int_{1}^{+\infty} \mathrm{e}^{-x}\,\mathrm{d}x$ 　　　　　　　B. $\int_{1}^{+\infty} \dfrac{\mathrm{d}x}{x}$

　　C. $\int_{1}^{+\infty} \sin x\,\mathrm{d}x$ 　　　　　　　D. $\int_{\mathrm{e}}^{+\infty} \dfrac{1}{x\ln x}\,\mathrm{d}x$

3. 计算下列积分.

（1）$\int_0^1 \dfrac{x^2}{x^2+1}\,\mathrm{d}x$；

（2）$\int_1^e \dfrac{1}{x\left(x^2+1\right)}\,\mathrm{d}x$；

（3）$\int_1^e \dfrac{1}{x\sqrt{1+3\ln x}}\,\mathrm{d}x$；

（4）$\int_0^1 \dfrac{x}{\sqrt{1+3x^2}}\,\mathrm{d}x$；

（5）$\int_0^1 \dfrac{1}{\sqrt{x}+2}\,\mathrm{d}x$；

（6）$\int_0^4 \dfrac{x+2}{\sqrt{2x+1}}\,\mathrm{d}x$；

（7）$\int_0^1 x^2\sqrt{1-x^2}\,\mathrm{d}x$；

（8）$\int_0^1 x\mathrm{e}^{-x}\,\mathrm{d}x$；

（9）$\int_0^1 \arctan x\,\mathrm{d}x$；

（10）$\int_1^e x\ln x\,\mathrm{d}x$.

第6章 定积分的应用

本章学习目标

- 掌握定积分的微元分析法（微元法）
- 熟练掌握用定积分求平面图形的面积、旋转体的体积
- 了解定积分在求变力做功、液体压力等物理方面的应用

6.1 定积分的微元法

微元法是运用定积分解决实际问题的常用方法，为了说明这种方法，我们先回顾一下第 5 章讨论过的曲边梯形的面积问题.

设 $y = f(x)$ $(f(x) \geqslant 0)$ 在 $[a,b]$ 上连续，求由曲线 $y = f(x)$ $(f(x) \geqslant 0)$，x 轴以及直线 $x = a$，$x = b$ 所围成的曲边梯形的面积 A.

把这个面积表示为定积分 $A = \int_a^b f(x)\,\mathrm{d}x$ 的步骤是：

（1）分割.

把区间 $[a,b]$ 任意分成 n 个小区间 Δx_i，$i = 1,2\cdots,n$.

相应地，把曲边梯形分成 n 个小曲边梯形，设它们的面积为 ΔA_i $(i = 1,2,\cdots,n)$，于是

$$A = \sum_{i=1}^n \Delta A_i .$$

（2）求 ΔA_i 的近似值.

$$\Delta A_i \approx f(\xi_i)\Delta x_i \quad (i = 1,2,\cdots,n) .$$

（3）求和.

得曲边梯形面积 A 的近似值，即

$$A \approx f(\xi_1)\Delta x_1 + f(\xi_2)\Delta x_2 + \cdots + f(\xi_n)\Delta x_n$$

$$= \sum_{i=1}^n f(\xi_i)\Delta x_i .$$

（4）取极限.

得曲边梯形的面积 A，即 $A = \lim_{\lambda \to 0} \sum_{i=1}^n f(\xi_i)\Delta x_i .$

这四个步骤中，关键是第二步，即确定 $\Delta A_i \approx f(\xi_i) \cdot \Delta x_i$ ，其形式 $f(\xi_i) \cdot \Delta x_i$ 与积分式中的被积式 $f(x)\mathrm{d}x$ 具有相同的形式. 如果把 ξ_i 用 x 替代，Δx_i 用 $\mathrm{d}x$ 替代，这样我们把求曲边梯形面积的四个步骤简化成两步.

第一步：选取积分变量，例如选取 x ，并确定其范围，例如 $x \in [a,b]$ ，在其上任取一个子区间 $[x, x+\mathrm{d}x]$ ；

第二步：以点 x 处的函数值 $f(x)$ 为高，$\mathrm{d}x$ 为底的矩形面积为 ΔA 的近似值（如图 6.1 中阴影部分所示），即

$$\Delta A \approx f(x)\mathrm{d}x .$$

上式右端 $f(x)\mathrm{d}x$ 叫作面积微元，记为 $\mathrm{d}A = f(x)\mathrm{d}x .$

于是面积 A 就是将这些微元在区间 $[a,b]$ 上的"无限累加"，即从 a 到 b 的定积分

$$A = \int_a^b \mathrm{d}A = \int_a^b f(x)\mathrm{d}x .$$

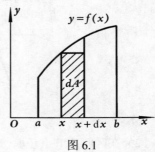

图 6.1

概括上述过程，对一般的定积分问题，所求量 A 的积分表达式，可按以下步骤确定：

（1）根据问题的实际情况，建立适当的坐标系，并选定一个变量（如 x ）作为积分变量，确定它的变化区间 $[a,b]$ ；

（2）找出 A 在 $[a,b]$ 内任意小区间 $[x, x+\mathrm{d}x]$ 上部分量 ΔA 的近似值 $\mathrm{d}A = f(x)\mathrm{d}x$ ；

（3）将 $\mathrm{d}A$ 在 $[a,b]$ 上求定积分，即 A 的积分表达式为

$$A = \int_a^b \mathrm{d}A = \int_a^b f(x)\mathrm{d}x .$$

这个方法通常称为微元分析法，简称微元法. 微元法在自然科学研究和生产实践中有着广泛的应用，凡是具有可加性连续分布的非均匀量的求和问题，一般可通过微元法得到解决.

6.2 定积分在几何学上的应用

6.2.1 用定积分求平面图形的面积

1. 在直角坐标系中求平面图形的面积
我们利用微元法求平面图形的面积.

例 1 计算由两条抛物线 $y^2 = x$ 和 $x^2 = y$ 所围成图形的面积.

解 这两条抛物线所围成的图形如图 6.2 所示，利用微元法求其面积，经由以下三个步骤：

（1）确定积分变量 x，解方程组 $\begin{cases} y^2 = x, \\ y = x^2, \end{cases}$ 得 $\begin{cases} x_1 = 0, \\ y_1 = 0, \end{cases}$ $\begin{cases} x_2 = 1, \\ y_2 = 1, \end{cases}$ 两条抛物线的

交点为 $(0,0)$ 和 $(1,1)$，则积分区间为 $[0,1]$．

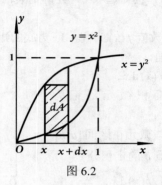

图 6.2

（2）在区间 $[0,1]$ 上任取一小区间 $[x, x+\mathrm{d}x]$，与之相对应的窄条的面积近似地等于高为 $\sqrt{x} - x^2$，底为 $\mathrm{d}x$ 的矩形面积（图 6.2 中阴影部分的面积），从而得面积微元

$$\mathrm{d}A = (\sqrt{x} - x^2)\mathrm{d}x．$$

（3）所求面积为

$$A = \int_0^1 \mathrm{d}A = \int_0^1 (\sqrt{x} - x^2)\mathrm{d}x = \left(\frac{2}{3}x^{\frac{3}{2}} - \frac{1}{3}x^3 \right)\Bigg|_0^1 = \frac{1}{3}．$$

一般地，由曲线 $y = f(x)$，$y = g(x)$（$f(x) \geqslant g(x)$），及直线 $x = a$，$x = b$ 所围的图形（如图 6.3 所示）的面积为

$$A = \int_a^b \big[f(x) - g(x)\big] \, \mathrm{d}x，$$

其中面积微元为

$$\mathrm{d}A = \big[f(x) - g(x)\big]\mathrm{d}x．$$

类似地，（如图 6.4 所示）由曲线 $x = \varphi(y)$，$x = \psi(y)$，（$\psi(y) \geqslant \varphi(y)$）及直线 $y = c$，$y = d$ 所围成的平面图形的面积为

$$A = \int_c^d \big[\psi(y) - \varphi(y)\big]\mathrm{d}y，$$

其中面积微元为

$$\mathrm{d}A = \big[\psi(y) - \varphi(y)\big]\mathrm{d}y．$$

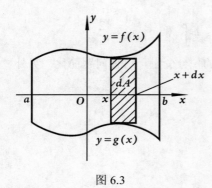
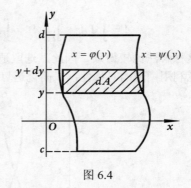

图 6.3   图 6.4

例 2   求曲线 $y = x^2$，$y = (x-2)^2$ 与 x 轴围成平面图形的面积.

解 （1）选定 y 为积分变量，解方程组 $\begin{cases} y = x^2, \\ y = (x-2)^2, \end{cases}$ 得两曲线的交点为 $(1,1)$，

由此可知所求图形在 $y = 0$ 及 $y = 1$ 两条直线之间，即积分区间为 $[0,1]$. 如图 6.5 所示.

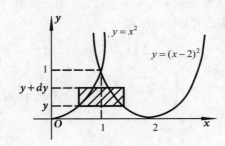

图 6.5

（2）在区间 $[0,1]$ 上任取小区间 $[y, y+\mathrm{d}y]$，对应的窄条面积近似于高为 $(2-\sqrt{y}) - \sqrt{y}$ 底为 $\mathrm{d}y$ 的矩形面积，从而面积微元为

$$\mathrm{d}A = \left[(2-\sqrt{y}) - \sqrt{y}\right]\mathrm{d}y = 2(1-\sqrt{y})\mathrm{d}y .$$

（3）所求图形的面积为

$$A = \int_0^1 2(1-\sqrt{y})\mathrm{d}y = \left(2y - \frac{4}{3}y^{\frac{3}{2}}\right)\Big|_0^1 = \frac{2}{3} .$$

此例若选取 x 作为积分变量，容易得出积分区间为 $[0,2]$，但要注意，面积微元在 $[0,1]$ 和 $[1,2]$ 两部分区间上的表达式不同，如图 6.6 所示.

在 $[0,1]$ 上的面积微元为 $\mathrm{d}A_1 = x^2\,\mathrm{d}x$；

在 $[1,2]$ 上的面积微元为 $\mathrm{d}A_2 = (x-2)^2\,\mathrm{d}x$；

所求面积为

$$A = \int_0^1 \mathrm{d}A_1 + \int_1^2 \mathrm{d}A_2 = \int_0^1 x^2 \,\mathrm{d}x + \int_1^2 (x-2)^2 \,\mathrm{d}x = \frac{2}{3}.$$

这种解法比较繁琐，因此，选取适当的积分变量，可使问题简化. 另外，还应注意利用图形的对称性，以简化运算.

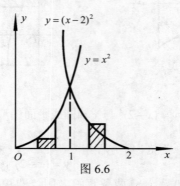

图 6.6

例 3 求 $y^2 = x$ 与半圆 $x^2 + y^2 = 2\,(x>0)$ 所围图形的面积.

解 （如图 6.7 所示）选取 y 为积分变量，记第一象限内反斜线阴影部分的面积为 A_1，利用函数图形的对称性，可得

$$A = 2A_1 = 2\int_0^1 \left(\sqrt{2-y^2} - y^2\right)\mathrm{d}y$$

$$= 2\left(\frac{y}{2}\cdot\sqrt{2-y^2} + \arcsin\frac{y}{\sqrt{2}} - \frac{y^3}{3}\right)\Bigg|_0^1$$

$$= \frac{\pi}{2} + \frac{1}{3}.$$

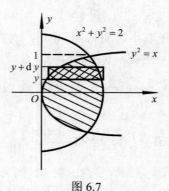

图 6.7

例 4 求椭圆 $\dfrac{x^2}{a^2} + \dfrac{y^2}{b^2} = 1\,(a>0,\ b>0)$ 所围图形的面积.

解 该椭圆关于两坐标轴都对称，选取 x 为积分变量，记第一象限部分的面积

为 A_1，利用函数图形的对称性，可得

$$A = 4A_1 = 4\int_0^a y\,\mathrm{d}x.$$

利用椭圆参数方程 $\begin{cases} x = a\cos t \\ y = b\sin t \end{cases}$ $(0 \leqslant t \leqslant \dfrac{\pi}{2})$ 及定积分的换元法，令 $x = a\cos t$，则 $y = b\sin t$，$\mathrm{d}x = -a\sin t\,\mathrm{d}t$，所以

$$A = 4A_1 = 4\int_0^a y\,\mathrm{d}x = 4\int_{\frac{\pi}{2}}^{0} b\sin t(-a\sin t)\mathrm{d}t = 4ab\int_0^{\frac{\pi}{2}} \sin^2 t\,\mathrm{d}t$$

$$= 4ab\int_0^{\frac{\pi}{2}} \frac{1-\cos 2t}{2}\,\mathrm{d}t = 4ab\left(\frac{\pi}{4} - \frac{\sin 2t}{4}\Big|_0^{\frac{\pi}{2}}\right) = \pi ab.$$

当 $a = b$ 时，就得到大家熟悉的圆的面积公式 $A = \pi a^2$．

一般说来，求平面图形的面积的步骤为：

（1）作草图，确定积分变量和积分限；

（2）求出面积微元；

（3）计算定积分．

2. 在极坐标系下求平面图形的面积

有些平面图形，用极坐标计算它们的面积比较方便．

计算由曲线 $r = r(\theta)$ 及射线 $\theta = \alpha$，$\theta = \beta$ 围成的图形的面积（如图 6.8 所示），此图形称为曲边扇形．

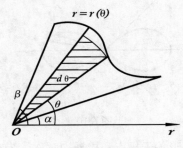

图 6.8

利用微元法，取极角 θ 为积分变量，它的变化区间为 $[\alpha, \beta]$．在任意小区间 $[\theta, \theta + \mathrm{d}\theta]$ 上相应的小曲边扇形的面积可用半径为 $r = r(\theta)$，中心角为 $\mathrm{d}\theta$ 的圆扇形的面积近似代替，即曲边扇形的面积微元为

$$\mathrm{d}A = \frac{1}{2}\left[r(\theta)\right]^2 \mathrm{d}\theta,$$

曲边扇形的面积为

$$A = \frac{1}{2}\int_\alpha^\beta r(\theta)^2\,\mathrm{d}\theta \ (\alpha < \beta).$$

例 5 计算阿基米德螺线 $r = a\theta\ (a > 0)$ 上对应于 θ 从 0 变到 2π 的一段曲线与极轴所围成图形的面积（如图 6.9 所示）.

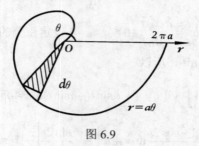

图 6.9

解 取 θ 为积分变量，面积微元为

$$\mathrm{d}A = \frac{1}{2}(a\theta)^2\,\mathrm{d}\theta,$$

于是

$$A = \int_0^{2\pi} \frac{1}{2}(a\theta)^2\,\mathrm{d}\theta = \frac{a^2}{2}\cdot\frac{\theta^3}{3}\bigg|_0^{2\pi} = \frac{4}{3}a^2\pi^3.$$

例 6 计算双扭线 $r^2 = a^2\cos 2\theta\ (a > 0)$ 所围成的平面图形的面积（如图 6.10 所示）.

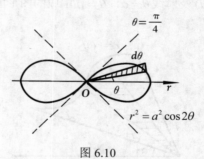

图 6.10

解 因为 $r^2 \geqslant 0$，图形关于极点和极轴均对称，选取 θ 为积分变量，记第一象限部分的面积为 A_1，利用函数图形的对称性，可得

面积为 $\quad A = 4\int_0^{\frac{\pi}{4}} \frac{1}{2}a^2\cos 2\theta\,\mathrm{d}\theta = 4\cdot\frac{a^2}{2}\cdot\frac{1}{2}\sin 2\theta\bigg|_0^{\frac{\pi}{4}} = a^2.$

6.2.2 用定积分求体积

1. 平行截面面积已知的立体体积

设一立体介于过点 $x = a$, $x = b$ 且垂直于 x 轴的两平面之间，如果立体过 $x \in [a,b]$ 且垂直于 x 轴的截面面积 $A(x)$ 为 x 的已知连续函数，则称此立体为平行

截面面积已知的立体，如图 6.11 所示．下面利用微元法计算它的体积．

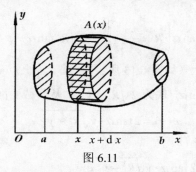

图 6.11

取 x 为积分变量，它的变化区间为 $[a,b]$，立体中相应于 $[a,b]$ 上任一小区间 $[x,x+\mathrm{d}x]$ 的薄片的体积近似等于底面积为 $A(x)$，高为 $\mathrm{d}x$ 的扁柱体的体积（图 6.11），即体积微元为

$$\mathrm{d}V = A(x)\mathrm{d}x.$$

于是所求立体的体积为

$$V = \int_a^b A(x)\mathrm{d}x.$$

例 7   一平面经过半径为 R 的圆柱体的底圆中心，并与底面交成角 α （图 6.12），计算这个平面截圆柱所得立体的体积．

解   法一   取平面与圆柱体底面的交线为 x 轴，底面上过圆心且垂直于 x 轴的直线为 y 轴，建立坐标系如图 6.12 所示．

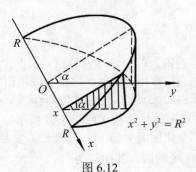

图 6.12

此时，底圆的方程为 $x^2 + y^2 = R^2$，立体中过点 x 且垂直于 x 轴的截面是一个直角三角形．它的两条直角边的长度分别是 y 及 $y\tan\alpha$，即 $\sqrt{R^2 - x^2}$ 及 $\sqrt{R^2 - x^2}\tan\alpha$，于是截面面积为

$$A(x) = \frac{1}{2}(R^2 - x^2)\tan\alpha,$$

故所求立体的体积为

$$V = \int_{-R}^{R} \frac{1}{2}(R^2 - x^2)\tan\alpha\, dx$$

$$= \frac{1}{2}\tan\alpha\left(R^2 x - \frac{x^3}{3}\right)\bigg|_{-R}^{R} = \frac{2}{3}R^3\tan\alpha.$$

法二 取坐标系同上（如图 6.13 所示），过 y 轴上点 y 作垂直于 y 轴的截面，则截得矩形，其高为 $y\tan\alpha$，底为 $2\sqrt{R^2 - y^2}$，从而截面面积为

$$A(y) = 2\tan\alpha \cdot y\sqrt{R^2 - y^2}.$$

于是

$$V = \int_0^R A(y)\, dy = \int_0^R 2\tan\alpha \cdot y\sqrt{R^2 - y^2}\, dy$$

$$= -\tan\alpha\int_0^R \sqrt{R^2 - y^2}\, d(R^2 - y^2) = -\tan\alpha \cdot \frac{2}{3}(R^2 - y^2)^{\frac{3}{2}}\bigg|_0^R = \frac{2}{3}R^3\tan\alpha.$$

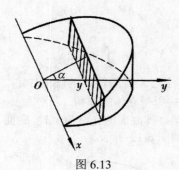

图 6.13

2. 旋转体的体积

我们所熟悉的圆柱、圆锥、圆台、球体等都是由一个平面图形绕这平面内的一条直线旋转形成的，它们统称为旋转体，这条直线叫作旋转轴.

下面应用定积分计算由曲线 $y = f(x)$，直线 $x = a$，$x = b$ 及 x 轴所围成的曲边梯形绕 x 轴旋转一周而形成的立体体积（如图 6.14 所示）.

取 x 为积分变量，其变化区间为 $[a, b]$，由于过点 x 且垂直于 x 轴的平面截得旋转体的截面是半径为 $|f(x)|$ 的圆，其面积为

$$A(x) = \pi\big[f(x)\big]^2.$$

从而，所求的体积为

$$V = \int_a^b A(x)\, dx = \pi\int_a^b \big[f(x)\big]^2\, dx.$$

类似地，若旋转体是由连续曲线 $x = \varphi(y)$，直线 $y = c, y = d$ 及 y 轴所围成的图形，绕 y 轴旋转一周而成（如图 6.15 所示），该旋转体的体积为

$$V = \pi \int_c^d \left[\varphi(y) \right]^2 \mathrm{d}y.$$

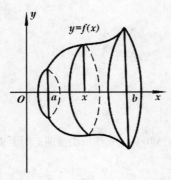

图 6.14

图 6.15

例 8　求由曲线 $xy = a\,(a > 0)$ 与直线 $x = a$, $x = 2a$ 及 x 轴所围成的图形绕 x 轴旋转一周所形成的旋转体的体积.

解　如图 6.16 所示，所求体积

$$V = \pi \int_a^{2a} y^2 \,\mathrm{d}x = \pi \int_a^{2a} \left(\frac{a}{x} \right)^2 \mathrm{d}x = \pi a^2 \left(-\frac{1}{x} \right) \bigg|_a^{2a} = \frac{1}{2} \pi a.$$

例 9　求底圆半径为 r，高为 h 的圆锥体的体积.

解　以圆锥体的轴线为 x 轴，顶点为原点建立直角坐标系（如图 6.17 所示），过原点及点 $P(h, r)$ 的直线方程为 $y = \dfrac{r}{h} x$. 此圆锥可看成由直线 $y = \dfrac{r}{h} x$, $x = h$ 及 x 轴所围成的三角形绕 x 轴旋转而成，其体积为

$$V = \pi \int_0^h y^2 \,\mathrm{d}x = \pi \int_0^h \left(\frac{r}{h} x \right)^2 \mathrm{d}x = \frac{\pi r^2}{h^2} \cdot \frac{x^3}{3} \bigg|_0^h = \frac{1}{3} \pi r^2 h.$$

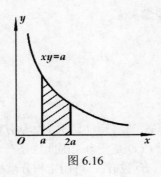

图 6.16

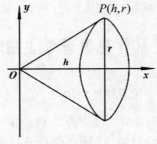

图 6.17

习题 6.2

1. 计算下列各曲线所围成图形的面积.

（1） $y = x^3$, $y = x$ ；

（2） $y = \ln x$, $y = \ln 2$, $y = \ln 7$, $x = 0$ ；

（3） $y = e^x$, $x = 0$, $y = e$ ；

（4） $y = \dfrac{1}{x}$, $y = x$, $x = 2$ ；

（5） $y = e^x$, $y = e^{-x}$, $x = 1$.

2. 求抛物线 $y = -x^2 + 4x - 3$ 及其在点 $(0,-3)$ 和 $(3,0)$ 处的切线所围成图形的面积.

3. 求下列各曲线所围成图形的面积.

（1） $r = 2a\cos\theta$, $\theta = 0$, $\theta = \dfrac{\pi}{6}$ ；

（2） $r = ae^{\theta}$, $\theta = -\pi$, $\theta = \pi$ ；

（3） $r = 2a(1 - \cos\theta)$, $\theta = 0$, $\theta = 2\pi$.

4. 有一立体以长半轴 $a = 10$，短半轴 $b = 5$ 的椭圆为底，而垂直于长轴的截面都是等边三角形，试求其体积.

5. 求下列曲线所围图形绕指定轴旋转所得旋转体的体积.

（1） $2x - y + 4 = 0$, $x = 0$ 及 $y = 0$ 绕 x 轴旋转；

（2） $y = x^2$ $(x \in [0,2])$ 分别绕 x 轴及 y 轴旋转；

（3） $y = x^2$, $x = y^2$ 分别绕 x 轴及 y 轴旋转；

（4） $x^2 + (y - 5)^2 = 16$ 绕 x 轴旋转.

6. 设由 $y = 2x^2$, $y = 0$, $x = a$, $x = 2$ 围成的图形为 D_1，由 $y = 2x^2$, $y = 0$, $x = a$ 围成的图形为 D_2 $(0 < a < 2)$.

（1）求 D_1 绕 x 轴旋转所得旋转体的体积 V_1 ；

（2）求 D_2 绕 y 轴旋转所得旋转体的体积 V_2 ；

（3）问当 a 为何值时 $V_1 + V_2$ 取得最大值，试求此最大值.

6.3 定积分在物理学上的应用

6.3.1 变力沿直线所做的功

设一物体受连续变力 $F(x)$ 的作用沿力的方向作直线运动，求物体从 a 移动到 b，变力 $F(x)$ 所作的功（如图 6.18 所示）. 由于 $F(x)$ 是变力，因此这是一个非均匀变化的，所求的功为一个整体量，在 $[a,b]$ 上具有可加性，可用定积分求解.

考虑 $[a,b]$ 上任一小区间 $[x, x + dx]$. 由于 $F(x)$ 是连续变化的，当 dx 很小时，$F(x)$ 变化不大可近似看作常力，因而在此小段上所作的功近似为（功微元）

$$dW = F(x)dx.$$

因此，从 $x = a$ 到 $x = b$ 变力 $F(x)$ 所作的功为

$$W = \int_a^b F(x)dx.$$

例 1　把电量为 $+q$ 库仑的点电荷放在 x 轴原点处，形成一个电场，这个电场对周围的电荷有作用力，由库仑定律知，位于 x 轴上距原点 x 米处的单位正电荷受到的电场力大小为 $F(x) = k\dfrac{q}{x^2}$ 牛，其中 k 为常数．当这个单位正电荷在电场中从 $x = a$ 处沿 x 轴至 $x = b$（$a < b$）处时，求电场力对它所作的功（如图 6.19 所示）．

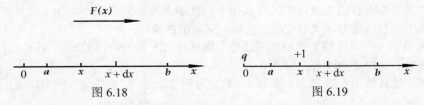

图 6.18　　　　　　　图 6.19

解　取 x 为积分变量，其变化区间为 $[a,b]$，功微元为

$$dW = F(x)dx = k\frac{q}{x^2}dx.$$

于是　　　　　$W = \displaystyle\int_a^b k\frac{q}{x^2}dx = -\frac{kq}{x}\bigg|_a^b = kq\left(\frac{1}{a} - \frac{1}{b}\right)$（焦耳）．

例 2　一圆柱形的贮水桶高为 5 米，底圆半径为 3 米，桶内盛满了水．试问要把桶内的水全部吸出，需作多少功？

解　建立如图 6.20 所示的坐标系，取深度 x 为积分变量，其变化区间为 $[0,5]$，相应于 $[0,5]$ 上任一小区间 $[x, x+dx]$ 的一薄层水的体积为 $9\pi dx$（米^3），将其抽出桶外需垂直移动 x 米，水的比重为 9800 牛/米^3，因此把 x 这一薄层水吸出桶外作功近似为

$$dW = 9800 \times 9\pi x dx = 88200\pi x dx,$$

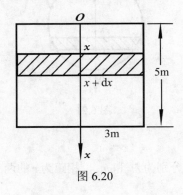

图 6.20

这就是功微元，于是所求的功为

$$W = \int_0^5 88200\pi x \, dx = 88200\pi \cdot \frac{x^2}{2} \bigg|_0^5 \approx 3\,462\,000 \quad （焦耳）.$$

6.3.2 液体的压力

由物理学可知，在深为 h 处液体的压强为 $P = \rho \cdot g \cdot h$，其中 ρ 是液体的密度，$g = 9.8$ 牛/千克. 如果有一面积为 A 的平板，水平地放置在液体中深为 h 处，则平板一侧所受的压力为

$$F = P \cdot A = \rho \cdot g \cdot h \cdot A.$$

如果平板垂直放在液体中，那么由于液体的深度不同，就不能用上式计算平板一侧所受到的压力，须用定积分求解. 下面举例说明.

例 3 一个横放的半径为 R 的圆柱形油桶盛有半桶油，油的密度为 ρ. 计算桶的圆形一侧所受的压力.

解 建立如图 6.21 所示的坐标系，取 x 为积分变量，它的变化区间为 $[0, R]$. 此坐标系中，所讨论的半圆的方程为 $x^2 + y^2 = R^2$，从 $[0, R]$ 上任取一小区间 $[x, x+dx]$ 的小横条的面积近似于 $2\sqrt{R^2 - x^2}\,dx$ 其上各点处的压强近似于 $\rho g x$，从而该横条所受压力的近似值，即压力微元为

$$dF = 2\rho g x\sqrt{R^2 - x^2}\,dx.$$

以 $2\rho g x\sqrt{R^2 - x^2}\,dx$ 为被积式，在 $[0, R]$ 上作定积分，便得所求压力

$$F = \int_0^R 2\rho g x\sqrt{R^2 - x^2}\,dx = -\rho g \int_0^R (R^2 - x^2)^{\frac{1}{2}}\,d(R^2 - x^2)$$

$$= -\rho g \cdot \frac{2}{3}(R^2 - x^2)^{\frac{3}{2}} \bigg|_0^R = \frac{2}{3}\rho g R^3.$$

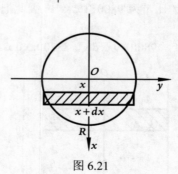

图 6.21

6.3.3 引力

从物理学知道，质量分别为 m_1 和 m_2，相距为 r 的两质点间的引力的大小为

$$F = G\frac{m_1 m_2}{r^2}.$$

其中 G 为引力系数，引力的方向沿着两质点的连线方向.

如果要计算一根细棒对一个质点的引力，那么由于细棒上各点与该质点的距离是变化的，且各点对该质点的引力的方向也是变化的，因此就不能用上述公式来计算了. 下面举例说明它的计算方法.

例4 设有一长度为 l，线密度为 μ 的均匀细直棒，在其中垂线上距棒 a 单位处有一个质量为 m 的质点 M. 试计算该棒对该质点 M 的引力.

解 取坐标系如图 6.22 所示，使棒位于 y 轴上，质点 M 位于 x 轴上，棒的中点为原点 O，取 y 为积分变量，它的变化区间为 $\left[-\dfrac{l}{2}, \dfrac{l}{2}\right]$，设 $[y, y+\mathrm{d}y]$ 为 $\left[-\dfrac{l}{2}, \dfrac{l}{2}\right]$ 上任一小区间，把细直棒上相应于 $[y, y+\mathrm{d}y]$ 的一小段近似地看成质点，其质量为 $\mu\mathrm{d}y$ 与 M 相距 $r = \sqrt{a^2 + y^2}$，因此可按照两点间的引力计算公式求出这小段直棒对质点 M 的引力的大小 ΔF 为

$$\Delta F \approx G\frac{m\mu\mathrm{d}y}{(a^2 + y^2)^{\frac{3}{2}}}.$$

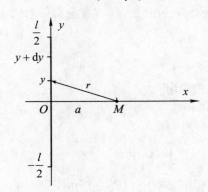

图 6.22

从而，求出 ΔF 在水平方向分力 ΔF_x 的近似值，即细直棒对质点 M 的引力在水平方向分力 F_x 的微元为

$$\mathrm{d}F_x = -G\frac{am\mu\mathrm{d}y}{(a^2 + y^2)^{\frac{3}{2}}}.$$

于是得引力在水平方向分力为

$$F_x = -G\int_{-\frac{l}{2}}^{\frac{l}{2}} \frac{am\mu\mathrm{d}y}{(a^2 + y^2)^{\frac{3}{2}}} = -\frac{2Gm\mu l}{a} \cdot \frac{1}{\sqrt{4a^2 + l^2}}.$$

由对称性知，引力沿铅垂方向的分力为 $F_y = 0$.

当细棒的长度 l 很大时，可视 l 趋于无穷，此时，引力的大小为 $\dfrac{2Gm\mu}{a}$，方向与细棒垂直，且由 M 指向细棒.

习题 6.3

1. 已知将弹簧压缩 1 厘米时需力 2 公斤，现将弹簧压缩 5 厘米，需作功多少？

2. 一物体在某介质中按规律 $x = ct^3$ 作直线运动，介质的阻力与速度的平方成正比. 计算物体由 $x = 0$ 移至 $x = a$ 克服介质阻力所作的功.

3. 半径为 2 米的圆柱形水池充满了水，现在要将水从池中吸出，使水面降低 5 米，问需作多少功？

4. 有圆锥形贮水池，深 15 米，口径 20 米，盛满水，将水完全抽干，问做了多少功？

5. 有一矩形闸门，其尺寸如图 6.23 所示，求水面超过门顶 1 米时，闸门上所受的压力.

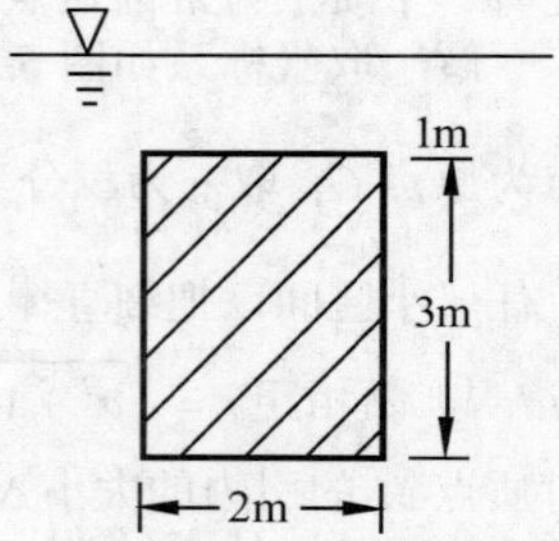

图 6.23

6. 设有一长度为 l，线密度为 μ 的均匀细直棒，在与棒的一端垂线距离为 a 单位处有一个质量为 m 的质点 M. 试计算该棒对该质点 M 的引力.

本章小结

1. 定积分在几何上的应用

（1）平面图形的面积.

直角坐标系中，在区间 $[a,b]$ 上，

若 $f(x) \geqslant 0$，则面积 $A = \displaystyle\int_a^b f(x)\mathrm{d}x$；

若 $f(x) \geqslant g(x)$，则面积 $A = \displaystyle\int_a^b [f(x) - g(x)]\mathrm{d}x$；

若在区间 $[c,d]$ 上，$\varphi(y) \geqslant \psi(y)$，则面积 $A = \displaystyle\int_c^d [\varphi(y) - \psi(y)]\mathrm{d}y$；

极坐标系中，由曲线 $r = r(\theta)$ 及射线 $\theta = \alpha$，$\theta = \beta$ 围成的图形的面积

$$A = \frac{1}{2}\int_\alpha^\beta [r(\theta)]^2 \mathrm{d}\theta \quad (\alpha < \beta).$$

（2）旋转体的体积.

由连续曲线 $y = f(x)$，直线 $x = a$，$x = b$ 及 x 轴所围成的曲边梯形绕 x 轴旋转一周而形成的旋转体体积为

$$V = \int_a^b A(x)\mathrm{d}x = \pi \int_a^b [f(x)]^2 \mathrm{d}x.$$

由连续曲线 $x = \varphi(y)$ ，直线 $y = c$ ， $y = d$ 及 y 轴所围成的曲边梯形绕 y 轴旋转一周而成的旋转体的体积为

$$V = \pi \int_c^d \left[\varphi(y) \right]^2 \mathrm{d}y .$$

2．定积分在物理上的应用

（1）变力作功：变力 $F(x)$ 把物体从 $x = a$ 移动到 $x = b$ 所作的功为

$$W = \int_a^b F(x) \mathrm{d}x .$$

（2）液体的压力：在深为 h 处液体的压强为 $P = \rho \cdot g \cdot h$ ，其中 ρ 是液体的密度， $g = 9.8$ （牛顿/千克），如果有一面积为 A 的平板，水平地放置在液体中深为 h 处，则平板一侧所受的压力为 $F = P \cdot A = \rho \cdot g \cdot h \cdot A$ 。

（3）物体间的引力，质量分别为 m_1, m_2 ，相距为 r 的两质点间的引力的大小为

$$F = G \frac{m_1 m_2}{r^2} .$$

复习题 6

1．计算下列各曲线所围成图形的面积.

（1） $y = \frac{1}{2}x^2$, $x^2 + y^2 = 8$ 　　（仅要 $y > 0$ 部分）；

（2） $y^2 = x$, $2x^2 + y^2 = 1$ 　　（ $x > 0$ ）；

（3） $y^2 = 2x$, $x - y = 4$.

2．求抛物线 $y^2 = 2px$ 及其在点 $\left(\dfrac{p}{2}, p \right)$ （ $p > 0$ ）处的法线所围成图形的面积.

3．求下列各曲线所围成图形的公共部分的面积.

（1） $r = 3\cos\theta$, 　 $r = 1 + \cos\theta$ ；（2） $r = \sqrt{2}\sin\theta$, 　 $r^2 = \cos 2\theta$.

4．计算底面半径是 R 的圆，而垂直于底上一条固定直径的所有截面都是等边三角形的立体的体积.

5．求下列曲线所围图形绕指定轴旋转所得旋转体的体积.

（1） $y = x^2$ 与 $y^2 = 8x$ 相交部分的图形绕 x 轴， y 轴旋转；

（2） $x^2 + (y - 2)^2 = 1$ 分别绕 x 轴和 y 轴旋转.

6．证明半径为 R 的球的体积为 $V = \dfrac{4}{3}\pi R^3$.

7．边长为 5 米的正方形薄片直立地沉在水中，其一个顶点位于水平面而一对角线与水面平行，求薄片一侧所受的压力（见图6.24）.

8．有一抛物形平板竖直沉入水中，问它顶点向下沉到距水面多少米处，板的一侧受水

压力为 $3\dfrac{7}{15}$ 吨（见图 6.25）？

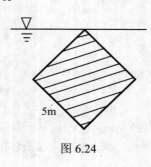

5m

图 6.24

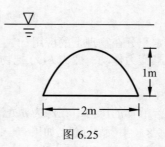

1m

2m

图 6.25

自测题 6

1．填空题

（1）由曲线 $y = f_1(x)$，$y = f_2(x)$，直线 $x = a$ 及 $x = b$（$a < b$）所围成图形的面积为

_____．

（2）由曲边梯形 D：$a \leqslant x \leqslant b$，$0 \leqslant y \leqslant f(x)$，绕 x 轴旋转一周所得旋转体体积为

_____．

2．单选题．

（1）由 x 轴、y 轴及 $y = (x+1)^2$ 所围成的平面图形的面积为定积分（　　）．

A． $\displaystyle\int_0^1 (x+1)^2 \, dx$　　　　　　　B． $\displaystyle\int_1^0 (x+1)^2 \, dx$

C． $\displaystyle\int_0^{-1} (x+1)^2 \, dx$　　　　　　D． $\displaystyle\int_{-1}^0 (x+1)^2 \, dx$

（2）由曲边梯形 D：$a \leqslant x \leqslant b$，$g(x) \leqslant y \leqslant f(x)$，绕 x 轴旋转一周所得旋转体的

体积是（　　）．

A． $\displaystyle\int_a^b (f^2(x) - g^2(x)) \, dx$　　　　B． $\displaystyle\int_a^b (f^2(x) + g^2(x)) \, dx$

C． $\displaystyle\int_a^b \pi(f^2(x) - g^2(x)) \, dx$　　　D． $\displaystyle\int_b^a \pi(f(x) - g(x))^2 \, dx$

3．计算题．

（1）求抛物线 $y^2 = 2x$ 与圆 $x^2 + y^2 = 8$ 围成的两部分的面积．

（2）求抛物线 $y = x^2$ 与直线 $y = 2x + 3$ 围成的图形的面积．

（3）求 $\rho = 1 + \cos\theta$ 所围成的图形的面积．

（4）一直径为 6 m 的半圆形闸门，垂直地浸入水中，其直径恰好位于水表面，求闸门一侧受到的水的压力．

第 7 章　常微分方程

本章学习目标

- 了解微分方程、方程的阶、解、通解、初始条件和特解的概念
- 掌握可分离变量的微分方程及一阶线性微分方程的解法
- 会解齐次方程和简单可降阶高阶微分方程
- 理解二阶线性微分方程解的结构
- 掌握二阶常系数齐次线性微分方程的解法
- 会求自由项为 $f(x) = e^{\lambda x} P_m(x)$（$P_m(x)$ 是 m 次多项式）

  和 $f(x) = e^{\lambda x}[P_l(x)\cos\omega x + P_n(x)\sin\omega x]$（$P_l(x)$、$P_n(x)$ 分别是 l 次和 n 次多项式，λ，n 是常数）的二阶常系数非齐次线性微分方程的解
- 会通过建立微分方程模型，解决较简单的实际问题

在科学研究和生产实践中，经常要寻求表示客观事物的变量之间的函数关系. 在大量的实际问题中，往往不能直接得到所求的函数关系，但可以得到含有未知函数导数或微分的关系式. 这样的关系式就是所谓的微分方程. 建立微分方程后，对它进行研究，找出未知函数来，这就是解微分方程. 本章主要介绍微分方程的一些基本概念和几种常用的微分方程的解法.

7.1　常微分方程的基本概念

下面我们通过几何、力学及物理学中的几个具体实例来说明微分方程的基本概念.

例 1　求过点 $(1,0)$ 且切线斜率为 $3x^2$ 的曲线方程.

解　设所求曲线方程是 $y = y(x)$，则根据题意 $y = y(x)$ 应满足下面的关系：

$$\begin{cases} \dfrac{\mathrm{d}y}{\mathrm{d}x} = 3x^2, & (7.1.1) \\ y(1) = 0. & (7.1.2) \end{cases}$$

对（7.1.1）两边积分得

$$y = \int 3x^2 \,\mathrm{d}x = x^3 + C, \qquad (7.1.3)$$

其中 C 为任意常数，将条件（7.1.2）代入（7.1.3），得 $C = -1$.

把 $C=-1$ 代入（7.1.3）式，得所求曲线方程为

$$y = x^3 - 1 . \tag{7.1.4}$$

例 2 一个质量为 m 的物体以初速度 v_0 垂直上抛，设此物体的运动只受重力的影响，求物体运动的路程 s 与时间 t 的函数关系.

解 以上抛点为原点，铅直向上的方向为 s 轴，因为物体运动的加速度是路程函数 $s=s(t)$ 关于时间的二阶导数，由牛顿第二定律得

$$F = m\frac{\mathrm{d}^2 s}{\mathrm{d} t^2} ,$$

因为物体受重力作用，所以 $F=-mg$ ，方向向下，于是，

$$m\frac{\mathrm{d}^2 s}{\mathrm{d} t^2} = -mg ,$$

即

$$\frac{\mathrm{d}^2 s}{\mathrm{d} t^2} = -g . \tag{7.1.5}$$

此外，由题意，函数 $s=s(t)$ 还应满足两个条件：

$$\begin{cases} s\big|_{t=t_0} = 0, \\ \dfrac{\mathrm{d} s}{\mathrm{d} t}\bigg|_{t=0} = v_0. \end{cases} \tag{7.1.6} \tag{7.1.7}$$

对（7.1.5）两边积分得

$$\frac{\mathrm{d} s}{\mathrm{d} t} = -gt + C_1 , \tag{7.1.8}$$

再积分一次得

$$s(t) = -\frac{1}{2}gt^2 + C_1 t + C_2 . \tag{7.1.9}$$

其中 C_1, C_2 为任意常数，将（7.1.7）代入（7.1.8）式，得 $C_1 = v_0$. 将（7.1.6）代入（7.1.9）式，得 $C_2 = 0$. 把 C_1, C_2 的值代入（7.1.9）式，得所求物体的运动方程为

$$s(t) = -\frac{1}{2}gt^2 + v_0 t . \tag{7.1.10}$$

上述两个例子中的方程（7.1.1）和（7.1.5）都含有未知函数的导数（或微分），它们都是微分方程，由此给出微分方程的一些基本概念.

定义 含有未知函数的导数（或微分）的方程称为微分方程. 如果微分方程中未知函数只含有一个变量，这样的微分方程称为常微分方程.

在微分方程中出现的未知函数的导数的最高阶数称为微分方程的阶，例如方程（7.1.1）和（7.1.5）分别是一阶和二阶的微分方程.

若将某个函数及其导数代入微分方程，能使微分方程成为恒等式，则称此函数为微分方程的解.

例如，例 1 中的（7.1.3）、（7.1.4）都是微分方程（7.1.1）的解，例 2 中的（7.1.9）、（7.1.10）都是微分方程（7.1.5）的解.

若微分方程的解中含有任意常数且所含相互独立的任意常数的个数与微分方程的阶数相同，这种解称为微分方程的通解.

例如，例 1 中的（7.1.3）是微分方程（7.1.1）的通解，例 2 中的（7.1.9）是微分方程（7.1.5）的通解.

在微分方程的通解中给所有任意常数以确定的值后，就得到微分方程的特解.

例如，例 1 中的（7.1.4）是微分方程（7.1.1）的特解，例 2 中的（7.1.10）是微分方程（7.1.5）的特解.

为了得到合乎要求的特解，必须根据要求对微分方程附加一定的条件，这些条件称之为初始条件.

例如，例 1 中的（7.1.2）、例 2 中的（7.1.6）、（7.1.7）是微分方程的初始条件.

由微分方程寻找它的解的过程称为解微分方程.

例 3 验证：（1）$y = \sin 2x$；（2）$y = e^{2x}$；（3）$y = 3e^{2x}$ 中哪些是微分方程 $y' - 2y = 0$ 的解，哪些是满足初始条件 $y|_{x=0} = 1$ 的特解？

解 （1）因为 $y' = 2\cos 2x$，将 y 和 y' 代入 $y' - 2y = 0$，得

$$左边 = 2\cos 2x - 2\sin 2x \neq 0 = 右边，$$

所以 $y = \sin 2x$ 不是微分方程 $y' - 2y = 0$ 的解.

（2）因为 $y' = 2e^{2x}$，将 y 和 y' 代入 $y' - 2y = 0$，得

$$左边 = 2e^{2x} - 2e^{2x} = 0 = 右边，$$

所以 $y = e^{2x}$ 是微分方程 $y' - 2y = 0$ 的解，又因为 $y|_{x=0} = 1$，所以 $y = e^{2x}$ 是满足初始条件 $y|_{x=0} = 1$ 的特解.

（3）因为 $y' = 6e^{2x}$，将 y 和 y' 代入 $y' - 2y = 0$，得

$$左边 = 6e^{2x} - 6e^{2x} = 0 = 右边，$$

所以 $y = 3e^{2x}$ 是微分方程 $y' - 2y = 0$ 的解，又因为 $y|_{x=0} = 3$，所以 $y = 3e^{2x}$ 不是满足初始条件 $y|_{x=0} = 1$ 的特解.

习题 7.1

1. 指出下列方程的阶数.
   （1）$y' = 2x^2 + 6$；
   （2）$yy'' = 1$；
   （3）$y'' - 3y' + 2y = 0$；
   （4）$y^{(10)} + 8y^{(7)} + 2y = \sin x$；
   （5）$y'' + 2y' + xy = f(x)$；
   （6）$(y')^2 + \sin y = 0$；
   （7）$y^{(4)} + 2y''y''' + x^2 = 0$；
   （8）$y'' + 6xy' + 3x^2 y = e^x$.

2. 指出下列各题中的函数是否为所给微分方程的解.
   （1）$xy' = 2y$，$y = 5x^2$；
   （2）$y'' + y = 0$，$y = 3\sin x - 4\cos x$；

（3）$y'' - 2y' + y = 0$，$y = x^2 e^x$；

（4）$y'' - (\lambda_1 + \lambda_2)y' + \lambda_1 \lambda_2 y = 0$，$y = C_1 e^{\lambda_1 x} + C_2 e^{\lambda_2 x}$．

3．在下列各题中，确定函数关系式所含的参数，使函数满足所给的初始条件.

（1）$x^2 - y^2 = C$，$y\big|_{x=0} = 5$；

（2）$y = (C_1 + C_2 x)e^{2x}$，$y\big|_{x=0} = 0$，$y'\big|_{x=0} = 1$；

（3）$y = C_1 \sin(x - C_2)$，$y\big|_{x=\pi} = 1$，$y'\big|_{x=\pi} = 0$．

7.2　可分离变量的微分方程

现在我们讨论一阶微分方程

$$\frac{\mathrm{d}y}{\mathrm{d}x} = f(x, y) \quad \text{或记为} \quad y' = f(x, y) \tag{7.2.1}$$

的一些解法.

一阶微分方程也可以写成如下形式：

$$P(x, y)\mathrm{d}x + Q(x, y)\mathrm{d}y = 0 . \tag{7.2.2}$$

在 7.1 节的例 1 中，我们遇到的微分方程为

$$\begin{cases} \dfrac{\mathrm{d}y}{\mathrm{d}x} = 3x^2, \\ y(1) = 0. \end{cases}$$

可以写成 $\mathrm{d}y = 3x^2\,\mathrm{d}x$，把这个方程两端积分得到这个方程的通解

$$y = x^3 + C .$$

但是，并非所有的一阶微分方程都能这样求解，例如，对于一阶微分方程

$$\frac{\mathrm{d}y}{\mathrm{d}x} = 2xy^2 \tag{7.2.3}$$

就不能像上面那样直接对微分方程两端积分的方法求出它的通解. 这是什么缘故呢？原因是微分方程（7.2.3）的右端含有与 x 存在函数关系的变量 y，积分

$$\int 2xy^2\,\mathrm{d}x$$

求不出来，这是问题所在.

为了解决这个问题，在方程（7.2.3）的两端同时乘以 $\dfrac{\mathrm{d}x}{y^2}$，使方程（7.2.3）变为

$$\frac{\mathrm{d}y}{y^2} = 2x\,\mathrm{d}x .$$

这样，变量 x 与 y 已经分离在等式的两端，然后两端积分得

$$-\frac{1}{y} = x^2 + C .$$

即
$$y = -\frac{1}{x^2 + C}.$$
(7.2.4)

这里 C 是任意常数. 可以验证, 函数 (7.2.4) 确实满足一阶微分方程 (7.2.3), 且含有一个任意常数, 所以它是微分方程 (7.2.3) 通解.

一般地, 如果一个一阶的微分方程能写成

$$\frac{\mathrm{d}y}{\mathrm{d}x} = f(x)g(y)$$
(7.2.5)

的形式, 我们称这样的一阶微分方程为可分离变量的微分方程.

当 $g(y) \neq 0$ 时, 将 (7.2.5) 分离变量得

$$\frac{\mathrm{d}y}{g(y)} = f(x)\mathrm{d}x,$$

两端积分

$$\int \frac{\mathrm{d}y}{g(y)} = \int f(x)\mathrm{d}x,$$

即可求得微分方程的通解.

如果 $g(y) = 0$, 且 $g(y) = 0$ 的根为 y_0, 则 $y = y_0$ 也是微分方程 (7.2.5) 的解.

例 1　求微分方程 $y' = 2xy$ 的通解.

解　这是一个可分离变量的微分方程, 分离变量后得

$$\frac{\mathrm{d}y}{y} = 2x\mathrm{d}x \quad (y \neq 0),$$

两端积分, 得

$$\ln|y| = x^2 + C_1,$$

即 $|y| = \mathrm{e}^{x^2 + C_1}$ 或 $y = \pm\mathrm{e}^{C_1}\mathrm{e}^{x^2}$, 因为 $\pm\mathrm{e}^{C_1}$ 仍是任意常数, 令其为 C, 于是得方程的通解为

$$y = C\mathrm{e}^{x^2}.$$

以后为了方便起见, 我们可把 $\ln|y|$ 写成 $\ln y$, 但要记住结果中的常数 C 可正可负.

显然, $y = 0$ 也是方程的解, 它包含在通解中, 只要取 $C = 0$ 即可.

例 2　求微分方程 $\dfrac{\mathrm{d}y}{\mathrm{d}x} = -\dfrac{x}{y}$ 的通解.

解　这是一个可分离变量的微分方程, 分离变量后得

$$y\mathrm{d}y = -x\mathrm{d}x,$$

两端积分, 得

$$\frac{y^2}{2} = -\frac{x^2}{2} + C_1,$$

即

$$x^2 + y^2 = C \ (C = 2C_1).$$

这就是微分方程的通解.

例 3 求微分方程 $\dfrac{\mathrm{d}y}{\mathrm{d}x} = \dfrac{1+y^2}{(1+x^2)xy}$ 的通解.

解 原方程变形为

$$\frac{\mathrm{d}y}{\mathrm{d}x} = \frac{1}{(1+x^2)x} \cdot \frac{1+y^2}{y},$$

这是一个可分离变量的微分方程，分离变量后得

$$\frac{y\mathrm{d}y}{1+y^2} = \frac{\mathrm{d}x}{x(1+x^2)},$$

两端积分，得

$$\frac{1}{2}\ln(1+y^2) = \ln x - \frac{1}{2}\ln(1+x^2) + \frac{1}{2}\ln C.$$

即

$$\ln[(1+y^2)(1+x^2)] = 2\ln x + \ln C.$$

所以原方程的通解为

$$(1+y^2)(1+x^2) = Cx^2.$$

例 4 求微分方程 $4x\mathrm{d}x - 3y\mathrm{d}y = 3x^2 y\mathrm{d}y$ 的通解.

解 原微分方程变形为 $\qquad 4x\mathrm{d}x = 3y(1+x^2)\mathrm{d}y$,

分离变量，得 $\qquad\qquad 3y\mathrm{d}y = \dfrac{4x}{1+x^2}\mathrm{d}x$,

两边积分，得 $\qquad\qquad \dfrac{3}{4}y^2 = \ln(1+x^2) + \ln C$,

故通解为 $\qquad\qquad C(1+x^2) = \mathrm{e}^{\frac{3}{4}y^2}$.

例 5 求微分方程 $\dfrac{\mathrm{d}y}{\mathrm{d}x} = (x+y)^2$ 的通解.

解 此方程不能分离变量，但令 $u = x + y$,

则 $\qquad\qquad\qquad \dfrac{\mathrm{d}u}{\mathrm{d}x} = 1 + \dfrac{\mathrm{d}y}{\mathrm{d}x}$,

故 $\qquad\qquad\qquad \dfrac{\mathrm{d}y}{\mathrm{d}x} = \dfrac{\mathrm{d}u}{\mathrm{d}x} - 1$,

原方程可化为 $\qquad\qquad \dfrac{\mathrm{d}u}{\mathrm{d}x} - 1 = u^2$.

这是一个可分离变量的微分方程，分离变量，得

$$\frac{\mathrm{d}u}{1+u^2} = \mathrm{d}x,$$

两边积分，得 $\qquad\qquad \arctan u = x + C$,

即 $\qquad\qquad\qquad u = \tan(x+C)$,

故原方程的通解为　　　$y = \tan(x + C) - x$　（C 为任意常数）.

例 6　放射性元素铀由于不断地有原子放射出微粒子而变成其他元素，铀的含量就不断减少，这种现象叫作衰变. 由原子物理学知道，铀的衰变速度与当时未衰变的铀原子的含量 M 成正比. 已知 $t = 0$ 时的铀的含量为 M_0，求在衰变过程中铀含量 $M(t)$ 随时间 t 变化的规律.

解　铀的衰变速度就是 $M(t)$ 对时间 t 的导数 $\dfrac{\mathrm{d}M}{\mathrm{d}t}$，由于铀的衰变速度与其含量成正比，故得微分方程

$$\frac{\mathrm{d}M}{\mathrm{d}t} = -\lambda M . \tag{7.2.6}$$

其中 λ（$\lambda > 0$）是常数，λ 叫作衰变系数，λ 前面的负号表示当 t 增加时 M 单调减少，即 $\dfrac{\mathrm{d}M}{\mathrm{d}t} < 0$ 的缘故.

按题意，初始条件为

$$M\big|_{t=0} = M_0 .$$

微分方程（7.2.6）是可分离变量方程，分离变量得

$$\frac{\mathrm{d}M}{M} = -\lambda \,\mathrm{d}t ,$$

用 $\ln C$ 表示任意常数，考虑 $M > 0$ 到，得

$$\ln M = -\lambda t + \ln C ,$$

即　　　　　　　　　　　　　$M = C\mathrm{e}^{-\lambda t} .$

这就是微分方程（7.2.6）的通解. 将初始条件带入上式，得

$$M_0 = C\mathrm{e}^0 = C .$$

所以　　　　　　　　　　　　$M = M_0 \mathrm{e}^{-\lambda t} .$

这就是所求铀的衰变规律. 由此可见，铀的含量随时间的增加而按指数规律衰减.

习题 7.2

1. 求下列微分方程的通解.

（1）$xy' - y \ln y = 0$；　　　　　　　　（2）$\sqrt{1 - x^2}\, y' = \sqrt{1 - y^2}$；

（3）$\dfrac{\mathrm{d}y}{\mathrm{d}x} = 10^{x+y}$；　　　　　　　　　（4）$y\,\mathrm{d}x + (x^2 - 4x)\,\mathrm{d}y = 0$.

2. 求下列微分方程满足所给初始条件的特解.

（1）$y' = \mathrm{e}^{2x-y}$，$y\big|_{x=0} = 0$；　　　　　（2）$x\,\mathrm{d}y + 2y\,\mathrm{d}x = 0$，$y\big|_{x=2} = 1$.

3. 一曲线通过点 $(2,3)$，它在两坐标轴之间的任一切线线段均被切点所平分，求该曲线方程.

7.3   齐次方程

如果一阶微分方程可化为

$$\frac{\mathrm{d}y}{\mathrm{d}x} = f\left(\frac{y}{x}\right) \qquad\qquad (7.3.1)$$

的形式，那么就称这个微分方程为齐次微分方程，简称齐次方程．

求解这类方程的方法是：利用适当的变换，化成可分离变量的微分方程．

设 $u = \dfrac{y}{x}$ ，则 $y = ux$ ，故有

$$\frac{\mathrm{d}y}{\mathrm{d}x} = u + x\frac{\mathrm{d}u}{\mathrm{d}x},$$

代入（7.3.1）得

$$u + x\frac{\mathrm{d}u}{\mathrm{d}x} = f(u) \quad 或 \quad x\frac{\mathrm{d}u}{\mathrm{d}x} = f(u) - u .$$

分离变量，得

$$\frac{\mathrm{d}u}{f(u) - u} = \frac{1}{x}\mathrm{d}x .$$

两端积分

$$\int \frac{\mathrm{d}u}{f(u) - u} = \int \frac{1}{x}\mathrm{d}x .$$

再以 $u = \dfrac{y}{x}$ 代入，便可求出原方程的通解．

例 1   求微分方程 $\dfrac{\mathrm{d}y}{\mathrm{d}x} = \dfrac{y}{x} + \tan\dfrac{y}{x}$ 的通解．

解   令 $u = \dfrac{y}{x}$ ，代入方程得

$$xu' + u = u + \tan u \quad 或 \quad x\frac{\mathrm{d}u}{\mathrm{d}x} = \tan u ,$$

分离变量，得

$$\cot u\,\mathrm{d}u = \frac{1}{x}\mathrm{d}x ,$$

即

$$\frac{\cos u}{\sin u}\,\mathrm{d}u = \frac{1}{x}\mathrm{d}x ,$$

两端积分，得

$$\ln\sin u = \ln x + \ln C \quad 或 \quad \sin u = Cx ,$$

再把 $u = \dfrac{y}{x}$ 回代，即得原方程的通解为

$$\sin\frac{y}{x} = Cx .$$

例 2 求微分方程 $x\dfrac{\mathrm{d}y}{\mathrm{d}x} = y(1 + \ln y - \ln x)$ 的通解.

解 原方程可变形为

$$\frac{\mathrm{d}y}{\mathrm{d}x} = \frac{y}{x}\left(1 + \ln\frac{y}{x}\right) .$$

令 $u = \dfrac{y}{x}$，代入方程得

$$xu' + u = u(1 + \ln u) ,$$

分离变量，得

$$\frac{\mathrm{d}u}{u\ln u} = \frac{\mathrm{d}x}{x} ,$$

两端积分，得 $\ln\ln u = \ln x + \ln C$，即 $\ln u = Cx$，故 $u = \mathrm{e}^{Cx}$.

再把 $u = \dfrac{y}{x}$ 回代，即得原方程的通解为 $y = x\mathrm{e}^{Cx}$.

例 3 求方程 $x^2\mathrm{d}y = (y^2 - xy + x^2)\mathrm{d}x$ 的通解.

解 经过简单变形，可化为

$$\frac{\mathrm{d}y}{\mathrm{d}x} = \frac{y^2 - xy + x^2}{x^2} ,$$

即

$$\frac{\mathrm{d}y}{\mathrm{d}x} = \left(\frac{y}{x}\right)^2 - \frac{y}{x} + 1 ,$$

令 $y = ux$，则

$$\frac{\mathrm{d}y}{\mathrm{d}x} = u + x\frac{\mathrm{d}u}{\mathrm{d}x} ,$$

将其代入上述方程，得

$$u + x\frac{\mathrm{d}u}{\mathrm{d}x} = u^2 - u + 1 ,$$

原方程已化成了可分离变量的微分方程.

分离变量，得

$$\frac{1}{(u-1)^2}\mathrm{d}u = \frac{1}{x}\mathrm{d}x ,$$

两边积分，得

$$\int\frac{1}{(u-1)^2}\mathrm{d}u = \int\frac{1}{x}\mathrm{d}x ,$$

得

$$-\frac{1}{u-1} = \ln x + \ln C \quad \text{或} \quad (1-u)\ln Cx = 1 ,$$

再将 $u = \dfrac{y}{x}$ 代入上式，还原变量 y，得原方程的通解为

$$(x - y)\ln Cx = x .$$

习题 7.3

1．求下列齐次方程的通解．

（1） $xy' - y - \sqrt{y^2 - x^2} = 0$ ；

（2） $xy' = y \ln \dfrac{y}{x}$ ；

（3） $(x^2 + y^2)\mathrm{d}x - xy\mathrm{d}y = 0$ ；

（4） $(1 + 2\mathrm{e}^{\frac{x}{y}})\mathrm{d}x + 2\mathrm{e}^{\frac{x}{y}}\left(1 - \dfrac{x}{y}\right)\mathrm{d}y = 0$ ．

2．求下列齐次方程满足初始条件的特解．

（1） $y' = \dfrac{x}{y} + \dfrac{y}{x}$ ， $y\big|_{x=1} = 2$ ；

（2） $(y^2 - 3x^2)\mathrm{d}y + 2xy\mathrm{d}y = 0$ ， $y\big|_{x=0} = 1$ ．

7.4　一阶线性微分方程

形如

$$y' + p(x)y = Q(x) \tag{7.4.1}$$

的方程称为一阶线性微分方程．它的特点是未知函数及其导数都是一次的．

若 $Q(x) \equiv 0$ ，方程变成

$$y' + p(x)y = 0 . \tag{7.4.2}$$

称（7.4.2）为（7.4.1）对应的一阶线性齐次微分方程．

若 $Q(x)$ 不恒为零，则（7.4.1）称为一阶线性非齐次微分方程．

对于（7.4.2），它是可分离变量的微分方程，分离变量，得

$$\frac{\mathrm{d}y}{y} = -p(x)\mathrm{d}x ,$$

两端积分，得

$$\ln y = -\int p(x)\mathrm{d}x + \ln C .$$

（ $\int p(x)\mathrm{d}x$ 表示 $p(x)$ 的某个原函数，下面的不定积分均表示被积函数的某个原函数），即得通解

$$y = C\mathrm{e}^{-\int p(x)\mathrm{d}x} . \tag{7.4.3}$$

下面用"常数变易法"求解微分方程（7.4.1）的通解．

在（7.4.1）对应的齐次微分方程（7.4.2）的通解（7.4.3）中，将常数 C 换成函数 $C(x)$ ，即设

$$y = C(x)\mathrm{e}^{-\int p(x)\mathrm{d}x} \tag{7.4.4}$$

为（7.4.1）的解．

将（7.4.4）两端求导，得

$$\frac{\mathrm{d}y}{\mathrm{d}x} = C'(x)\mathrm{e}^{-\int p(x)\mathrm{d}x} - p(x)C(x)\mathrm{e}^{-\int p(x)\mathrm{d}x}. \tag{7.4.5}$$

将（7.4.4）、（7.4.5）代入（7.4.1），得

$$C'(x)\mathrm{e}^{-\int p(x)\mathrm{d}x} - p(x)C(x)\mathrm{e}^{-\int p(x)\mathrm{d}x} + p(x)C(x)\mathrm{e}^{-\int p(x)\mathrm{d}x} = Q(x),$$

即

$$C'(x)\mathrm{e}^{-\int p(x)\mathrm{d}x} = Q(x).$$

整理，得 $\qquad C'(x) = Q(x)\mathrm{e}^{\int p(x)\mathrm{d}x}.$

因此

$$C(x) = \int Q(x)\mathrm{e}^{\int p(x)\mathrm{d}x}\,\mathrm{d}x + C.$$

将上式代入（7.4.4），得到（7.4.1）的通解为

$$y = \mathrm{e}^{-\int p(x)\mathrm{d}x}\left[\int Q(x)\mathrm{e}^{\int p(x)\mathrm{d}x}\,\mathrm{d}x + C\right]. \tag{7.4.6}$$

将（7.4.6）式变形为

$$y = C\mathrm{e}^{-\int p(x)\mathrm{d}x} + \mathrm{e}^{-\int p(x)\mathrm{d}x}\int Q(x)\mathrm{e}^{\int p(x)\mathrm{d}x}\,\mathrm{d}x.$$

可见，方程（7.4.1）的通解为它对应的齐次方程（7.4.2）的通解（7.4.3）与方程本身的一个特解（在（7.4.6）中令 $C=0$）之和.

例1 求微分方程 $y' + 2xy = 2x\mathrm{e}^{-x^2}$ 的通解.

解 利用公式（7.4.6），此处 $p(x) = 2x$，$Q(x) = 2x\mathrm{e}^{-x^2}$，

$$y = \mathrm{e}^{-\int 2x\mathrm{d}x}\left[\int 2x\mathrm{e}^{-x^2}\mathrm{e}^{\int 2x\mathrm{d}x}\,\mathrm{d}x + C\right].$$

$$= \mathrm{e}^{-x^2}\left[\int 2x\mathrm{e}^{-x^2}\mathrm{e}^{x^2}\,\mathrm{d}x + C\right]$$

$$= (x^2 + C)\mathrm{e}^{-x^2}.$$

例2 求微分方程 $xy' + y = \mathrm{e}^{2x}$ 的通解.

解 把方程变成标准形式为

$$y' + \frac{1}{x}y = \frac{1}{x}\mathrm{e}^{2x}.$$

利用公式（7.4.6），此处 $p(x) = \frac{1}{x}$，$Q(x) = \frac{1}{x}\mathrm{e}^{2x}$，

$$y = \mathrm{e}^{-\int \frac{1}{x}\mathrm{d}x}\left[\int \frac{1}{x}\mathrm{e}^{2x}\mathrm{e}^{\int \frac{1}{x}\mathrm{d}x}\,\mathrm{d}x + C\right]$$

$$= \frac{1}{x}\left(\frac{1}{2}e^{2x} + C\right).$$

例3 求微分方程 $\dfrac{\mathrm{d}y}{\mathrm{d}x} = \dfrac{y}{y^2 + x}$ 的通解.

解 初看起来，此方程既不能分离变量也不是线性的，但若把 y 看作自变量，x 看作因变量，则有

$$\frac{\mathrm{d}x}{\mathrm{d}y} = \frac{1}{y}x + y,$$

即

$$\frac{\mathrm{d}x}{\mathrm{d}y} - \frac{1}{y}x = y.$$

这是一个关于未知函数 x 的一阶线性微分方程，利用公式（7.4.6），此处

$$p(y) = -\frac{1}{y}, \quad Q(y) = y,$$

$$x = e^{-\int(-\frac{1}{y})\mathrm{d}y}\left[\int y e^{\int(-\frac{1}{y})\mathrm{d}y}\mathrm{d}y + C\right]$$

$$= e^{\ln y}\left[\int y e^{-\ln y}\,\mathrm{d}y + C\right]$$

$$= y\left[\int \mathrm{d}y + C\right] = y(y + C).$$

例4 求微分方程 $y' + y\tan x = 2x\cos x$ 的通解.

解法一 利用常数变易法.

先求齐次线性微分方程 $y' + y\tan x = 0$ 的通解.

分离变量再积分，得

$$\frac{\mathrm{d}y}{y} = -\tan x\mathrm{d}x,$$

即

$$\ln y = \ln\cos x + \ln C,$$

$$y = C\cos x.$$

有常数变易法，设所给方程的通解为

$$y = C(x)\cos x,$$

则求导得

$$y' = -\sin x \cdot C(x) + \cos x \cdot C'(x).$$

将 y 和 y' 的表达式代入原方程中，有

$$-\sin x \cdot C(x) + \cos x \cdot C'(x) + C(x)\cos x \cdot \tan x = 2x\cos x,$$

即

$$\cos x \cdot C'(x) = 2x\cos x,$$

整理、分离变量并积分，得

$$C(x) = x^2 + C,$$

将上式代入 $y = C(x)\cos x$ 中，得原方程的通解为 $y = (x^2 + C)\cos x$.

若将上式改写成

$$y = C\cos x + x^2\cos x,$$

则第一项为齐次微分方程的通解，第二项为当 $C=0$ 时的非齐次微分方程的一个特解.

解法二 利用公式（7.4.6）.

此方程为一阶非齐次线性微分方程，这里 $p(x)=\tan x$，$Q(x)=2x\cos x$.

$$y=e^{-\int \tan x\,dx}\left[\int 2x\cos x\cdot e^{\int \tan x\,dx}\,dx+C\right]$$

$$=e^{-\int \frac{\sin x}{\cos x}\,dx}\left[\int 2x\cos x\cdot e^{\int \frac{\sin x}{\cos x}\,dx}\,dx+C\right]$$

$$=\cos x\left[\int 2x\cos x\cdot \frac{1}{\cos x}\,dx+C\right]$$

$$=\cos x(x^2+C).$$

通过对比，两种解法各有特点，读者可根据实际问题选择.

例5 求微分方程 $y'=\dfrac{y+x\ln x}{x}$ 的通解及满足初始条件 $y|_{x=1}=0$ 的特解.

解 将方程改写为

$$y'-\frac{1}{x}y=\ln x,$$

这是一阶非齐次线性微分方程且 $p(x)=-\dfrac{1}{x}$，$Q(x)=\ln x$，由（7.4.6）式得

$$y=e^{-\int -\frac{1}{x}\,dx}\left[\int \ln x e^{\int -\frac{1}{x}\,dx}\,dx+C\right]$$

$$=x\left[\int \ln x\cdot \frac{1}{x}\,dx+C\right]$$

$$=x\left[\int \ln x\,d\ln x+C\right]$$

$$=x\left[\frac{(\ln x)^2}{2}+C\right].$$

由初始条件 $y|_{x=1}=0$，得 $C=0$，

故所求特解为 $\qquad\qquad y=\dfrac{1}{2}x(\ln x)^2$.

例6 求方程 $(1+x\sin y)\,dy-\cos y\,dx=0$ 的通解.

解 若将 y 看作 x 的函数，方程变为

$$\frac{dy}{dx}=\frac{\cos y}{1+x\sin y}, \qquad\qquad (7.4.7)$$

此方程既不是一阶线性方程，也不是可分离变量方程，不便求解.

但若将 x 看作 y 的函数，即（7.4.7）式两边分子与分母颠倒，有

$$\frac{\mathrm{d}x}{\mathrm{d}y} = \frac{1 + x\sin y}{\cos y} = \sec y + x\tan y ,$$

即

$$\frac{\mathrm{d}x}{\mathrm{d}y} - x\tan y = \sec y ,$$

上式关于未知函数 x 及其导数 $\dfrac{\mathrm{d}x}{\mathrm{d}y}$ 是线性的，也即一阶非齐次线性微分方程，其中 $p(y) = -\tan y$，$Q(y) = \sec y$.

由（7.4.6）式，得

$$x = \mathrm{e}^{-\int -\tan y\,\mathrm{d}y}\left[\int \sec y \mathrm{e}^{\int -\tan y\,\mathrm{d}y}\,\mathrm{d}y + C\right]$$

$$= \sec y\left[\int 1\,\mathrm{d}y + C\right] = \sec y(y + C) ,$$

所以，原方程的通解为

$$x = \frac{y + C}{\cos y}.$$

现将一阶微分方程的解法归纳见表 7.1.

表 7.1　一阶微分方程的解法

类型		微分方程	解法
可分离变量		$\dfrac{\mathrm{d}y}{\mathrm{d}x} = f(x)g(y)$	分离变量，两边积分
一阶线性	齐次	$\dfrac{\mathrm{d}y}{\mathrm{d}x} + p(x)y = 0$	分离变量，两边积分；或用公式 $y = C\mathrm{e}^{-\int p(x)\mathrm{d}x}$
一阶线性	非齐次	$\dfrac{\mathrm{d}y}{\mathrm{d}x} + p(x)y = Q(x)$	常数变易法；或用公式 $y = \mathrm{e}^{-\int p(x)\mathrm{d}x}\left[\int Q(x)\mathrm{e}^{\int p(x)\mathrm{d}x}\,\mathrm{d}x + C\right]$

习题 7.4

1. 求下列微分方程的通解或特解.

（1）$y' + y = x\mathrm{e}^x$；

（2）$\dfrac{\mathrm{d}y}{\mathrm{d}x} + 2xy = 0$；

（3）$x\dfrac{\mathrm{d}y}{\mathrm{d}x} - 2y = x^3\mathrm{e}^x$，$y|_{x=1} = 0$；

（4）$xy' - 4y - x^6\mathrm{e}^x = 0$，$y|_{x=1} = 1$；

（5）$\dfrac{\mathrm{d}y}{\mathrm{d}x} = \mathrm{e}^{-x} - y$；

（6）$\dfrac{\mathrm{d}y}{\mathrm{d}x} - 3xy = 2x$；

（7）$y' - \dfrac{2y}{x} = x^2\sin 3x$；

（8）$y' + \dfrac{2y}{x} = \dfrac{\mathrm{e}^{-x^2}}{x}$；

（9）$(1 + t^2)\mathrm{d}s - 2ts\mathrm{d}t = (1 + t^2)^2\mathrm{d}t$；

（10）$2y\mathrm{d}x + (y^2 - 6x)\mathrm{d}y = 0$　（提示：将 x 看成 y 的函数）；

（11）$y' - y = \cos x$，$y|_{x=0} = 0$；   （12）$y' + \dfrac{1-2x}{x^2} y = 1$，$y|_{x=1} = 0$.

7.5 可降阶的高阶微分方程

二阶及二阶以上的微分方程称为高阶微分方程，求高阶微分方程的方法之一是设法降低微分方程的阶数，以二阶微分方程

$$y'' = f(x, y, y')$$

为例，若能将其降为一阶微分方程，那么就有可能运用前面介绍的方法来求解它了.

下面介绍三种特殊类型的可降阶的微分方程.

7.5.1 $y^{(n)} = f(x)$ 型的微分方程

微分方程

$$y^{(n)} = f(x) \tag{7.5.1}$$

的右端仅含有自变量 x，容易看出，只要把 $y^{(n-1)}$ 作为新的未知函数，那么（7.5.1）式就是新未知函数的一阶微分方程. 两端积分，就得到一个 $n-1$ 阶的微分方程

$$y^{(n-1)} = \int f(x)\mathrm{d}x + C_1.$$

同理可得

$$y^{(n-2)} = \iint \left[\int f(x)\mathrm{d}x + C_1 \right] \mathrm{d}x + C_2.$$

依照此法继续进行，接连积分 n 次，便得到微分方程（7.5.1）的含有 n 个任意常数的通解.

例 1 求微分方程 $y'' = \mathrm{e}^{2x} - \cos x$ 的通解.

解 方程两端积分一次，得

$$y' = \frac{1}{2}\mathrm{e}^{2x} - \sin x + C_1,$$

再积分一次，得

$$y = \frac{1}{4}\mathrm{e}^{2x} + \cos x + C_1 x + C_2.$$

例 2 求微分方程 $y''' = \sin x$ 的通解.

解 对方程连续积分三次，得

$$y'' = -\cos x + C_1,$$
$$y' = -\sin x + C_1 x + C_2,$$
$$y = \cos x + \frac{C_1}{2} x^2 + C_2 x + C_3.$$

每积分一次，方程降一阶，同时得一个积分常数，最后通解中的积分常数的

个数与方程的阶数自然相等.

例 3　求微分方程 $y^{(4)} = e^x + x$ 满足初始条件 $y|_{x=0} = 0$，$y'|_{x=0} = 0$，$y''|_{x=0} = -1$，$y'''|_{x=0} = -1$ 的特解.

解　对方程连续积分四次，得

$$y''' = e^x + \frac{1}{2}x^2 + C_1,$$

$$y'' = e^x + \frac{x^3}{6} + C_1 x + C_2,$$

$$y' = e^x + \frac{x^4}{24} + \frac{C_1}{2}x^2 + C_2 x + C_3,$$

$$y = e^x + \frac{x^5}{120} + \frac{C_1}{6}x^3 + \frac{C_2}{2}x^2 + C_3 x + C_4.$$

这就是微分方程的通解，其中 C_1, C_2, C_3, C_4 为任意常数.

再由初始条件 $x = 0$ 时，$y''' = -1$，得 $C_1 = -2$；$x = 0$ 时，$y'' = -1$，得 $C_2 = -2$；$x = 0$ 时，$y' = 0$，得 $C_3 = -1$；$x = 0$ 时，$y = 0$，得 $C_4 = -1$，故满足初始条件的特解为

$$y = e^x + \frac{x^5}{120} - \frac{1}{3}x^3 - x^2 - x - 1.$$

7.5.2　$y'' = f(x, y')$ 型的微分方程

方程

$$y'' = f(x, y') \tag{7.5.2}$$

的特点是右端不含未知函数 y，因此也称作缺 y 型的微分方程. 此时可令 $y' = p$，则

$$y'' = \frac{\mathrm{d}p}{\mathrm{d}x} = p'.$$

而方程（7.5.2）就成为

$$p' = f(x, p).$$

从而原方程可降阶为关于 p 与 x 的一阶微分方程

$$\frac{\mathrm{d}p}{\mathrm{d}x} = f(x, p).$$

设其通解为

$$p = \varphi(x, C_1),$$

则有

$$\frac{\mathrm{d}y}{\mathrm{d}x} = \varphi(x, C_1).$$

分离变量后求积分，得方程的通解

$$y = \int \varphi(x, C_1)\mathrm{d}x + C_2.$$

例 4　求微分方程 $xy'' + y' - x^2 = 0$ 的通解.

解　令 $y' = p$，则 $y'' = p'$，方程化为

$$xp' + p - x^2 = 0 ,$$

即
$$p' + \frac{1}{x}p = x ,$$

为一阶线性非齐次微分方程，利用公式（7.4.6）得通解

$$p = e^{-\int \frac{1}{x}dx}\left(\int xe^{\int \frac{1}{x}dx}dx + C_1\right),$$

$$= \frac{1}{x}\left(\int x^2\,dx + C_1\right) = \frac{1}{3}x^2 + \frac{C_1}{x} ,$$

即
$$\frac{dy}{dx} = \frac{1}{3}x^2 + \frac{C_1}{x} .$$

对上式两边积分得原方程的通解为

$$y = \frac{1}{9}x^3 + C_1\ln x + C_2 .$$

例 5 求微分方程 $y'' - 3y'^2 = 0$ 满足初始条件 $y\big|_{x=0} = 0$，$y'\big|_{x=0} = -1$ 的特解.

解 令 $y' = p$，则 $y'' = p'$. 方程化为

$$p' - 3p^2 = 0 ,\quad 即\ \frac{dp}{p^2} = 3dx .$$

积分得

$$-\frac{1}{p} = 3x + C_1 .$$

由初始条件
$$y'\big|_{x=0} = p\big|_{x=0} = -1 ，\ 得\ C_1 = 1 .$$

从而
$$y' = \frac{-1}{3x+1} ，\quad 即\ dy = -\frac{dx}{3x+1} ,$$

得
$$y = -\frac{1}{3}\ln(3x+1) + C_2 .$$

又由 $y\big|_{x=0} = 0$，得 $C_2 = 0$，所以原方程的特解为

$$y = -\frac{1}{3}\ln(3x+1) .$$

例 6 求微分方程 $y'' = \dfrac{2xy'}{x^2+1}$ 满足初始条件 $y\big|_{x=0} = 1$，$y'\big|_{x=0} = 3$ 的特解.

解 设 $y' = p$，则 $y'' = p'$ 代入后分离变量，得 $\dfrac{dp}{p} = \dfrac{2xdx}{x^2+1}$.

两边积分，得
$$\ln p = \ln(x^2+1) + \ln C_1 ,$$

即
$$y' = C_1(x^2+1) ,$$

由初始条件 $y'\big|_{x=0} = 3$，得 $C_1 = 3$，因此 $y' = 3x^2 + 3$，再积分，得

$$y = x^3 + 3x + C_2,$$

再由 $y\big|_{x=0} = 1$，得 $C_2 = 1$，于是所求特解为

$$y = x^3 + 3x + 1.$$

7.5.3 $y'' = f(y, y')$ 型的微分方程

方程

$$y'' = f(y, y') \tag{7.5.3}$$

的特点是右端不含自变量 x，为了求出它的解，我们作如下变量代换：令 $y' = p$，将 p 看作 y 的函数，利用复合函数的求导法则，把 y'' 化作对 y 的导数.

于是有

$$y'' = \frac{\mathrm{d}p}{\mathrm{d}x} = \frac{\mathrm{d}p}{\mathrm{d}y} \cdot \frac{\mathrm{d}y}{\mathrm{d}x} = p\frac{\mathrm{d}p}{\mathrm{d}y},$$

代入方程（7.5.3）得

$$p\frac{\mathrm{d}p}{\mathrm{d}y} = f(y, p).$$

这是一个关于变量 y 与 p 的一阶微分方程，若能求出它的如下形式的通解

$$p = F(y, C_1),$$

回代 $p = \dfrac{\mathrm{d}y}{\mathrm{d}x}$，得

$$\frac{\mathrm{d}y}{\mathrm{d}x} = F(y, C_1).$$

分离变量并积分求解这个一阶微分方程，便可得到原方程的通解为

$$\int \frac{\mathrm{d}y}{F(y, C_1)} = x + C_2.$$

例 7 求微分方程 $y\dfrac{\mathrm{d}^2 y}{\mathrm{d}x^2} - \left(\dfrac{\mathrm{d}y}{\mathrm{d}x}\right)^2 = 0$ 的通解.

解 令 $y' = p$，则 $y'' = p\dfrac{\mathrm{d}p}{\mathrm{d}y}$，于是原方程化为

$$yp\frac{\mathrm{d}p}{\mathrm{d}y} - p^2 = 0,$$

即

$$p\left(y\frac{\mathrm{d}p}{\mathrm{d}y} - p\right) = 0,$$

故有

$$p = 0, \quad \text{或} \quad y\frac{\mathrm{d}p}{\mathrm{d}y} - p = 0.$$

由第一个方程得 $y = C$，第二个方程可分离变量

$$\frac{\mathrm{d}p}{p} = \frac{\mathrm{d}y}{y} ,$$

解得
$$p = C_1 y .$$

由 $y' = p$ 得

$$\frac{\mathrm{d}y}{\mathrm{d}x} = C_1 y , \quad 即 \frac{\mathrm{d}y}{y} = C_1 \mathrm{d}x ,$$

两端积分得
$$y = C_2 \mathrm{e}^{C_1 x} .$$

这就是原方程的通解（解 $y = C$ 包含在这个通解中，即 $C_1 = 0$ 的情形）.

例 8　求解微分方程 $2yy'' + y'^2 = 0$ （ $y > 0$ ）.

解　设 $y' = p$ ，则
$$y'' = p\frac{\mathrm{d}p}{\mathrm{d}y} ,$$

代入方程后，有
$$2yp\frac{\mathrm{d}p}{\mathrm{d}y} + p^2 = 0 ,$$

分离变量，有
$$\frac{\mathrm{d}p}{p} = -\frac{\mathrm{d}y}{2y} ,$$

两边积分，有
$$\ln p = -\frac{1}{2}\ln y + \ln C ,$$

所以
$$p = \frac{C}{\sqrt{y}} ,$$

又由于
$$p = \frac{\mathrm{d}y}{\mathrm{d}x} ,$$

所以
$$\sqrt{y}\mathrm{d}y = C\mathrm{d}x ,$$

两边积分，得
$$y^{\frac{3}{2}} = C_1 x + C_2 \quad （ C_1 = \frac{3}{2}C ），$$

故
$$y = (C_1 x + C_2)^{\frac{2}{3}} .$$

现将可降阶的高阶微分方程的解法归纳见表 7.2.

表 7.2　可降阶的高阶微分方程的解法

类型	解法（降阶法）
$\dfrac{\mathrm{d}^n y}{\mathrm{d}x^n} = f(x)$	连续积分 n 次
$y'' = f(x, y')$	令 $y' = p$ ，则 $y'' = p'$ ， $\dfrac{\mathrm{d}p}{\mathrm{d}x} = f(x, p)$
$y'' = f(y, y')$	令 $y' = p$ ，则 $y'' = p\dfrac{\mathrm{d}p}{\mathrm{d}y}$ ， $p\dfrac{\mathrm{d}p}{\mathrm{d}y} = f(y, p)$

习题 7.5

1. 求下列各微分方程的通解.

（1）$y'' = x + \sin x$；

（2）$y''' = xe^x$；

（3）$y'' = \dfrac{1}{x^2}$；

（4）$y'' = 1 + (y')^2$；

（5）$y'' = y' + x$；

（6）$xy'' + y' = 0$；

（7）$yy'' - 1 = (y')^2$；

（8）$y^3 y'' - 1 = 0$；

（9）$y'' = (y')^3 + y'$.

7.6　高阶线性微分方程解的结构

本节及以下两节，我们将讨论在实际问题中应用得较多的所谓高阶线性微分方程，主要研究二阶线性微分方程.

形如

$$y'' + p(x)y' + q(x)y = f(x) \tag{7.6.1}$$

的微分方程称为二阶线性微分方程.

当 $f(x) \equiv 0$ 时，方程变为

$$y'' + p(x)y' + q(x)y = 0, \tag{7.6.2}$$

方程（7.6.2）称为二阶齐次线性微分方程，相应地（7.6.1）称为二阶非齐次线性微分方程.

特别地，若 $p(x)$ 和 $q(x)$ 分别为常数 p 和 q 时，方程（7.6.1）、（7.6.2）分别为

$$y'' + py' + qy = f(x), \tag{7.6.3}$$

$$y'' + py' + qy = 0. \tag{7.6.4}$$

方程（7.6.3）称为二阶常系数非齐次线性微分方程，（7.6.4）称为二阶常系数齐次线性微分方程.

为了研究二阶常系数线性微分方程的解法，先来讨论二阶线性微分方程的解的结构.

定理 1　如果函数 y_1, y_2 是方程（7.6.2）的两个解，C_1, C_2 是任意常数，那么 $y = C_1 y_1 + C_2 y_2$ 也是方程（7.6.2）的解.

证　由定理假设，有

$$y_1'' + p(x)y_1' + q(x)y_1 = 0,$$

$$y_2'' + p(x)y_2' + q(x)y_2 = 0.$$

分别用 C_1, C_2 乘以上面两式后相加，得

$$C_1(y_1'' + p(x)y_1' + q(x)y_1) + C_2(y_2'' + p(x)y_2' + q(x)y_2) = 0,$$

即

$$(C_1y_1 + C_2y_2)'' + p(x)(C_1y_1 + C_2y_2)' + q(x)(C_1y_1 + C_2y_2) = 0.$$

这就是说 $y = C_1y_1 + C_2y_2$ 也是（7.6.2）的解.

定理 1 表明，齐次线性微分方程的解符合叠加原理.那么叠加起来的解 $y = C_1y_1 + C_2y_2$ 是不是（7.6.2）的通解呢？

我们知道，一个二阶微分方程的通解中应含有两个相互独立的任意常数，若 $y_2 = ky_1$（k 是常数），那么，

$$C_1y_1 + C_2y_2 = C_1y_1 + C_2ky_1 = (C_1 + kC_2)y_1 = Cy_1,$$

即常数合并为一个，这样 $y = C_1y_1 + C_2y_2$ 就不是（7.6.2）的通解. 若 $\dfrac{y_2}{y_1} \neq k$（k 是常数），那么，$y = C_1y_1 + C_2y_2$ 就是（7.6.2）的通解.

若 $\dfrac{y_2}{y_1} \neq k$（k 是常数），则称函数 y_1 和 y_2 是线性无关的（或线性独立的），否则称 y_1 与 y_2 是线性相关的.

综合上述分析，有如下定理：

定理 2　如果函数 y_1, y_2 是方程（7.6.2）的两个线性无关的解，则 $y = C_1y_1 + C_2y_2$ 就是方程（7.6.2）的通解.

例如，容易验证 $y_1 = e^{-x}$，$y_2 = xe^{-x}$ 都是方程 $y'' + 2y' + y = 0$ 的解，而且 $\dfrac{y_2}{y_1} = \dfrac{1}{x} \neq k$，即 $y_1 = e^{-x}$，$y_2 = xe^{-x}$ 线性无关，故 $y = C_1e^{-x} + C_2xe^{-x}$ 是 $y'' + 2y' + y = 0$ 的通解.

定理 2 不难推广到 n 阶齐次线性微分方程.

推论　如果函数 $y_1, y_2, \cdots, y_n$ 是 n 阶齐次线性微分方程

$$y^{(n)} + a_1(x)y^{(n-1)} + \cdots + a_{n-1}(x)y' + a_n(x)y = 0$$

的 n 个线性无关的解，那么，此方程的通解为

$$y = C_1y_1 + C_2y_2 + \cdots + C_ny_n.$$

其中 $C_1, C_2, \cdots, C_n$ 为任意常数.

对于二阶非齐次线性微分方程，类似一阶非齐次线性微分方程，有如下定理：

定理 3　如果 y^* 是二阶非齐次线性微分方程（7.6.1）的一个特解，$Y = C_1y_1 + C_2y_2$ 是与（7.6.1）对应的齐次线性微分方程（7.6.2）的通解，那么 $y = Y + y^*$ 就是（7.6.1）的通解.

证　根据定理假设，有

$$Y'' + p(x)Y' + q(x)Y = 0,$$

$$y^{*''} + p(x)y^{*'} + q(x)y^* = f(x),$$

上面两式相加，得

$$(Y + y^*)'' + p(x)(Y + y^*)' + q(x)(Y + y^*) = f(x).$$

即 $y = Y + y^*$ 是（7.6.1）的解，又因为 $Y = C_1 y_1 + C_2 y_2$ 中含有两个任意常数，所以 $y = Y + y^*$ 是（7.6.1）的通解.

同理可以证明如下定理.

定理 4 如果 y_1, y_2 分别是非齐次微分方程

$$y'' + p(x)y' + q(x)y = f_1(x)$$

与

$$y'' + p(x)y' + q(x)y = f_2(x)$$

的特解，则 $y_1 + y_2$ 是微分方程

$$y'' + p(x)y' + q(x)y = f_1(x) + f_2(x) \tag{7.6.5}$$

的特解. 这一定理通常称为线性微分方程的解的叠加定理.

证 将 $y = y_1 + y_2$ 代入方程（7.6.5）的左端

$$(y_1 + y_2)'' + p(x)(y_1 + y_2)' + q(x)(y_1 + y_2)$$
$$= [y_1'' + p(x)y_1' + q(x)y_1] + [y_2'' + p(x)y_2' + q(x)y_2]$$
$$= f_1(x) + f_2(x).$$

因此 $y_1 + y_2$ 是微分方程（7.6.5）的一个特解.

定理 1、定理 3、定理 4 都可推广到 n 阶（齐次、非齐次）线性微分方程，这里不再赘述.

习题 7.6

1. 下列函数组在其定义区间内哪些是线性无关的？

（1）$x,\ x^2$；（2）$x, 2x$；（3）$e^{2x},\ 3e^{2x}$；（4）$e^{-x},\ e^x$；

（5）$\cos 2x,\ \sin 2x$；（6）$e^{x^2},\ xe^{x^2}$；（7）$\sin 2x,\ \cos x \sin x$.

2. 验证 $y_1 = \cos \omega x$ 及 $y_2 = \sin \omega x$ 都是微分方程 $y'' + \omega^2 y = 0$ 的解，并写出该方程的通解.

3. 验证 $y = C_1 e^x + C_2 e^{2x} + \dfrac{1}{12} e^{5x}$（$C_1, C_2$ 都是任意常数）是微分方程 $y'' - 3y' + 2y = e^{5x}$ 的解，并写出该方程的通解.

7.7 二阶常系数齐次线性微分方程的解法

由以上的讨论可知，求二阶常系数齐次线性微分方程的通解，只需求得它的两个线性无关的特解.

二阶常系数齐次线性微分方程

$$y'' + py' + qy = 0 , \tag{7.7.1}$$

为了寻找（7.7.1）的特解，需进一步观察（7.7.1）的特点，它的左端是 y''，py'，qy 三项之和，而右端为 0，如果它的二阶导数、一阶导数和它本身都是某个函数的倍数，则有可能合并为 0，什么样的函数具有这样的性质呢？这自然使我们想到指数函数 e^{rx}. 下面验证这种设想.

设方程（7.7.1）有指数函数形式的特解 $y = \mathrm{e}^{rx}$（r 为待定常数），将 $y = \mathrm{e}^{rx}$，$y' = r\mathrm{e}^{rx}$，$y'' = r^2\mathrm{e}^{rx}$ 代入方程（7.7.1），得

$$r^2\mathrm{e}^{rx} + pr\mathrm{e}^{rx} + q\mathrm{e}^{rx} = 0，$$

即

$$\mathrm{e}^{rx}(r^2 + pr + q) = 0．$$

因为 $\mathrm{e}^{rx} \neq 0$，必有

$$r^2 + pr + q = 0．\tag{7.7.2}$$

这是一个以 r 为未知数的一元二次方程，它有两个根，

$$r_{1,2} = \frac{-p \pm \sqrt{p^2 - 4q}}{2}．$$

因此对于方程（7.7.2）的每一个根 r，$y = \mathrm{e}^{rx}$ 就是方程（7.7.1）的一个解，我们把代数方程（7.7.2）称为微分方程（7.7.1）的特征方程.

特征方程（7.7.2）的根 r_1，r_2 称为特征根，下面分三种不同情况讨论方程（7.7.1）的通解.

1. 特征方程有两个不等实根的情形

设这两个实根为 r_1，r_2（$r_1 \neq r_2$），此时 $y_1 = \mathrm{e}^{r_1 x}$，$y_2 = \mathrm{e}^{r_2 x}$ 为微分方程（7.7.1）的两个特解，由于 $\dfrac{y_1}{y_2} = \dfrac{\mathrm{e}^{r_1 x}}{\mathrm{e}^{r_2 x}} \neq k$（$k$ 为常数），所以 $y_1 = \mathrm{e}^{r_1 x}$，$y_2 = \mathrm{e}^{r_2 x}$ 线性无关，故方程（7.7.1）的通解为

$$y = C_1\mathrm{e}^{r_1 x} + C_2\mathrm{e}^{r_2 x}．$$

例 1 求微分方程 $y'' + 3y' - 4y = 0$ 的通解.

解 微分方程的特征方程为 $r^2 + 3r - 4 = 0$，特征根为 $r_1 = -4$，$r_2 = 1$，于是方程的通解为

$$y = C_1\mathrm{e}^{-4x} + C_2\mathrm{e}^{x}．$$

例 2 求微分方程 $y'' - 2y' - 3y = 0$ 的通解.

解 其特征方程为 $r^2 - 2r - 3 = 0$ 或 $(r+1)(r-3) = 0$，特征根为

$$r_1 = -1，\quad r_2 = 3，$$

于是方程的通解为 $\qquad y = C_1\mathrm{e}^{-x} + C_2\mathrm{e}^{3x}．$

2. 特征方程有两个相等重根的情形

这时重根为 $r = -\dfrac{p}{2}$，可得方程（7.7.1）的一个特解 $y_1 = \mathrm{e}^{rx}$，要求通解还需找一个与 $y_1 = \mathrm{e}^{rx}$ 线性无关的特解，要使 $\dfrac{y_2}{y_1} = u(x) \neq k$，即 $y_2 = u(x)\mathrm{e}^{rx}$，其中 $u(x)$ 是待定函数.

将 $y_2 = u(x)\mathrm{e}^{rx}$，$y_2' = \mathrm{e}^{rx}[ru(x) + u'(x)]$，$y_2'' = \mathrm{e}^{rx}[r^2 u(x) + 2ru'(x) + u''(x)]$ 代入

方程（7.7.1），整理后得

$$e^{rx}[u''(x)+(2r+p)u'(x)+(r^2+pr+q)u(x)]=0.$$

因为 $e^{rx}\neq 0$，r 为 $r^2+pr+q=0$ 的重根，故 $r^2+pr+q=0$，$2r+p=0$，于是上式成为 $u''(x)=0$，解得 $u(x)=C_1 x+C_2$，因为只需求出一个与 $y_1=e^{rx}$ 线性无关的特解，不妨取 $C_1=1$，$C_2=0$，从而得到 $y_2=xe^{rx}$，故方程的通解为

$$y=C_1 e^{rx}+C_2 xe^{rx}=(C_1+C_2 x)e^{rx}.$$

例3　求微分方程 $y''-4y'+4y=0$ 的通解.

解　微分方程的特征方程为 $r^2-4r+4=0$，即 $(r-2)^2=0$，有两个相等的实根 $r_1=r_2=2$，故原方程的通解为

$$y=(C_1+C_2 x)e^{2x}.$$

例4　求微分方程 $y''-12y'+36y=0$ 满足初始条件 $y|_{x=0}=1$，$y'|_{x=0}=0$ 的特解.

解　微分方程的特征方程为 $r^2-12r+36=0$，即 $(r-6)^2=0$，特征根为 $r_1=r_2=6$，于是方程的通解为

$$y=(C_1+C_2 x)e^{6x}.$$

将初始条件 $y|_{x=0}=1$，$y'|_{x=0}=0$ 代入通解中，得 $C_1=1$，$C_2=-6$，从而满足初始条件 $y|_{x=0}=1$，$y'|_{x=0}=0$ 的特解为

$$y=(1-6x)e^{6x}.$$

3. 特征方程有两个共轭复根的情形

设共轭复根为 $r_1=\alpha+i\beta$，$r_2=\alpha-i\beta$，那么，$y_1=e^{(\alpha+i\beta)x}$，$y_2=e^{(\alpha-i\beta)x}$，是微分方程（7.7.1）的两个线性无关的特解，为了得到实数形式的解，利用欧拉公式

$$e^{ix}=\cos x+i\sin x,$$

将复数解 y_1，y_2 写成

$$y_1=e^{\alpha x}(\cos \beta x+i\sin \beta x)，\quad y_2=e^{\alpha x}(\cos \beta x-i\sin \beta x).$$

由解的叠加性可知

$$\frac{1}{2}(y_1+y_2)=e^{\alpha x}\cos \beta x，\quad \frac{1}{2i}(y_1-y_2)=e^{\alpha x}\sin \beta x,$$

也是微分方程（7.7.1）的两个解且线性无关. 所以方程（7.7.1）的通解为

$$y=e^{\alpha x}(C_1\cos \beta x+C_2\sin \beta x).$$

例5　求微分方程 $y''+2y'+5y=0$ 的通解.

解　微分方程的特征方程为 $r^2+2r+5=0$，

$$r_{1,2}=\frac{-2\pm\sqrt{2^2-4\times 5}}{2}=-1\pm 2i.$$

特征根为 $r_1 = -1 + 2i$，$r_2 = -1 - 2i$，于是微分方程的通解为

$$y = e^{-x}(C_1 \cos 2x + C_2 \sin 2x).$$

综上所述，求二阶常系数齐次线性微分方程的通解的步骤为：

（1）写出方程（7.7.1）的特征方程 $r^2 + pr + q = 0$；

（2）求出特征方程的两个根 r_1，r_2；

（3）根据下表的三种不同情形，写出方程（7.7.1）的通解.

为了便于记忆，我们现将二阶常系数齐次线性微分方程的解法见表 7.3.

表 7.3　二阶常系数齐次线性微分方程的解法

类型	特征方程	通解的形式
二阶常系数齐次线性微分方程 $y'' + py' + qy = 0$	$r^2 + pr + q = 0$	两不等实根 $r_1 \neq r_2$，$\quad y = C_1 e^{r_1 x} + C_2 e^{r_2 x}$
		两相等实根 $r_1 = r_2 = r$，$\quad y = (C_1 + C_2 x)e^{rx}$
		一对共轭复根 $\alpha \pm i\beta$，$\quad y = e^{\alpha x}(C_1 \cos \beta x + C_2 \sin \beta x)$

习题 7.7

1．求下列齐次微分方程的通解.

（1）$y'' - 4y' + 3y = 0$；　　　　　　（2）$y'' + 5y' = 0$；

（3）$y'' - 4y = 0$；　　　　　　　　（4）$y'' - y' - 12y = 0$；

（5）$y'' + 4y' + 4y = 0$；　　　　　　（6）$y'' + 2y' + 2y = 0$；

（7）$y'' + y = 0$；　　　　　　　　　（8）$y'' - 6y' + 25y = 0$.

2．求下列齐次微分方程满足初始条件的特解.

（1）$y'' - 2y' - 3y = 0$，　$y(0) = 0$，$y'(0) = 1$；

（2）$y'' - 8y' + 16y = 0$，　$y(1) = e^4$，$y'(1) = 0$；

（3）$y'' + 4y' + 8y = 0$，　$y(0) = 0$，$y'(0) = 2$；

（4）$y'' - 4y' + 13y = 0$，　$y(0) = 1$，$y'(0) = 5$.

7.8　二阶常系数非齐次线性微分方程的解法

二阶常系数非齐次线性微分方程的一般形式是

$$y'' + py' + qy = f(x). \tag{7.8.1}$$

由 7.6 节定理 3，二阶常系数非齐次线性微分方程的通解是它对应的齐次线性微分方程的通解与它本身的一个特解之和. 对于二阶常系数齐次线性微分方程的通解问题已经解决，这里只讨论方程（7.8.1）中的 $f(x)$ 取两种常见形式的情况.

1. $f(x) = e^{\lambda x} p_m(x)$

此型中 $p_m(x) = a_m x^m + a_{m-1} x^{m-1} + \cdots + a_1 x + a_0$ 为 m 次多项式，λ 为常数.

我们知道，方程（7.8.1）的特解 y^* 是使（7.8.1）成为恒等式的函数，那么怎样的函数能使（7.8.1）成为恒等式呢？因为（7.8.1）的右端 $f(x)$ 是多项式 $p_m(x)$ 与指数函数 $e^{\lambda x}$ 的乘积，而多项式与指数函数的乘积的导数仍然是同类函数，因此，设想方程（7.8.1）的特解形式为 $y^* = q(x)e^{\lambda x}$（其中 $q(x)$ 是某个多项式）.

把 $y^*, y^{*'}, y^{*''}$ 代入方程（7.8.1），然后考虑能否选取适当的多项式 $q(x)$，使得 $y^* = q(x)e^{\lambda x}$ 满足方程（7.8.1），为此，将

$$y^* = q(x)e^{\lambda x},$$

$$y^{*'} = e^{\lambda x}[\lambda q(x) + q'(x)],$$

$$y^{*''} = e^{\lambda x}[\lambda^2 q(x) + 2\lambda q'(x) + q''(x)]$$

代入方程（7.8.1）并消去 $e^{\lambda x}$，得

$$q''(x) + (2\lambda + p)q'(x) + (\lambda^2 + p\lambda + q)q(x) = p_m(x). \qquad (7.8.2)$$

以下分三种情况进行讨论.

（1）λ 不是特征方程的根，即 $\lambda^2 + p\lambda + q \neq 0$.

由于 $p_m(x)$ 为 m 次多项式，要使（7.8.2）成为恒等式，可令

$$q(x) = b_m x^m + b_{m-1} x^{m-1} + \cdots + b_1 x + b_0.$$

比较（7.8.2）式两端关于 x 同次幂的系数，就得到以 $b_0, b_1, \cdots, b_m$ 为未知数的 $m+1$ 个方程的联立方程组，解出每个 $b_i (i = 0, 1, 2, \cdots, m)$ 就得所求的特解

$$y^* = q_m(x)e^{\lambda x};$$

（2）λ 是特征方程的单根，即 $\lambda^2 + p\lambda + q = 0, 2\lambda + p \neq 0$，此时（7.8.2）式

$$q''(x) + (2\lambda + p)q'(x) = p_m(x).$$

要使其恒等，$q'(x)$ 必须是一个 m 次多项式，可令

$$q(x) = x(b_m x^m + b_{m-1} x^{m-1} + \cdots + b_1 x + b_0),$$

用与（1）同样的方法可确定出 $b_i (i = 0, 1, 2, \cdots, m)$，从而求出特解

$$y^* = x q_m(x)e^{\lambda x};$$

（3）λ 是特征方程的重根，即 $\lambda^2 + p\lambda + q = 0, 2\lambda + p = 0$，此时（7.8.2）式 $q''(x) = p_m(x)$ 要使其恒等，$q''(x)$ 必须是一个 m 次多项式，可令

$$q(x) = x^2(b_m x^m + b_{m-1} x^{m-1} + \cdots + b_1 x + b_0),$$

用与（1）同样的方法可确定出 $b_i (i = 0, 1, 2, \cdots, m)$，从而求出特解

$$y^* = x^2 q_m(x)e^{\lambda x}.$$

综上所述，可得以下结论：

如果 $f(x) = e^{\lambda x} p_m(x)$，那么方程（7.8.1）具有形如

$$y^* = x^k q_m(x) \mathrm{e}^{\lambda x}$$

的特解, 其中 $q_m(x) = b_m x^m + b_{m-1} x^{m-1} + \cdots + b_1 x + b_0$ 是一个与 $p_m(x)$ 同次的多项式, k 为整数, 且

$$k = \begin{cases} 0, & \text{当 } \lambda \text{ 不是特征根时,} \\ 1, & \text{当 } \lambda \text{ 是单特征根时,} \\ 2, & \text{当 } \lambda \text{ 是重特征根时.} \end{cases}$$

例 1 求微分方程 $y'' + 4y' + 3y = x - 2$ 的一个特解.

解 对应齐次线性微分方程的特征方程为 $r^2 + 4r + 3 = 0$, 解得 $r_1 = -1$, $r_2 = -3$. 可以把 $x - 2$ 看作 $(x-2)\mathrm{e}^{0x}$. 因 $\lambda = 0$ 不是特征方程的根, 而 $m = 1$, 故设特解为

$$y^* = b_1 x + b_0,$$

代入原方程得

$$4b_1 + 3b_1 x + 3b_0 = x - 2.$$

比较等式两端 x 同次幂的系数, 得

$$3b_1 = 1, \quad 4b_1 + 3b_0 = -2.$$

于是

$$b_1 = \frac{1}{3}, \quad b_0 = -\frac{10}{9}.$$

因此所求特解为

$$y^* = \frac{1}{3}x - \frac{10}{9}.$$

例 2 求微分方程 $y'' - 3y' + 2y = x\mathrm{e}^{2x}$ 的通解.

解 对应齐次线性微分方程的特征方程为 $r^2 - 3r + 2 = 0$. 特征根为 $r_1 = 1$, $r_2 = 2$, 故得原方程对应的齐次线性微分方程的通解为

$$Y = C_1 \mathrm{e}^x + C_2 \mathrm{e}^{2x}.$$

因为 $f(x) = x\mathrm{e}^{2x}$, $\lambda = 2$ 是特征单根, $p_m(x) = x$ 是一次多项式, 设特解为

$$y^* = x(b_0 x + b_1)\mathrm{e}^{2x},$$

因为

$$y^{*'} = [2b_0 x^2 + (2b_1 + 2b_0)x + b_1]\mathrm{e}^{2x},$$

$$y^{*''} = [4b_0 x^2 + (8b_0 + 4b_1)x + (2b_0 + 4b_1)]\mathrm{e}^{2x},$$

将 $y^*, y^{*'}, y^{*''}$ 代入原方程, 化简后约去 e^{2x}, 得

$$2b_0 x + (2b_0 + b_1) = x.$$

比较等式两端 x 的同次幂的系数, 得

$$\begin{cases} 2b_0 = 1, \\ 2b_0 + b_1 = 0. \end{cases}$$

解上述方程组得

$$b_0 = \frac{1}{2}, \quad b_1 = -1,$$

故特解为
$$y^* = x\left(\frac{1}{2}x - 1\right)e^{2x}.$$

所以原方程的通解为
$$y = Y + y^* = C_1 e^x + C_2 e^{2x} + x\left(\frac{1}{2}x - 1\right)e^{2x}.$$

例 3 求微分方程 $y'' + 4y = \frac{1}{2}x$ 满足初始条件 $y|_{x=0} = 0$，$y'|_{x=0} = 0$ 的特解.

解 微分方程的特征方程为 $r^2 + 4 = 0$，特征根为 $r_1 = 2i$，$r_2 = -2i$，于是齐次方程的通解为
$$Y = C_1 \cos 2x + C_2 \sin 2x.$$

因为 $\lambda = 0$ 不是特征根，设 $y^* = b_0 x + b_1$ 为原方程的一个特解，则 $y^{*'} = b_0$，$y^{*''} = 0$，将 $y^*, y^{*'}, y^{*''}$ 代入原方程得
$$4(b_0 x + b_1) = \frac{1}{2}x.$$

比较等式两端 x 的同次幂的系数，得
$$\begin{cases} 4b_0 = \dfrac{1}{2}, \\ 4b_1 = 0, \end{cases}$$

解上述方程组得
$$b_0 = \frac{1}{8}, \quad b_1 = 0,$$

故特解为
$$y^* = \frac{1}{8}x,$$

所以原方程的通解为
$$y = Y + y^* = C_1 \cos 2x + C_2 \sin 2x + \frac{1}{8}x.$$

将初始条件 $y|_{x=0} = 0$，$y'|_{x=0} = 0$ 代入通解中，得 $C_1 = 0$，$C_2 = -\dfrac{1}{16}$，从而满足初始条件的特解为 $y = -\dfrac{1}{16}\sin 2x + \dfrac{1}{8}x$.

例 4 求微分方程 $y'' + 6y' + 9y = 5xe^{-3x}$ 的通解.

解 微分方程所对应的齐次方程的特征方程为 $r^2 + 6r + 9 = 0$，特征根是重根，$r_1 = r_2 = -3$，于是齐次方程的通解为
$$Y = (C_1 + C_2 x)e^{-3x}.$$

原方程中，$f(x) = 5xe^{-3x}$，其中 $P_m(x) = 5x$ 是一次多项式，$\lambda = -3$ 是特征方程的重根，故 $k = 2$，于是设原方程的特解为
$$y^* = x^2(b_1 x + b_0)e^{-3x},$$

求 $y^{*\prime}$，$y^{*\prime\prime}$，得

$$y^{*\prime} = e^{-3x}[-3b_1x^3 + (3b_1 - 3b_0)x^2 + 2b_0x] ,$$

$$y^{*\prime\prime} = e^{-3x}[9b_1x^3 + (-18b_1 + 9b_0)x^2 + (6b_1 - 12b_0)x + 2b_0] ,$$

代入原方程，得

$$(6b_1x + 2b_0)e^{-3x} = 5xe^{-3x} ,$$

于是 $\qquad\qquad 6b_1 = 5 , \quad 2b_0 = 0 ,$

解得 $\qquad\qquad b_1 = \dfrac{5}{6} , \quad b_0 = 0 ,$

因此 $\qquad\qquad y^* = \dfrac{5}{6}x^3e^{-3x} ,$

于是原方程的通解为 $\quad y = Y + y^* = \left(\dfrac{5}{6}x^3 + C_2x + C_1 \right)e^{-3x} .$

2. $f(x) = e^{\lambda x}(P_l(x)\cos \omega x + P_n(x)\sin \omega x)$

上式中 $P_l(x)$、$P_n(x)$ 分别 l 次和 n 次多项式，简记为 P_l、P_n.

利用欧拉公式，将三角函数表示为复变指数函数的形式，有

$$f(x) = e^{\lambda x}[P_l\cos \omega x + P_n\sin \omega x]$$

$$= e^{\lambda x}\left[P_l\frac{e^{i\omega x} + e^{-i\omega x}}{2} + P_n\frac{e^{i\omega x} - e^{-i\omega x}}{2i} \right]$$

$$= \left(\frac{P_l}{2} + \frac{P_n}{2i} \right)e^{(\lambda + i\omega)x} + \left(\frac{P_l}{2} - \frac{P_n}{2i} \right)e^{(\lambda - i\omega)x}$$

$$= P(x)e^{(\lambda + i\omega)x} + \overline{P}(x)e^{(\lambda - i\omega)x} ,$$

其中 $\qquad\qquad P(x) = \dfrac{P_l}{2} + \dfrac{P_n}{2i} = \dfrac{P_l}{2} - \dfrac{P_n}{2}i$

与 $\qquad\qquad \overline{P}(x) = \dfrac{P_l}{2} - \dfrac{P_n}{2i} = \dfrac{P_l}{2} + \dfrac{P_n}{2}i$

是互为共轭的 m 次多项式（即它们对应的系数是共轭复数），而 $m = \max\{l, n\}$.

仿以上讨论结果，由 $f(x)$ 中的第一项 $P(x)e^{(\lambda + i\omega)x}$，可求出一个 m 次多项式 $Q_m(x)$，使得

$$y_1^* = x^kQ_m(x)e^{(\lambda + i\omega)x}$$

为方程

$$y'' + py' + qy = P(x)e^{(\lambda + i\omega)x}$$

的特解，其中 k 按 $\lambda + i\omega$ 不是特征方程的根或是特征方程的单根依次取 0 或 1.

由于 $f(x)$ 的第二项 $\overline{P}(x)e^{(\lambda - i\omega)x}$ 与第一项 $P(x)e^{(\lambda + i\omega)x}$ 成共轭，所以与 y_1^* 成共轭的函数

$$y_2^* = x^k \bar{Q}_m(x) \mathrm{e}^{(\lambda - \mathrm{i}\omega)x}$$

一定是方程

$$y'' + py' + qy = \bar{P}(x) \mathrm{e}^{(\lambda - \mathrm{i}\omega)x}$$

的特解，其中 $\bar{Q}_m(x)$ 是与 $Q_m(x)$ 成共轭的 m 次多项式. 于是，方程（7.8.1）有形如

$$y^* = x^k Q_m \mathrm{e}^{(\lambda + \mathrm{i}\omega)x} + x^k \bar{Q}_m \mathrm{e}^{(\lambda - \mathrm{i}\omega)x}$$

的特解，即

$$y^* = x^k \mathrm{e}^{\lambda x} [Q_m \mathrm{e}^{\mathrm{i}\omega x} + \bar{Q}_m \mathrm{e}^{-\mathrm{i}\omega x}]$$
$$= x^k \mathrm{e}^{\lambda x} [Q_m (\cos \omega x + \mathrm{i} \sin \omega x) + \bar{Q}_m (\cos \omega x - \mathrm{i} \sin \omega x)],$$

由于括号内的两项是互成共轭的，相加后无虚部，所以可以写成实函数的形式，

$$y^* = x^k \mathrm{e}^{\lambda x} [R_m^{(1)}(x) \cos \omega x + R_m^{(2)}(x) \sin \omega x].$$

综上所述，有如下结论：

如果 $f(x) = \mathrm{e}^{\lambda x} [P_l(x) \cos \omega x + P_n(x) \sin \omega x]$，则二阶常系数非齐次线性微分方程（7.8.1）的特解可设为

$$y^* = x^k \mathrm{e}^{\lambda x} [R_m^{(1)}(x) \cos \omega x + R_m^{(2)}(x) \sin \omega x],$$

其中 $R_m^{(1)}(x)$、$R_m^{(2)}(x)$ 是两个待定 m 次多项式，$m = \max\{l, n\}$，而

$$k = \begin{cases} 0, & \lambda + \mathrm{i}\omega \text{ 不是特征方程的根;} \\ 1, & \lambda + \mathrm{i}\omega \text{ 是特征方程的单根.} \end{cases}$$

上述结论可推广到 n 阶常系数非齐次线性微分方程，只是其中的 k 是特征方程中含根 $\lambda + \mathrm{i}\omega$（或 $\lambda - \mathrm{i}\omega$）的重复次数.

例 5　求微分方程 $y'' + 2y' - 3y = 4\sin x$ 的一个特解.

解　微分方程对应的齐次方程的特征方程为

$$r^2 + 2r - 3 = 0,$$

它的两个根为 $r_1 = -3$，$r_2 = 1$. 而 $\lambda = 0$，$\omega = 1$，$P_l(x) = 0$，$P_n(x) = 4$，从而 $m = 0$. 又因为 $\lambda + \mathrm{i}\omega = \mathrm{i}$ 不是特征方程的根，所以 k 取 0，因此可设方程的特解为

$$y^* = A\cos x + B\sin x.$$

则

$$y^{*'} = B\cos x - A\sin x,$$

$$y^{*''} = -A\cos x - B\sin x.$$

将 y^*，$y^{*'}$，$y^{*''}$ 代入原方程，得

$$(-4A + 2B)\cos x + (-2A - 4B)\sin x = 4\sin x,$$

从而

$$-4A + 2B = 0, \quad -2A - 4B = 4,$$

解得 $A = -\dfrac{2}{5}$，$B = -\dfrac{4}{5}$，于是原方程的一个特解为

$$y^* = -\frac{2}{5}\cos x - \frac{4}{5}\sin x .$$

例 6 求微分方程 $y'' + y = x\cos 2x$ 的通解.

解 微分方程对应的齐次方程的特征方程为 $r^2 + 1 = 0$，它的两个根为 $r_1 = i$，$r_2 = -i$，于是对应齐次方程的通解为

$$Y = C_1\cos x + C_2\sin x .$$

又因为 $\lambda = 0$，$\omega = 2$，$P_l(x) = x$，$P_n(x) = 0$，从而 $m = 1$. 而 $\lambda + i\omega = 2i$ 不是特征方程的根，所以 k 取 0，因此应设方程的特解为

$$y^* = (Ax + B)\cos 2x + (Cx + D)\sin 2x ,$$

则

$$y^{*\prime} = A\cos 2x - 2(Ax + B)\sin 2x + C\sin 2x + 2(Cx + D)\cos 2x ,$$

$$y^{*\prime\prime} = -4A\sin 2x + 4C\cos 2x - 4(Ax + B)\cos 2x - 4(Cx + D)\sin 2x .$$

将 y^*，$y^{*\prime}$，$y^{*\prime\prime}$ 代入原方程，得

$$(-3Ax - 3B + 4C)\cos 2x - (3Cx + 3D + 4A)\sin 2x = x\cos 2x ,$$

比较两端同类项的系数，得

$$\begin{cases} -3A = 1, \\ -3B + 4C = 0, \\ -3C = 0, \\ -3D - 4A = 0, \end{cases}$$

解得 $A = -\dfrac{1}{3}$，$B = 0$，$C = 0$，$D = \dfrac{4}{9}$，于是原方程的一个特解为

$$y^* = -\frac{1}{3}x\cos 2x + \frac{4}{9}\sin 2x .$$

所给方程的通解为

$$y = C_1\cos x + C_2\sin x - \frac{1}{3}x\cos 2x + \frac{4}{9}\sin 2x .$$

例 7 求微分方程 $y'' - 2y' + 2y = e^x\cos x$ 的一个特解.

解 微分方程对应的齐次方程的特征方程为 $r^2 - 2r + 2 = 0$，它的两个根为 $r_1 = 1 + i$，$r_2 = 1 - i$，此处 $\lambda = 1$，$\omega = 1$，$P_l(x) = 1$，$P_n(x) = 0$，而 $\lambda + \omega i = 1 + i$ 是特征方程 $r^2 - 2r + 2 = 0$ 的单根，所以 k 取 1，因此设方程的特解为

$$y^* = xe^x(C\cos x + D\sin x) ,$$

则

$$y^{*\prime} = (e^x + xe^x)(C\cos x + D\sin x) + xe^x(D\cos x - C\sin x),$$

$$y^{*\prime\prime} = 2e^x(C\cos x + D\sin x) + 2(e^x + xe^x)(D\cos x - C\sin x),$$

将 $y^*, y^{*'}, y^{*''}$ 代入原方程得

$$2e^x(D\cos x - C\sin x) = e^x\cos x，$$

从而，$C = 0$，$D = \dfrac{1}{2}$，于是原方程的一个特解为

$$y^* = \frac{1}{2}xe^x\sin x.$$

为了便于记忆，我们现将二阶常系数非齐次线性微分方程的解法归纳见表7.4.

表 7.4　二阶常系数非齐次线性微分方程的解法

类型	特征方程	$f(x)$ 的形式	特解的形式
二阶常系数非齐次线性微分方程 $y'' + py' + qy = f(x)$	$r^2 + pr + q = 0$	$f(x) = P_m(x)$	$q \neq 0$ 时，　$y^* = Q_m(x)$
			$q = 0$ 而 $p \neq 0$ 时，　$y^* = xQ_m(x)$
			$q = p = 0$ 时，　$y^* = x^2Q_m(x)$
		$f(x) = P_m(x)e^{\lambda x}$	λ 不是特征根，　$y^* = Q_m(x)e^{\lambda x}$
			λ 是单特征根，　$y^* = xQ_m(x)e^{\lambda x}$
			λ 是重特征根，　$y^* = x^2Q_m(x)e^{\lambda x}$
		$f(x) = e^{\lambda x}[P_l(x)\cos\omega x + P_n(x)\sin\omega x]$ $m = \max\{l, n\}$	$\lambda + i\omega$ 不是特征根，$y^* = e^{\lambda x}[R_m^{(1)}(x)\cos\omega x + R_m^{(2)}(x)\sin\omega x]$
			$\lambda + i\omega$ 是特征根，$y^* = xe^{\lambda x}[R_m^{(1)}(x)\cos\omega x + R_m^{(2)}(x)\sin\omega x]$

习题 7.8

1．求下列非齐次微分方程的通解.

（1）$y'' - 2y' = 3x + 1$；

（2）$2y'' + y' - y = 2e^x$；

（3）$y'' + 3y' + 2y = 3xe^{-x}$；

（4）$y'' - 2y' + y = xe^x$；

（5）$y'' - 2y' = x^2$；

（6）$y'' + y' + y = 3\sin x$；

（7）$y'' + y' - 2y = 8\sin 2x$；

（8）$y'' + y = \cos x + e^x$.

2．求下列微分方程满足初始条件的特解.

（1）$y'' + 3y' + 2y = x$，　$y(0) = 0$，　$y'(0) = 1$；

（2）$y'' - 9y = e^{3x}$，　$y(0) = 0$，　$y'(0) = 0$；

（3）$y'' - y = 4xe^x$，　$y(0) = 0$，　$y'(0) = 1$；

（4）$y'' + y = 3\sin 2x$，　$y(\pi) = 1$，　$y'(\pi) = -1$.

3. 求微分方程 $y'' + 2y' + 2y = 0$ 的一条积分曲线方程，使其在点 $(0,1)$ 与直线 $y = 2x+1$ 相切.

7.9 微分方程的应用

在自然界和工程技术中，许多问题的研究往往归结为求解微分方程的问题. 本节通过列举一些实例的求解过程阐述微分方程在实际中的应用.

应用微分方程解决具体问题的步骤为：

（1）分析问题，建立微分方程，提出初始条件；

（2）求出此微分方程的通解；

（3）根据初始条件确定所需的特解.

7.9.1 一阶微分方程的应用

例 1 设某跳伞运动员质量为 m，降落伞张开后降落时所受的空气阻力与速度成正比，开始降落时速度为零，求降落伞降落速率与时间的函数关系.

解 设降落伞降落速率为 $v(t)$，降落时运动员所受重力 mg 的方向与 $v(t)$ 的方向一致，并受阻力 $-kv$（k 为比例系数且大于 0），负号表示阻力方向与 $v(t)$ 的方向相反，从而降落时运动员所受合外力为 $F = mg - kv$，根据牛顿第二定律 $F = ma$ 及 $a = \dfrac{\mathrm{d}v}{\mathrm{d}t}$

（a 为加速度），得微分方程

$$m\frac{\mathrm{d}v}{\mathrm{d}t} = mg - kv,$$

即 $\dfrac{\mathrm{d}v}{\mathrm{d}t} + \dfrac{k}{m}v = g$，利用公式（7.4.6）$y = \mathrm{e}^{-\int p(x)\mathrm{d}x}\left[\int Q(x)\mathrm{e}^{\int p(x)\mathrm{d}x}\,\mathrm{d}x + C\right]$，

得微分方程的解

$$v(t) = \mathrm{e}^{-\int \frac{k}{m}\mathrm{d}t}\left[\int g\mathrm{e}^{\int \frac{k}{m}\mathrm{d}t}\,\mathrm{d}t + C\right] = \mathrm{e}^{-\frac{k}{m}t}\left[\int g\mathrm{e}^{\frac{k}{m}t}\,\mathrm{d}t + C\right] = C\mathrm{e}^{-\frac{k}{m}t} + \frac{mg}{k}.$$

将初始条件 $v|_{t=0} = 0$ 代入得 $C = -\dfrac{mg}{k}$，

故所求的速率与时间的函数关系为 $v(t) = \dfrac{mg}{k}(1 - \mathrm{e}^{-\frac{k}{m}t})$.

因为当 t 充分大时，$\mathrm{e}^{-\frac{k}{m}t}$ 接近于零，速率 $v(t)$ 逐渐接近于 $\dfrac{mg}{k}$，降落伞作匀速下落运动，故跳伞者能完好无损地降落到地面.

例 2 在 CR 电路中，电阻 $R = 10\,\Omega$，电容 $C = 0.1\,\mathrm{F}$，电源电压 $U = 10\sin t\,\mathrm{V}$，开关 K 合上之前，电容 C 上的电压 $U_C = 0$，求开关 K 合上之后电容 C 上的电压随时间的变化规律 $U_C(t)$.

解 如图 7.1 所示，设开关 K 合上之后，电路中的电流为 $I(t)$，电容器板上的电量为 $Q(t)$，则

$$Q = CU_C, \quad I = \frac{\mathrm{d}Q}{\mathrm{d}t} = \frac{\mathrm{d}CU_C}{\mathrm{d}t} = C\frac{\mathrm{d}U_C}{\mathrm{d}t},$$

由回路电压定律知：电容 C 上的电压与电阻 R 上的电压之和等于电压 U，即

$$U_C + RI = U, \quad \text{即 } U_C + RC\frac{\mathrm{d}U_C}{\mathrm{d}t} = U.$$

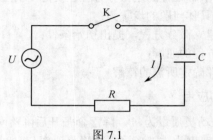

图 7.1

把 R，C 的值代入，并列出初始条件，得

$$U_C' + U_C = 10\sin t, \quad U_C\big|_{t=0} = 0.$$

利用公式（7.4.6）得微分方程的解

$$U_C = \mathrm{e}^{-\int \mathrm{d}t}\left[\int 10\sin t \cdot \mathrm{e}^{\int \mathrm{d}t}\,\mathrm{d}t + C_1\right] = \mathrm{e}^{-t}\left[\int 10\sin t \cdot \mathrm{e}^t\,\mathrm{d}t + C_1\right]$$

$$= \mathrm{e}^{-t}\left[5\mathrm{e}^t(\sin t - \cos t) + C_1\right] = C_1\mathrm{e}^{-t} + 5(\sin t - \cos t).$$

将初始条件 $U_C\big|_{t=0} = 0$ 代入上式得 $C_1 = 5$，于是所求电容 C 上的电压为

$$U_C = 5\mathrm{e}^{-t} + 5(\sin t - \cos t) = 5\mathrm{e}^{-t} + 5\sqrt{2}\sin\left(t - \frac{\pi}{4}\right).$$

上式表明，随着时间 t 的增大，第一项逐渐衰减而趋于零，从而 U_C 逐渐趋于与电源电压 U 有同周期的正弦电压，其振幅为 $5\sqrt{2}$ V，相位角比 U 落后 $\frac{\pi}{4}$.

7.9.2　二阶微分方程的应用

例3 求第二宇宙速度.

航天局发射人造卫星时，如给予卫星一个最小速度，使卫星摆脱地球的引力，像地球一样绕着太阳运行，成为人造行星，这个给予的最小速度就是所谓的第二宇宙速度.

首先建立物体垂直上抛运动的微分方程，假设地球与物体的质量分别为 M, m，r 表示地球的中心与物体的重心间的距离，根据牛顿万有引力定律，作用于物体的引力 F（空气阻力不计）为

$$F = k\frac{mM}{r^2},$$

其中 k 为万有引力系数，因此，物体的运动规律满足下面的微分方程

$$m\frac{d^2 r}{dt^2} = -k\frac{mM}{r^2}, \quad \text{即} \quad \frac{d^2 r}{dt^2} = -k\frac{M}{r^2},$$

这里的负号表示物体的加速度是负的.

设地球半径为 R（$R = 63 \times 10^5\,\text{m}$）物体的发射速度为 v_0，因此，当物体刚刚离开地球表面时，有 $r = R, \dfrac{dr}{dt} = v_0$，即初始条件为 $r\big|_{t=0} = R, \dfrac{dr}{dt}\big|_{t=0} = v_0$.

令 $\dfrac{dr}{dt} = v$，则 $\dfrac{d^2 r}{dt^2} = \dfrac{dv}{dr} \cdot \dfrac{dr}{dt} = v\dfrac{dv}{dr}$.

故原方程可降为一阶微分方程

$$v\frac{dv}{dr} = -k\frac{M}{r^2},$$

解得

$$\frac{v^2}{2} = \frac{kM}{r} + C.$$

将初始条件 $r\big|_{t=0} = R, \dfrac{dr}{dt}\big|_{t=0} = v_0$ 代入，得 $C = \dfrac{v_0^2}{2} - \dfrac{kM}{R}$，

所以

$$\frac{v^2}{2} = \frac{kM}{r} + \left(\frac{v_0^2}{2} - \frac{kM}{R}\right).$$

因为物体运动的速度必须始终保持是正的，而随着 r 的不断增大，$\dfrac{kM}{r}$ 越来越小，因此要使上式对任意的 r 都有 $\dfrac{v^2}{2} > 0$，只有 $\dfrac{v_0^2}{2} - \dfrac{kM}{R} \geq 0$，即 $v_0 \geq \sqrt{\dfrac{2kM}{R}}$ 成立，

所以最小的发射速度为 $v_0 = \sqrt{\dfrac{2kM}{R}}$.

在地球表面时 $r = R$，重力加速度 g，$g = 9.81$（m/s），由 $F = mg = k \cdot \dfrac{mM}{R^2}$ 得 $kM = gR^2$，代入上式得到

$$v_0 = \sqrt{2gR} = \sqrt{2 \times 9.81 \times 63 \times 10^5} \approx 11.2 \times 10^3 \text{（m/s）}.$$

这就是通常所说的第二宇宙速度.

例 4 如图 7.2 所示，L 为电感，C 为电容，R 为电阻，设电容器已经充电，则当开关 K 闭合后，电容器放电，电路中有电流 I 通过，产生电磁振荡，求电容器两极板间电压 U_C 随时间 t 的变化规律.

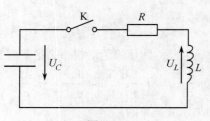

图 7.2

解　根据回路电压定律可知，电感、电容、电阻上的电压 U_L、U_C、U_R 应有以下关系：

$$U_L + U_C + U_R = 0 .$$

由于 $I = C\dfrac{\mathrm{d}U_C}{\mathrm{d}t}$，故

$$U_R = RI = RC\frac{\mathrm{d}U_C}{\mathrm{d}t}, \quad U_L = L\frac{\mathrm{d}I}{\mathrm{d}t} = LC\frac{\mathrm{d}^2 U_C}{\mathrm{d}t^2},$$

代入上式得

$$LC\frac{\mathrm{d}^2 U_C}{\mathrm{d}t^2} + RC\frac{\mathrm{d}U_C}{\mathrm{d}t} + U_C = 0 , \tag{7.9.1}$$

即电压必须满足（7.9.1）.

如果电容器没有充电，而且电路接在一电压为 E 的直流电源上，如图 7.3 所示，则当开关 K 闭合后，电源向电容器充电，此时电路中有电流 I 通过，产生电磁振荡，按照上面的分析方法，可以求得电压 U_C 满足的微分方程为

$$LC\frac{\mathrm{d}^2 U_C}{\mathrm{d}t^2} + RC\frac{\mathrm{d}U_C}{\mathrm{d}t} + U_C = E . \tag{7.9.2}$$

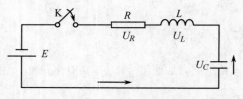

图 7.3

如果将图 7.3 中的直流电源换为交流电源，且设交流电动势 $E(t) = U \sin \omega_0 t$（U, ω_0 为常数），则 U_C 满足的微分方程为

$$LC\frac{\mathrm{d}^2 U_C}{\mathrm{d}t^2} + RC\frac{\mathrm{d}U_C}{\mathrm{d}t} + U_C = U \sin \omega_0 t . \tag{7.9.3}$$

下面仅就方程（7.9.1）进行讨论. 此方程是一个二阶常系数齐次线性微分方程，将（7.9.1）改写成

$$\frac{\mathrm{d}^2 U_C}{\mathrm{d}t^2} + \frac{R}{L} \cdot \frac{\mathrm{d}U_C}{\mathrm{d}t} + \frac{1}{LC}U_C = 0,$$

特征方程为

$$r^2 + \frac{R}{L}r + \frac{1}{LC} = 0,$$

特征根为

$$r_{1,2} = \frac{-R \pm \sqrt{R^2 - 4\dfrac{L}{C}}}{2L}.$$

下面分三种情况讨论.

（1）当 $R > 2\sqrt{\dfrac{L}{C}}$ 时，通解为

$$U_C = C_1 \mathrm{e}^{\frac{-R + \sqrt{R^2 - 4\frac{L}{C}}}{2L}t} + C_2 \mathrm{e}^{\frac{-R - \sqrt{R^2 - 4\frac{L}{C}}}{2L}t},$$

这说明在电阻很大的情况下，电容器发生非振动的放电过程.

（2）当 $R = 2\sqrt{\dfrac{L}{C}}$（称为"临界电阻"）时，通解为

$$U_C = (C_1 + C_2 t)\mathrm{e}^{\frac{-R}{2L}t},$$

这说明在临界电阻情况下，电容器放电过程仍然是非振动的.

（3）$R < 2\sqrt{\dfrac{L}{C}}$ 时，通解为

$$U_C = \mathrm{e}^{-\frac{R}{2L}t}\left(C_1 \cos \frac{\sqrt{4\dfrac{L}{C} - R^2}}{2L}t + C_2 \sin \frac{\sqrt{4\dfrac{L}{C} - R^2}}{2L}t \right),$$

这说明在小电阻情况下，电容器发生振动性放电过程.

同样，不难求解方程（7.9.2）、（7.9.3），并给出物理解释.

习题 7.9

1. 求一曲线的方程，它在点 (x, y) 处的切线斜率为 $2x + y$ 且曲线过原点.

2. 潜水艇在水中下降时，所受阻力与下降速度成正比，若潜水艇由静止状态开始下降，求其下降速度与时间的关系.

3. 质量为 m 的物体以初速度 v_0 竖直上抛，空气阻力与速度成正比，求物体运动速度与时间的关系，并求上升到最高点所需要的时间.

4. 在 RLC 含源电路中（如图 7.3），电动势为 E 的电源对电容器 C 充电，已知 $E = 20\,\mathrm{V}$，$C = 0.2\,\mathrm{\mu F}$，$L = 0.1\,\mathrm{H}$，$R = 1000\,\Omega$，试求合上开关 K 后的电流 $I(t)$ 及电压 U_C.

本章小结

1．微分方程的基本概念

（1）微分方程：包含未知函数及其导数（或微分）的等式．

（2）微分方程的阶：微分方程中出现的未知函数导数的最高阶数．

（3）微分方程的解：满足微分方程的函数．

（4）微分方程的通解：含有与方程的阶数相同的独立任意常数的解．

（5）微分方程的特解：不含任意常数的解．

（6）初始条件：反映初始状态的条件，能通过从通解中确定任意常数而得出特解．

2．一阶微分方程

（1）可分离变量方程：一般形式为 $f(x)\mathrm{d}x = g(y)\mathrm{d}y$，可采用两边积分的方法求解．

（2）齐次方程：一般形式为 $\dfrac{\mathrm{d}y}{\mathrm{d}x} = f\left(\dfrac{y}{x}\right)$，令 $u = \dfrac{y}{x}$，即 $y = xu$，$y' = xu' + u$，方程化为 $x\dfrac{\mathrm{d}u}{\mathrm{d}x} = f(u) - u$，分离变量后再求解．

（3）一阶线性方程：一般形式为 $y' + p(x)y = Q(x)$，有两种解法．

①公式法：$y = \mathrm{e}^{-\int p(x)\mathrm{d}x}\left[\int Q(x)\mathrm{e}^{\int p(x)\mathrm{d}x}\mathrm{d}x + C\right]$．

②常数变易法（略）．

3．可降阶的高阶微分方程

（1）$y^{(n)} = f(x)$ 型的解法：通过两边逐次积分 n 次，每次积分加一个任意常数，降为一阶方程后求其通解．

（2）$y'' = f(x, y')$ 型的解法：它的特征是不显含 y．作变量替换，令 $y' = p$，则 $y'' = \dfrac{\mathrm{d}p}{\mathrm{d}x} = p'$，代入后原方程化为一阶微分方程 $\dfrac{\mathrm{d}p}{\mathrm{d}x} = f(x, p)$．

（3）$y'' = f(y, y')$ 型的解法：它的特征是不显含 x．作变量替换，令 $y' = p$，则 $y'' = p\dfrac{\mathrm{d}p}{\mathrm{d}y}$，代入原方程后化为一阶微分方程 $p\dfrac{\mathrm{d}p}{\mathrm{d}y} = f(y, p)$．

4．二阶常系数齐次线性微分方程

（1）二阶常系数齐次线性微分方程．

二阶常系数齐次线性微分方程的标准形式为 $y'' + py' + qy = 0$（p, q 为任意常数），其求解方法为先求其特征方程 $r^2 + pr + q = 0$ 的根，再按下面几种情况写出通解．

①特征方程有两个不相等的实根 $r_1 \neq r_2$ ，则通解为
$$y = C_1 \mathrm{e}^{r_1 x} + C_2 \mathrm{e}^{r_2 x}.$$

②特征方程有两个相等的实根 $r_1 = r_2 = r$ ，则通解为
$$y = C_1 \mathrm{e}^{rx} + C_2 x \mathrm{e}^{rx} = \mathrm{e}^{rx}(C_1 + C_2 x).$$

③特征方程有共轭复根 $r_1 = \alpha + \mathrm{i}\beta$ ， $r_2 = \alpha - \mathrm{i}\beta$ （ $\beta \neq 0$ ），则通解为
$$y = \mathrm{e}^{\alpha x}(C_1 \cos \beta x + C_2 \sin \beta x).$$

二阶常系数齐次线性微分方程通解的形式如表 7.3 所示.

（2）二阶常系数非齐次线性微分方程.

二阶常系数非齐次线性微分方程的标准形式为
$$y'' + py' + qy = f(x),$$

其通解为 $y = y^* + Y$ ，其中 y^* 为此方程的一个特解， Y 为对应的齐次线性微分方程 $y'' + py' + qy = 0$ 的通解，特解 y^* 的求法：

① $y'' + py' + qy = \mathrm{e}^{\lambda x} P_m(x)$ 的待定特解可设为 $y^* = x^k Q_m(x) \mathrm{e}^{\lambda x}$ ，其中
$$Q_m(x) = b_m x^m + b_{m-1} x^{m-1} + \cdots + b_1 x + b_0$$

是一个与 $P_m(x)$ 同次的待定 m 次多项式， $b_0, b_1, \cdots, b_m$ 为待定系数， k 为整数，且
$$k = \begin{cases} 0, & \text{当 } \lambda \text{ 不是特征根时;} \\ 1, & \text{当 } \lambda \text{ 是单特征根时;} \\ 2, & \text{当 } \lambda \text{ 是重特征根时.} \end{cases}$$

② $y'' + py' + qy = \mathrm{e}^{\lambda x}[P_l(x)\cos \omega x + P_n(x)\sin \omega x]$ 的待定特解可设为
$$y^* = x^k \mathrm{e}^{\lambda x}[R_m^{(1)}(x)\cos \omega x + R_m^{(2)}(x)\sin \omega x],$$

其中 $R_m^{(1)}(x)$ 、 $R_m^{(2)}(x)$ 是两个 m 次待定多项式， $m = \max\{l, n\}$ ，而
$$k = \begin{cases} 0, & \lambda + \mathrm{i}\omega \text{ 不是特征方程的根,} \\ 1, & \lambda + \mathrm{i}\omega \text{ 是特征方程的单根.} \end{cases}$$

二阶常系数非齐次线性微分方程的通解的形式如表 7.4 所示.

复习题 7

1．填空题.

（1）如果微分方程的通解的所有任意常数的值确定后，所得到的微分方程的解称之为
_____；

（2）方程 $y''' - y'' + yy' = x$ 是_____阶微分方程；

（3）微分方程 $y' = \mathrm{e}^{x-y}$ 的通解是_____；

（4）微分方程 $y' - y = \mathrm{e}^{-x}$ 满足初始条件 $y\big|_{x=0} = \dfrac{1}{2}$ 的特解是_____；

（5）设 $f(x)$ 是连续可导的函数，且 $f(0)=1$，则满足方程 $\displaystyle\int_0^x f(t)\mathrm{d}t = xf(x) - x^2$ 的函数 $f(x)=$_____；

（6）微分方程 $2\dfrac{\mathrm{d}^2y}{\mathrm{d}x^2} - 5\dfrac{\mathrm{d}y}{\mathrm{d}x} = 0$ 的通解是_____；

（7）微分方程 $\dfrac{\mathrm{d}^2y}{\mathrm{d}x^2} - 6\dfrac{\mathrm{d}y}{\mathrm{d}x} + 9y = 0$ 的通解是_____；

（8）微分方程 $\dfrac{\mathrm{d}^2y}{\mathrm{d}x^2} + 4\dfrac{\mathrm{d}y}{\mathrm{d}x} + 29y = 0$ 的通解是_____；

（9）微分方程 $\dfrac{\mathrm{d}^2y}{\mathrm{d}x^2} + 9y = 0$ 的通解是_____；

（10）以 $y = C_1 x\mathrm{e}^x + C_2\mathrm{e}^x$ 为通解的二阶常系数齐次线性微分方程为_____.

2．单选题.

（1）函数 $y = C_1\mathrm{e}^{2x+C_2}$（其中 C_1，C_2 是任意常数）是微分方程 $\dfrac{\mathrm{d}^2y}{\mathrm{d}x^2} - \dfrac{\mathrm{d}y}{\mathrm{d}x} - 2y = 0$ 的（　　）.

  A．通解   B．特解

  C．不是解   D．是解，但不是通解，也不是特解

（2）下列微分方程中为齐次方程的是（　　）.

  A．$\dfrac{\mathrm{d}x}{x^2 - xy + y^2} = \dfrac{\mathrm{d}y}{2y^2 - xy}$ B．$(x - 2y + 1)\mathrm{d}x = (2x - y + 1)\mathrm{d}y$

  C．$\dfrac{x}{1+y}\mathrm{d}x - \dfrac{y}{1+x}\mathrm{d}y = 0$ D．$y' = \dfrac{1}{2x - y}$

（3）微分方程 $y\mathrm{d}x + (y^2x - \mathrm{e}^y)\mathrm{d}y = 0$ 是（　　）.

  A．可分离变量方程   B．可化为一阶线性的微分方程

  C．二阶微分方程   D．齐次方程

（4）若 $y_2(x)$ 是线性非齐次方程 $y' + p(x)y = q(x)$ 的解，$y_1(x)$ 是对应的齐次方程 $y' + p(x)y = 0$ 的解，则下列函数中也是 $y' + p(x)y = q(x)$ 的解的是（　　）.

  A．$y = Cy_1(x) + y_2(x)$ B．$y = y_1(x) + Cy_2(x)$

  C．$y = C[y_1(x) + y_2(x)]$ D．$y = Cy_1(x) - y_2(x)$

（5）若 $y_1(x)$ 是线性非齐次方程 $y' + p(x)y = q(x)$ 的一个特解，则该方程的通解是（　　）.

  A．$y = y_1(x) + \mathrm{e}^{-\int p(x)\mathrm{d}x}$ B．$y = y_1(x) + C\mathrm{e}^{-\int p(x)\mathrm{d}x}$

  C．$y = y_1(x) + \mathrm{e}^{-\int p(x)\mathrm{d}x} + C$ D．$y = y_1(x) + C\mathrm{e}^{\int p(x)\mathrm{d}x}$

（6）$xy'' = (1 + 2x^2)y'$ 的通解是（　　）.

  A．$y = C_1\mathrm{e}^{x^2}$ B．$y = C_1\mathrm{e}^{x^2} + C_2x$

C. $y = C_1 e^{x^2} + C_2$ 　　　　　　　　D. $y = C_1 x e^{x^2} + C_2$

（7）微分方程 $y'' - 5y' + 6y = xe^{2x}$ 的特解形式（其中 a, b 为常数）是（　　）.

　　A. $ae^{2x} + (bx + c)$ 　　　　　　　B. $(ax + b)e^{2x}$

　　C. $x^2(ax + b)e^{2x}$ 　　　　　　　D. $x(ax + b)e^{2x}$

（8）设 $y = f(x)$ 是微分方程 $y'' - 2y' + 4y = 0$ 的一个解且 $f(x_0) > 0$，$f'(x_0) = 0$，则 $f(x)$ 在 x_0 处（　　）.

　　A. 取得极大值 　　　　　　　　　B. 取得极小值

　　C. 某邻域内单调增加 　　　　　　D. 某邻域内单调减少

（9）微分方程 $y'' + y = x\cos 2x$ 的一个特解应具有形式（其中 a, b, c, d 为常数）（　　）.

　　A. $(ax + b)\cos 2x + (cx + d)\sin 2x$ 　　B. $(ax^2 + bx)\cos 2x$

　　C. $a\cos 2x + b\sin 2x$ 　　　　　　　D. $x(ax + b)(\cos 2x + \sin 2x)$

（10）若 y_1, y_2 是某个二阶线性齐次微分方程的解，则 $C_1 y_1 + C_2 y_2$（C_1, C_2 是任意常数）必然是该方程的（　　）.

　　A. 通解 　　　　B. 特解 　　　　C. 解 　　　　D. 全部解

3. 计算题.

（1）求微分方程 $\dfrac{dy}{dx} = xe^{2x-3y}$ 的通解；

（2）求微分方程 $y'\cos y + \sin(x - y) = \sin(x + y)$ 的通解；

（3）求微分方程 $\dfrac{dy}{dx} = \ln(x^y)$ 满足条件 $y|_{x=1} = 2$ 的特解；

（4）求微分方程 $yy' + e^{2x+y^2} = 0$ 满足 $y(0) = 0$ 的特解；

（5）求微分方程 $\dfrac{dy}{dx} = \dfrac{x+y}{x-y}$ 的通解；

（6）求微分方程 $\dfrac{dy}{dx} = \dfrac{xy}{(x+y)^2}$ 满足 $y|_{x=-2} = 1$ 的特解；

（7）求微分方程 $3y' + y = \dfrac{1}{y^2}$ 的通解；

（8）求微分方程 $e^{2x} y''' = 1$ 的通解；

（9）求微分方程 $2x''(t) + x'(t) + 3x(t) = 0$ 的通解；

（10）求微分方程 $y'' - 4y' + 3y = 0$ 的积分曲线方程，使其在点 $(0,2)$ 与直线 $2x - 2y + 9 = 0$ 相切；

（11）求通过点 $(1,2)$ 的曲线方程，使此曲线在 $[1, x]$ 上所形成的曲边梯形面积的值等于此曲线段终点的横坐标 x 与纵坐标 y 乘积的 2 倍减去 4；

（12）设 $F(x) = f(x)g(x)$，其中函数 $f(x)$，$g(x)$ 在 $(-\infty, +\infty)$ 内满足以下条件：$f'(x) = g(x)$，$g'(x) = f(x)$，且 $f(0) = 0$，$f(x) + g(x) = 2e^x$.

①求 $F(x)$ 所满足的一阶微分方程；

②求出 $F(x)$ 的表达式.

（13）求微分方程 $x\,\mathrm{d}y+(x-2y)\mathrm{d}x=0$ 的一个解 $y=y(x)$，使得曲线 $y=y(x)$ 与直线 $x=1$，$x=2$ 以及 x 轴所围成的平面图形绕 x 轴旋转一周的旋转体体积最小.

自测题 7

1. 填空题.

（1）微分方程 $xy''+3y'=0$ 的通解 $y=$ _____；

（2）微分方程 $y''-4y=\mathrm{e}^{2x}$ 的通解 $y=$ _____；

（3）微分方程 $yy''+y'^2=0$ 满足初始条件 $y(0)=1$，$y'(0)=\dfrac{1}{2}$ 的特解是_____；

（4）以 $y=C_1\mathrm{e}^{-x}+C_2\mathrm{e}^{x}$（$C_1,C_2$ 为任意常数）为通解的二阶常系数线性微分方程为_____；

（5）微分方程 $y''-2y'+5y=0$ 的通解是_____.

2. 单选题.

（1）微分方程 $y^2\,\mathrm{d}x+(x^2-xy)\mathrm{d}y=0$ 是（　　）.

    A．齐次方程   B．线性方程

    C．可分离变量方程   D．二阶微分方程

（2）设 $y_1,y_2,\cdots,y_n$ 是 $y^{(n)}+P_1(x)y^{(n-1)}+\cdots+P_n(x)y=0$ 的 n 个特解，$C_1,C_2,\cdots,C_n$ 为任意常数，则 $y=C_1y_1+C_2y_2+\cdots+C_ny_n$（　　）.

    A．不是方程的通解

    B．是方程的通解

    C．当 $y_1,y_2,\cdots,y_n$ 线性无关时，是通解

    D．当 $y_1,y_2,\cdots,y_n$ 线性相关时，是通解

（3）设 $y=f(x)$ 是满足微分方程 $y''+y'=\mathrm{e}^{\sin x}$ 的解，并且 $f'(x_0)=0$，则 $f(x)$（　　）.

    A．在 x_0 的某邻域内单调增加

    B．在 x_0 的某邻域内单调减少

    C．在 x_0 处取得极小值

    D．在 x_0 处取得极大值

（4）微分方程 $y''-6y'+8y=\mathrm{e}^{x}+\mathrm{e}^{2x}$ 的一个特解应具有（　　）的形式（其中 a,b 为常数）.

    A．$a\mathrm{e}^{x}+b\mathrm{e}^{2x}$ B．$a\mathrm{e}^{x}+bx\mathrm{e}^{2x}$

    C．$ax\mathrm{e}^{x}+b\mathrm{e}^{2x}$ D．$ax\mathrm{e}^{x}+bx\mathrm{e}^{2x}$

（5）已知二阶线性微分方程的三个特解是 $y_1=\mathrm{e}^{3x}$，$y_2=\mathrm{e}^{3x}+\mathrm{e}^{2x}$，$y_3=\mathrm{e}^{3x}+\mathrm{e}^{-x}$，则该方程是（　　）.

    A．$y''-4y'+4y=\mathrm{e}^{3x}$ B．$y''-y'-2y=4\mathrm{e}^{3x}$

    C．$y''-2y'-3y=2\mathrm{e}^{2x}$ D．$y''-5y'+6y=-\mathrm{e}^{-x}$

3. 计算题.

（1）求方程 $(y^2 - 3x^2)\mathrm{d}y + 2xy\mathrm{d}x = 0$ 满足 $y\big|_{x=0} = 1$ 时的特解；

（2）求 $y'\cos x + y\sin x = \cos^3 x$ 满足 $y(0) = 1$ 的解；

（3）求 $(1 + y)\mathrm{d}x + (x + y^2 + y^3)\mathrm{d}y = 0$ 的通解；

（4）求微分方程 $xy' + (1 - x)y = \mathrm{e}^{2x} \ (0 < x < +\infty)$ 满足 $\lim\limits_{x \to 0^+} y(x) = 1$ 的解；

（5）设 $f(0) = 0$，$f'(x) = \displaystyle\int_0^x [f(t) + tf'(t)]\mathrm{d}t + x$，$f(x)$ 二阶可导，求 $f(x)$；

（6）设 $y = y(x)$ 满足条件

$$\begin{cases} y'' + 4y' + 4y = 0, \\ y(0) = 2, \\ y'(0) = -4, \end{cases}$$

求广义积分 $\displaystyle\int_0^{+\infty} y(x)\mathrm{d}x$；

（7）求方程 $y'' - y = \sin x$ 的通解；

（8）满足方程 $y'' + 2y' + y = x\mathrm{e}^{-x}$ 的哪一条积分曲线通过点 $(1, \mathrm{e}^{-1})$，且在该点处有平行于 x 轴的切线；

（9）设 $f(x) = \sin x - \displaystyle\int_0^x (x - t)f(t)\mathrm{d}t$，其中 f 为连续函数，求 $f(x)$；

（10）在第一象限中有一曲线通过原点 O 与点 $(1, 2)$，点 $P(x, y)$ 在曲线上，由曲线 $\overset{\frown}{OP}$、x 轴和平行于 y 轴并过点 P 的直线所围成的曲边三角形的面积，等于以 OP 为对角线、边平行于坐标轴的矩形的面积的 $\dfrac{1}{3}$，求此曲线的方程.

附录1 积分表

说明：公式中的 $\alpha, a, b, \cdots$ 均为实数，n 为正整数.

（一）含有 $a+bx$ 的积分

1. $\displaystyle \int (a+bx)^\alpha \, \mathrm{d}x = \begin{cases} \dfrac{(a+bx)^{\alpha+1}}{b(a+1)} + C, & \alpha \neq -1, \\[3mm] \dfrac{1}{b}\ln|a+bx| + C, & \alpha = -1. \end{cases}$

2. $\displaystyle \int \frac{x}{a+bx} \, \mathrm{d}x = \frac{x}{b} - \frac{a}{b^2}\ln|a+bx| + C$.

3. $\displaystyle \int \frac{x^2}{a+bx} \, \mathrm{d}x = \frac{1}{b^3}\left[\frac{1}{2}(a+bx)^2 - 2a(a+bx) + a^2\ln|a+bx|\right] + C$.

4. $\displaystyle \int \frac{x}{(a+bx)^2} \, \mathrm{d}x = \frac{1}{b^2}\left(\frac{a}{a+bx} + \ln|a+bx|\right) + C$.

5. $\displaystyle \int \frac{x^2}{(a+bx)^2} \, \mathrm{d}x = \frac{x}{b^2} - \frac{a^2}{b^3(a+bx)} - \frac{2a}{b^3}\ln|a+bx| + C$.

6. $\displaystyle \int \frac{\mathrm{d}x}{x(a+bx)} = \frac{1}{a}\ln\left|\frac{x}{a+bx}\right| + C$.

7. $\displaystyle \int \frac{\mathrm{d}x}{x^2(a+bx)} = -\frac{1}{ax} + \frac{b}{a^2}\ln\left|\frac{a+bx}{x}\right| + C$.

8. $\displaystyle \int \frac{\mathrm{d}x}{x(a+bx)^2} = \frac{1}{a(a+bx)} - \frac{1}{a^2}\ln\left|\frac{a+bx}{x}\right| + C$.

（二）含有 $\sqrt{a+bx}$ 的积分

9. $\displaystyle \int x\sqrt{a+bx} \, \mathrm{d}x = \frac{2(3bx-2a)(a+bx)^{\frac{3}{2}}}{15b^2} + C$.

10. $\displaystyle \int x^2\sqrt{a+bx} \, \mathrm{d}x = \frac{2(15b^2x^2 - 12abx + 8a^2)(a+bx)^{\frac{3}{2}}}{105b^3} + C$.

11. $\displaystyle\int\frac{x}{\sqrt{a+bx}}\,\mathrm{d}x=\frac{2(bx-2a)\sqrt{a+bx}}{3b^2}+C$.

12. $\displaystyle\int\frac{x^2}{\sqrt{a+bx}}\,\mathrm{d}x=\frac{2(3b^2x^2-4abx+8a^2)\sqrt{a+bx}}{15b^3}+C$.

13. $\displaystyle\int\frac{\mathrm{d}x}{x\sqrt{a+bx}}=\begin{cases}\dfrac{1}{\sqrt{a}}\ln\dfrac{\left|\sqrt{a+bx}-\sqrt{a}\right|}{\sqrt{a+bx}+\sqrt{a}}+C,\ \text{当}\ a>0,\\[4mm]\dfrac{2}{\sqrt{-a}}\arctan\sqrt{\dfrac{a+bx}{-a}}+C,\ \text{当}\ a<0.\end{cases}$

14. $\displaystyle\int\frac{\mathrm{d}x}{x^2\sqrt{a+bx}}=\frac{-\sqrt{a+bx}}{ax}-\frac{b}{2a}\int\frac{\mathrm{d}x}{x\sqrt{a+bx}}+C$.

15. $\displaystyle\int\frac{\sqrt{a+bx}}{x}\,\mathrm{d}x=2\sqrt{a+bx}+a\int\frac{\mathrm{d}x}{x\sqrt{a+bx}}+C$.

16. $\displaystyle\int\frac{\sqrt{a+bx}}{x^2}\,\mathrm{d}x=\frac{-\sqrt{a+bx}}{x}+\frac{b}{2}\int\frac{\mathrm{d}x}{x\sqrt{a+bx}}+C$.

（三）含有 $a^2\pm x^2$ 的积分

17. $\displaystyle\int\frac{\mathrm{d}x}{(a^2+x^2)^n}=\begin{cases}\dfrac{1}{a}\arctan x+C,\ \text{当}\ n=1,\\[4mm]\dfrac{x}{2(n-1)a^2(a^2+x^2)^{n-1}}+\dfrac{2n-3}{2(n-1)a^2}\displaystyle\int\frac{\mathrm{d}x}{(a^2+x^2)^{n-1}}+C,\ \text{当}\ n>1.\end{cases}$

18. $\displaystyle\int\frac{x\,\mathrm{d}x}{(a^2+x^2)^n}=\begin{cases}\dfrac{1}{2}\ln(a^2+x^2)+C,\ \text{当}\ n=1,\\[4mm]-\dfrac{1}{2(n-1)(a^2+x^2)^{n-1}}+C,\ \text{当}\ n>1.\end{cases}$

19. $\displaystyle\int\frac{\mathrm{d}x}{a^2-x^2}=\frac{1}{2a}\ln\left|\frac{a+x}{a-x}\right|+C$.

（四）含有 $\sqrt{a^2-x^2}$ （$a>0$）的积分

20. $\displaystyle\int\sqrt{a^2-x^2}\,\mathrm{d}x=\frac{x}{2}\sqrt{a^2-x^2}+\frac{a^2}{2}\arcsin\frac{x}{a}+C$.

21. $\displaystyle\int x\sqrt{a^2-x^2}\,\mathrm{d}x=-\frac{1}{3}(a^2-x^2)^{\frac{3}{2}}+C$.

22. $\displaystyle\int x^2\sqrt{a^2-x^2}\,\mathrm{d}x=\frac{x}{8}(2x^2-a^2)\sqrt{a^2-x^2}+\frac{a^4}{8}\arcsin\frac{x}{a}+C$.

23. $\displaystyle\int\frac{dx}{\sqrt{a^2-x^2}}=\arcsin\frac{x}{a}+C$.

24. $\displaystyle\int\frac{x\,dx}{\sqrt{a^2-x^2}}=-\sqrt{a^2-x^2}+C$.

25. $\displaystyle\int\frac{x^2\,dx}{\sqrt{a^2-x^2}}=-\frac{x}{2}\sqrt{a^2-x^2}+\frac{a^2}{2}\arcsin\frac{x}{a}+C$.

26. $\displaystyle\int\left(a^2-x^2\right)^{\frac{3}{2}}dx=\frac{x}{8}(5a^2-2x^2)\sqrt{a^2-x^2}+\frac{3a^4}{8}\arcsin\frac{x}{a}+C$.

27. $\displaystyle\int\frac{dx}{(a^2-x^2)^{\frac{3}{2}}}=\frac{x}{a^2\sqrt{a^2-x^2}}+C$.

28. $\displaystyle\int\frac{x\,dx}{(a^2-x^2)^{\frac{3}{2}}}=\frac{1}{\sqrt{a^2-x^2}}+C$.

29. $\displaystyle\int\frac{x^2\,dx}{(a^2-x^2)^{\frac{3}{2}}}=\frac{x}{\sqrt{a^2-x^2}}-\arcsin\frac{x}{a}+C$.

30. $\displaystyle\int\frac{dx}{x\sqrt{a^2-x^2}}=\frac{1}{a}\ln\left|\frac{a-\sqrt{a^2-x^2}}{x}\right|+C$.

31. $\displaystyle\int\frac{dx}{x^2\sqrt{a^2-x^2}}=-\frac{\sqrt{a^2-x^2}}{a^2x}+C$.

32. $\displaystyle\int\frac{dx}{x^3\sqrt{a^2-x^2}}=-\frac{\sqrt{a^2-x^2}}{2a^2x^2}-\frac{1}{2a^3}\ln\left|\frac{a+\sqrt{a^2-x^2}}{x}\right|+C$.

33. $\displaystyle\int\frac{\sqrt{a^2-x^2}}{x}\,dx=\sqrt{a^2-x^2}-a\ln\left|\frac{a+\sqrt{a^2-x^2}}{x}\right|+C$.

34. $\displaystyle\int\frac{\sqrt{a^2-x^2}}{x^2}\,dx=-\frac{\sqrt{a^2-x^2}}{x}-\arcsin\frac{x}{a}+C$.

（五）含有 $\sqrt{x^2\pm a^2}$（$a>0$）的积分

35. $\displaystyle\int\sqrt{x^2\pm a^2}\,dx=\frac{x}{2}\sqrt{x^2\pm a^2}\pm\frac{a^2}{2}\ln\left|x+\sqrt{x^2\pm a^2}\right|+C$.

36. $\displaystyle\int x\sqrt{x^2\pm a^2}\,dx=\frac{1}{3}(x^2\pm a^2)^{\frac{3}{2}}+C$.

37. $\displaystyle\int x^2\sqrt{x^2\pm a^2}\,dx=\frac{x}{8}(2x^2\pm a^2)\sqrt{x^2\pm a^2}-\frac{a^4}{8}\ln\left|x+\sqrt{x^2\pm a^2}\right|+C$.

38. $\displaystyle\int\frac{\mathrm{d}x}{\sqrt{x^2\pm a^2}}=\ln\left|x+\sqrt{x^2\pm a^2}\right|+C$.

39. $\displaystyle\int\frac{x\,\mathrm{d}x}{\sqrt{x^2\pm a^2}}=\sqrt{x^2\pm a^2}+C$.

40. $\displaystyle\int\frac{x^2\,\mathrm{d}x}{\sqrt{x^2\pm a^2}}=\frac{x}{2}\sqrt{x^2\pm a^2}\mp\frac{a^2}{2}\ln\left|x+\sqrt{x^2\pm a^2}\right|+C$.

41. $\displaystyle\int(x^2\pm a^2)^{\frac{3}{2}}\,\mathrm{d}x=\frac{x}{8}(2x^2\pm5a^2)\sqrt{x^2\pm a^2}+\frac{3a^4}{8}\ln\left|x+\sqrt{x^2\pm a^2}\right|+C$.

42. $\displaystyle\int\frac{\mathrm{d}x}{(x^2\pm a^2)^{\frac{3}{2}}}=\pm\frac{x}{a^2\sqrt{x^2\pm a^2}}+C$.

43. $\displaystyle\int\frac{x\,\mathrm{d}x}{(x^2\pm a^2)^{\frac{3}{2}}}=-\frac{1}{\sqrt{x^2\pm a^2}}+C$.

44. $\displaystyle\int\frac{x^2\,\mathrm{d}x}{(x^2\pm a^2)^{\frac{3}{2}}}=-\frac{x}{\sqrt{x^2\pm a^2}}+\ln\left|x+\sqrt{x^2\pm a^2}\right|+C$.

45. $\displaystyle\int\frac{\mathrm{d}x}{x^2\sqrt{x^2\pm a^2}}=\mp\frac{\sqrt{x^2\pm a^2}}{a^2x}+C$.

46. $\displaystyle\int\frac{\mathrm{d}x}{x^3\sqrt{x^2+a^2}}=-\frac{\sqrt{x^2+a^2}}{2a^2x^2}+\frac{1}{2a^3}\ln\frac{x+\sqrt{x^2+a^2}}{|x|}+C$.

47. $\displaystyle\int\frac{\mathrm{d}x}{x^3\sqrt{x^2-a^2}}=\frac{\sqrt{x^2-a^2}}{2a^2x^2}+\frac{1}{2a^3}\arccos\frac{a}{|x|}+C$.

48. $\displaystyle\int\frac{\sqrt{x^2+a^2}}{x}\mathrm{d}x=\sqrt{x^2+a^2}+a\ln\frac{\sqrt{x^2+a^2}-a}{|x|}+C$.

49. $\displaystyle\int\frac{\sqrt{x^2-a^2}}{x}\mathrm{d}x=\sqrt{x^2-a^2}-a\arccos\frac{a}{|x|}+C$.

50. $\displaystyle\int\frac{\sqrt{x^2\pm a^2}}{x^2}\mathrm{d}x=-\frac{\sqrt{x^2\pm a^2}}{x}+\ln\left|x+\sqrt{x^2\pm a^2}\right|+C$.

51. $\displaystyle\int\frac{\mathrm{d}x}{x\sqrt{x^2+a^2}}=\frac{1}{a}\ln\frac{\sqrt{x^2+a^2}-a}{|x|}+C$.

52. $\displaystyle\int\frac{\mathrm{d}x}{x\sqrt{x^2-a^2}}=\begin{cases}\dfrac{1}{a}\arccos\dfrac{a}{x}+C,\ x>a\ ,\\[3mm]-\dfrac{1}{a}\arccos\dfrac{a}{x}+C,\ x<-a\ .\end{cases}$

（六）含有 $a+bx+cx^2$（$c>0$）的积分

53. $\displaystyle\int\frac{\mathrm{d}x}{a+bx+cx^2}=\begin{cases}\dfrac{2}{\sqrt{4ac-b^2}}\arctan\dfrac{2cx+b}{\sqrt{4ac-b^2}}+C,\ \text{当}\ b^2<4ac,\\[4mm]\dfrac{1}{\sqrt{b^2-4ac}}\ln\left|\dfrac{\sqrt{b^2-4ac}-b-2cx}{\sqrt{b^2-4ac}+b+2cx}\right|+C,\ \text{当}\ b^2>4ac.\end{cases}$

（七）含有 $\sqrt{a+bx+cx^2}$ 的积分

54. $\displaystyle\int\frac{\mathrm{d}x}{\sqrt{a+bx+cx^2}}=\begin{cases}\dfrac{1}{\sqrt{c}}\ln\left|2cx+b+2\sqrt{c(a+bx+cx^2)}\right|+C,\ c>0,\\[4mm]-\dfrac{1}{\sqrt{-c}}\arcsin\dfrac{2cx+b}{\sqrt{b^2-4ac}}+C,\ b^2>4ac,\ c<0.\end{cases}$

55. $\displaystyle\int\sqrt{a+bx+cx^2}\,\mathrm{d}x=\frac{2cx+b}{4c}\sqrt{a+bx+cx^2}+\frac{4ac-b^2}{8c}\int\frac{\mathrm{d}x}{\sqrt{a+bx+cx^2}}$.

56. $\displaystyle\int\frac{x\,\mathrm{d}x}{\sqrt{a+bx+cx^2}}=\frac{1}{c}\sqrt{a+bx+cx^2}-\frac{b}{2c}\int\frac{\mathrm{d}x}{\sqrt{a+bx+cx^2}}$.

（八）含有三角函数的积分

57. $\displaystyle\int\sin\ ax\,\mathrm{d}x=-\frac{1}{a}\cos\ ax+C$.

58. $\displaystyle\int\cos\ ax\,\mathrm{d}x=\frac{1}{a}\sin\ ax+C$.

59. $\displaystyle\int\tan\ ax\,\mathrm{d}x=-\frac{1}{a}\ln\left|\cos\ ax\right|+C$.

60. $\displaystyle\int\cot\ ax\,\mathrm{d}x=\frac{1}{a}\ln\left|\sin\ ax\right|+C$.

61. $\displaystyle\int\sin^2\ ax\,\mathrm{d}x=\frac{1}{2a}(ax-\sin\ ax\cos\ ax)+C$.

62. $\displaystyle\int\cos^2\ ax\,\mathrm{d}x=\frac{1}{2a}(ax+\sin\ ax\cos\ ax)+C$.

63. $\displaystyle\int\sec\ ax\,\mathrm{d}x=\frac{1}{a}\ln\left|\sec\ ax+\tan\ ax\right|+C$.

64. $\displaystyle\int\csc\ ax\,\mathrm{d}x=-\frac{1}{a}\ln\left|\csc\ ax+\cot\ ax\right|+C$.

65. $\int \sec x \tan x \, dx = \sec x + C$.

66. $\int \csc x \cot x \, dx = -\csc x + C$.

67. $\int \sin ax \sin bx \, dx = -\dfrac{\sin (a+b)x}{2(a+b)} + \dfrac{\sin (a-b)x}{2(a-b)} + C, \ a \neq b$.

68. $\int \sin ax \cos bx \, dx = -\dfrac{\cos (a+b)x}{2(a+b)} - \dfrac{\cos (a-b)x}{2(a-b)} + C, \ a \neq b$.

69. $\int \cos ax \cos bx \, dx = \dfrac{\sin (a+b)x}{2(a+b)} + \dfrac{\sin (a-b)x}{2(a-b)} + C, \ a \neq b$.

70. $\int \sin^n x \, dx = -\dfrac{1}{n} \sin^{n-1} x \cos x + \dfrac{n-1}{n} \int \sin^{n-2} x \, dx$.

71. $\int \cos^n x \, dx = \dfrac{1}{n} \cos^{n-1} x \sin x + \dfrac{n-1}{n} \int \cos^{n-2} x \, dx$.

72. $\int \tan^n x \, dx = \dfrac{1}{n-1} \tan^{n-1} x - \int \tan^{n-2} x \, dx, \ n > 1$.

73. $\int \cot^n x \, dx = -\dfrac{1}{n-1} \cot^{n-1} x - \int \cot^{n-2} x \, dx, \ n > 1$.

74. $\int \sec^n x \, dx = \dfrac{1}{n-1} \tan x \sec^{n-2} x + \dfrac{n-2}{n-1} \int \sec^{n-2} x \, dx, \ n > 1$.

75. $\int \csc^n x \, dx = -\dfrac{1}{n-1} \cot x \csc^{n-2} x + \dfrac{n-2}{n-1} \int \csc^{n-2} x \, dx, \ n > 1$.

76. $\int \sin^m x \cos^n x \, dx = \dfrac{\sin^{m+1} x \cos^{n-1} x}{m+n} + \dfrac{n-1}{m+n} \int \sin^m x \cos^{n-2} x \, dx$.

$\qquad = -\dfrac{\sin^{m-1} x \cos^{n+1} x}{m+n} + \dfrac{m-1}{m+n} \int \sin^{m-2} x \cos^n x \, dx$.

77. $\int \dfrac{dx}{a+b\cos x} = \begin{cases} \dfrac{2}{\sqrt{a^2-b^2}} \arctan \left(\sqrt{\dfrac{a-b}{a+b}} \tan \dfrac{x}{2} \right) + C, \ a^2 > b^2, \\[4mm] \dfrac{1}{\sqrt{b^2-a^2}} \ln \left| \dfrac{b + a\cos x + \sqrt{b^2-a^2} \sin x}{a+b\cos x} \right| + C, \ a^2 < b^2. \end{cases}$

（九）其他形式的积分

78. $\int x^n e^{ax} \, dx = \dfrac{1}{a} x^n e^{ax} - \dfrac{n}{a} \int x^{n-1} e^{ax} \, dx$.

79. $\int x^a \ln x \, \mathrm{d}x = \dfrac{x^{a+1}}{(a+1)^2}[(a+1)\ln x - 1] + C, \ a \neq -1$.

80. $\int x^n \sin x \, \mathrm{d}x = -x^n \cos x + n\int x^{n-1} \cos x \, \mathrm{d}x$.

81. $\int x^n \cos x \, \mathrm{d}x = x^n \sin x - n\int x^{n-1} \sin x \, \mathrm{d}x$.

82. $\int \mathrm{e}^{ax} \sin bx \, \mathrm{d}x = \dfrac{\mathrm{e}^{ax}\left(a\sin bx - b\cos bx\right)}{a^2 + b^2} + C$.

83. $\int \mathrm{e}^{ax} \cos bx \, \mathrm{d}x = \dfrac{\mathrm{e}^{ax}(a\cos bx + b\sin bx)}{a^2 + b^2} + C$.

84. $\int \arcsin \dfrac{x}{a} \, \mathrm{d}x = x\arcsin \dfrac{x}{a} + \sqrt{a^2 - x^2} + C, \ a > 0$.

85. $\int \arccos \dfrac{x}{a} \, \mathrm{d}x = x\arccos \dfrac{x}{a} - \sqrt{a^2 - x^2} + C, \ a > 0$.

86. $\int \arctan \dfrac{x}{a} \, \mathrm{d}x = x\arctan \dfrac{x}{a} - \dfrac{a}{2}\ln(a^2 + x^2) + C$.

87. $\int x^n \arcsin x \, \mathrm{d}x = \dfrac{1}{n+1}\left(x^{n+1}\arcsin x - \int \dfrac{x^{n+1}}{\sqrt{1 - x^2}} \, \mathrm{d}x\right)$.

88. $\int x^n \arctan x \, \mathrm{d}x = \dfrac{1}{n+1}\left(x^{n+1}\arctan x - \int \dfrac{x^{n+1}}{\sqrt{1 + x^2}} \, \mathrm{d}x\right)$.

（十）几个常用的定积分

89. $\displaystyle\int_{-\pi}^{\pi} \cos nx \, \mathrm{d}x = \int_{-\pi}^{\pi} \sin nx \, \mathrm{d}x = 0$.

90. $\displaystyle\int_{-\pi}^{\pi} \cos mx \sin nx \, \mathrm{d}x = 0$.

91. $\displaystyle\int_{-\pi}^{\pi} \cos mx \cos nx \, \mathrm{d}x = \begin{cases} 0, & m \neq n, \\ \pi, & m = n. \end{cases}$

92. $\displaystyle\int_{-\pi}^{\pi} \sin mx \sin nx \, \mathrm{d}x = \begin{cases} 0, & m \neq n, \\ \pi, & m = n. \end{cases}$

93. $\displaystyle\int_{0}^{\pi} \sin mx \sin nx \, \mathrm{d}x = \int_{0}^{\pi} \cos mx \cos nx \, \mathrm{d}x = \begin{cases} 0, & m \neq n, \\ \dfrac{\pi}{2}, & m = n. \end{cases}$

94. $\displaystyle\int_0^{\frac{\pi}{2}} \sin^n x \, \mathrm{d}x = \int_0^{\frac{\pi}{2}} \cos^n x \, \mathrm{d}x = \begin{cases} \dfrac{n-1}{n} \cdot \dfrac{n-3}{n-2} \cdots \dfrac{4}{5} \cdot \dfrac{2}{3}, & (n \text{ 为大于 } 1 \text{ 的正奇数}), \\[3mm] \dfrac{n-1}{n} \cdot \dfrac{n-3}{n-2} \cdots \dfrac{3}{4} \cdot \dfrac{1}{2} \cdot \dfrac{\pi}{2}, & (n \text{ 为正偶数}). \end{cases}$

95. $\displaystyle\int_0^{\frac{\pi}{2}} \sin^{2m+1} x \cos^n x \, \mathrm{d}x = \dfrac{2 \cdot 4 \cdot 6 \cdots 2m}{(n+1)(n+3)\cdots(n+2m+1)}.$

96. $\displaystyle\int_0^{\frac{\pi}{2}} \sin^{2m} x \cos^{2n} x \, \mathrm{d}x = \dfrac{1 \cdot 3 \cdot 5 \cdots (2n-1) \cdot 1 \cdot 3 \cdot 5 \cdots (2m-1)}{2 \cdot 4 \cdot 6 \cdots (2m+2n)} \cdot \dfrac{\pi}{2}.$

附录 2 习题参考答案

第 1 章

习题 1.1

1. （1） $[-2,1) \bigcup (1,2]$ ；（2） $[-2,1)$ ；（3） $[-1,3]$ ；（4） $2k\pi < x < (2k+1)\pi$（ k 为整数）；

（5） $[0,+\infty)$ ；（6） $\left\{ x \neq k\pi + \dfrac{\pi}{2} - 1,\ k \in \mathbf{Z} \right\}$ ；（7） $(-\infty,0) \bigcup (0,3]$ ；

（8） $(-\infty,0) \bigcup (0,+\infty)$.

2. （1）否；（2）否；（3）是；（4）是.

3. 1 , $\dfrac{1}{4}$, 4 .

4. （1）偶；（2）非奇非偶；（3）奇.

5. （1）是周期函数，周期为 2π ；（2）是周期函数，周期为 $\dfrac{\pi}{2}$ ；

（3）是周期函数，周期为 2 ；

（4）不是周期函数；（5）是周期函数，周期为 π .

6. （1） $y = x^3 - 1$ ；（2） $y = \dfrac{1+x}{1-x}$ ；（3） $y = \dfrac{-dx+b}{cx-a}$ ；（4） $y = \dfrac{1}{3}\arcsin\dfrac{x}{2}$ ；

（5） $y = \mathrm{e}^{x-1} - 2$ ；（6） $y = \log_2 \dfrac{x}{1-x}$.

7. （1） $y = \ln u, u = v^2, v = 2x+1$ ；（2） $y = u^2, u = \sin v, v = 3x+1$ ；

（3） $y = \arctan u$, $u = x^3 - 1$ ；（4） $y = \ln u, u = \arcsin x$.

8. （1） $[-1,1]$ ；（2） $[2n\pi, (2n+1)\pi]$ $(n \in \mathbf{Z})$ ；（3） $[-a, 1-a]$ ；

（4）若 $a \in (0, \dfrac{1}{2})$ ，则 $D = [a, 1-a]$ ；若 $a > \dfrac{1}{2}$ ，则 $D = \varnothing$.

习题 1.2

1. （1）收敛， 0 ；（2）收敛， 1 ；（3）收敛， 0 ；（4）收敛， 0 ；

（5）发散；（6）收敛， $\dfrac{4}{3}$.

2. （1）必要条件；（2）一定发散；（3）不一定收敛，例如数列 $\{(-1)^n\}$ 有界，但发散.

*3～*6略.

习题 1.3

1. $\lim\limits_{x \to 0^-} f(x) = 1$, $\lim\limits_{x \to 0^+} f(x) = 0$, $\lim\limits_{x \to 0} f(x)$ 不存在.

2. $\lim\limits_{x \to 0^-} f(x) = 1, \lim\limits_{x \to 0^+} f(x) = 1, \lim\limits_{x \to 0} f(x) = 1$;

   $\lim\limits_{x \to 0^-} \varphi(x) = -1, \lim\limits_{x \to 0^+} \varphi(x) = 1, \lim\limits_{x \to 0} \varphi(x)$ 不存在.

3.（1）不存在；（2）2；（3）-2 .

*4～*6 略.

习题 1.4

1. 两个无穷小的商不一定是无穷小，例如：$\alpha = 4x$, $\beta = 2x$，当 $x \to 0$ 时都是无穷小，但 $\dfrac{\alpha}{\beta}$ 当 $x \to 0$ 时不是无穷小.

2.（1）无穷大；（2）无穷大；（3）无穷大；（4）无穷小；（5）无穷小；（6）无穷小.

3.（1）2；（2）1.

4. 函数 $y = x\cos x$ 在 $(-\infty, +\infty)$ 内无界，但当 $x \to +\infty$ 时此函数不是无穷大.

*5. 略.

习题 1.5

1.（1）9；（2）0；（3）$\dfrac{2}{3}$ ；（4）2；（5）$\dfrac{1}{3}$ ；（6）0；（7）$2x$ ；（8）$\dfrac{1}{2}$ ；

   （9）2；（10）-1 .

2.（1）0；（2）0；（3）0；（4）0.

3.（1）∞ ；（2）∞ ；（3）∞ .

4.（1）对，因为，假若 $\lim\limits_{x \to x_0} [f(x) + g(x)]$ 存在，则 $\lim\limits_{x \to x_0} g(x) = \lim\limits_{x \to x_0} [f(x) + g(x)] - \lim\limits_{x \to x_0} f(x)$ 也存在，与已知条件矛盾.

   （2）错，例如 $f(x) = \operatorname{sgn} x, g(x) = -\operatorname{sgn} x$ 当 $x \to 0$ 时都不存在，但 $f(x) + g(x) \equiv 0$ 当 $x \to 0$ 时极限存在.

   （3）错，例如 $f(x) = x, \lim\limits_{x \to 0} f(x) = 0, g(x) = \sin\dfrac{1}{x}, \lim\limits_{x \to 0} g(x)$ 不存在，但 $\lim\limits_{x \to 0} f(x)g(x) = \lim\limits_{x \to 0} x\sin\dfrac{1}{x} = 0$.

习题 1.6

1.（1）$\dfrac{3}{4}$ ；（2）1；（3）$\dfrac{5}{2}$ ；（4）2；（5）$\dfrac{m}{n}$ ；（6）$\dfrac{m}{n}$ ；（7）1；（8）x .

2.（1）e^{-1} ；（2）e^2 ；（3）e^2 ；（4）e^{-k} ；（5）e^2 ；（6）e^{-4} ；（7）e^3 ；（8）e^{-1} ；

   （9）e^2 ；（10）1.

习题 1.7

1. $x^2 - x^3$. 是高阶无穷小.

2.（1）同阶但不等价；（2）等价.

3.（1）$\dfrac{2}{5}$；（2）$\dfrac{3}{2}$；（3）$\dfrac{1}{3}$；（4）$\dfrac{4}{3}$；（5）$\dfrac{3}{2}$；（6）$0(m<n)$，$1(m=n)$，$\infty(m>n)$；

（7）$\dfrac{1}{2}$；（8）$\dfrac{1}{2}$.

4. 略.

习题 1.8

1.（1）$x=1$ 是第一类可去间断点；$x=2$ 是第二类间断点；

（2）$x=0$ 是第一类间断点；（3）$x=0$ 是第二类间断点.

2. 左极限为 0，右极限为 a，$f(0)=a$，当 $a=0$ 时，$f(x)$ 在其定义域内连续.

3.（1）函数在定义域内连续；（2）$x=0$ 是可去间断点，补充定义 $f(0)=0$.

4.（1）$\sqrt{5}$；（2）1；（3）0；（4）$\dfrac{1}{2}$；（5）2（6）1.

5.（1）0；（2）1；（3）e^3；（4）1.

6. $a=1$.

7. $f(x)=\begin{cases} x, & |x|<1, \\ 0, & |x|=1, \\ -x, & |x|>1, \end{cases}$ $x=1$ 和 $x=-1$ 为第一类间断点.

习题 1.9

1～3 略.

4. 提示：$m \leqslant \dfrac{f(x_1)+f(x_2)+\cdots+f(x_n)}{n} \leqslant M$，其中 m, M 分别为 $f(x)$ 在 $[x_1, x_n]$ 的最小值和最大值.

5. 提示：证明 $f(x)$ 在 $[a,b]$ 上连续.

复习题 1

1. $(1,5)$.

2. 定义域为 $[1,4)$.

3.（1）偶函数；（2）奇函数；（3）偶函数.

4.（1）$y=\dfrac{x+1}{x-1}$；（2）$y=10^{1-x}-2$.

5. $y=u^2$，$u=\sin v$，$v=2x+5$.

6. （1）$\dfrac{1}{2}$；（2）e^{-2}；（3）0；（4）$\dfrac{4}{3}$.

7. $\dfrac{1}{2}$.

8. $a=\pi$.

自测题 1

1. （1）$y=e^{u}$，$u=\sin v$，$v=x^{2}$；（2）$a=0$，$b=4$；

   （3）第一类间断点（可去间断点）；（4）$k=\dfrac{1}{4}$.

2. （1）D；（2）B；（3）B ；（4）B；（5）C；（6）B.

3. （1）$(-3,1]$；（2）$\left(\sqrt{x+1}-2\right)^{3}+2$，$\sqrt{x^{3}+3}-2$；（3）$A(x)=x\left(R+\sqrt{R^{2}-x^{2}}\right)$，$x$

为梯形的高，$A(x)$ 为梯形的面积.

4. （1）$\dfrac{1}{e^{3}}$；（2）0；（3）$\dfrac{1}{4}$；（4）$\dfrac{1}{2}$.

5. $x=0$ 为第一类间断点（跳跃间断点）.

6. 利用根的存在定理.

第 2 章

习题 2.1

1. （1）-1；（2）$\dfrac{1}{5}$.

2. （1）$\dfrac{1}{x\ln 3}$；（2）$\dfrac{1}{6}x^{-\frac{5}{6}}$；（3）$\dfrac{2}{3\sqrt[3]{x}}$；（4）$-\sin x$.

3. （1）正确；（2）不正确；（3）正确；（4）不正确

4. 切线方程：$x+y-2=0$，法线方程：$x-y=0$.

5. $a=2x_{0}$，$b=-x_{0}^{2}$.

6. （1）$-f'(x_{0})$；（2）$f'(x_{0})$；（3）$2f'(x_{0})$.

7. $f'_{-}(1)=\dfrac{2}{3}$；$f'_{+}(1)$ 不存在；$f'(1)$ 不存在.

8. $f'_{-}(0)=-1$；$f'_{+}(0)=0$；不存在.

9. 略.

习题 2.2

1. （1）$3x^{2}-\dfrac{28}{x^{5}}+\dfrac{2}{x^{2}}$；（2）$15x^{2}-2^{x}\ln 2+3e^{x}$；（3）$\sec x(2\sec x+\tan x)$；

（4）$a^x(1+x\ln a)+7e^x$；（5）$3\tan x+3x\sec^2 x+\tan x\sec x$；（6）$\cos 2x$；

（7）$x(2\ln x+1)$；（8）$\dfrac{e^x(x-2)}{x^3}$；（9）$\dfrac{-2}{x(1+\ln x)^2}-\dfrac{1}{x^2}$；（10）$\dfrac{1+\sin t+\cos t}{(1+\cos t)^2}$.

2.（1）$5(x^2-x)^4(2x-1)$；（2）$6\cos(3x+6)$；（3）$-3\cos^2 x\sin x$；（4）$\dfrac{2}{\sin 2x}$；

（5）$\dfrac{1}{2x\sqrt{1+\ln x}}$；（6）$\dfrac{2\arcsin x}{\sqrt{1-x^2}}$；（7）$\dfrac{x}{\sqrt{(1-x^2)^3}}$；（8）$-\dfrac{1}{2}e^{-\frac{x}{2}}(\cos 3x+6\sin 3x)$；

（9）$\dfrac{2x\cos 2x-\sin 2x}{x^2}$；（10）$\dfrac{1}{\sqrt{a^2+x^2}}$.

3.（1）$\dfrac{3b}{2a}t$；（2）$\dfrac{\cos t-t\sin t}{1-\sin t-t\cos t}$.

4.（1）切线方程为：$2\sqrt{2}x+y-2=0$；法线方程为：$\sqrt{2}x-4y-1=0$；

（2）切线方程为：$4x+3y-12a=0$；法线方程为：$3x-4y+6a=0$.

5.（1）$\dfrac{2x-y}{x+2y}$；（2）$\dfrac{\cos y-\cos(x+y)}{x\sin y+\cos(x+y)}$；（3）$\dfrac{e^{x+y}-y}{x-e^{x+y}}$；（4）$-\dfrac{e^y}{1+xe^y}$.

6.切线方程为：$x+y-\dfrac{\sqrt{2}}{2}a=0$；法线方程为：$x-y=0$.

7.（1）$-2\sin x-x\cos x$；（2）$4e^{2x-1}$；（3）$-2\csc^2(x+y)\cot^3(x+y)$；

（4）$\dfrac{e^{2y}(3-y)}{(2-y)^3}$；（5）$\dfrac{1}{t^3}$；（6）$-\dfrac{b}{a^2\sin^3 t}$.

习题 2.3

1.（1）$\mathrm{d}y=\left(1-\dfrac{1}{2}\ln x\right)\dfrac{\mathrm{d}x}{\sqrt{x^3}}$；（2）$\mathrm{d}y=\dfrac{\mathrm{d}x}{4\sqrt{x}\sqrt{1-x}\sqrt{\arcsin\sqrt{x}}}$；

（3）$\mathrm{d}y=8x\cdot\tan(1+2x^2)\cdot\sec^2(1+2x^2)\mathrm{d}x$；（4）$\mathrm{d}y=\left(-\dfrac{3\sin 3x}{2\sqrt{\cos 3x}}+\dfrac{1}{\sin x}\right)\mathrm{d}x$.

2.（1）$\dfrac{1}{a}\arctan\dfrac{x}{a}$；（2）$\dfrac{1}{2}x^2$；（3）$2\sqrt{x}$；（4）$\arcsin x$；（5）$-\dfrac{1}{\omega}\cos\omega x$；

（6）$\ln(1+x)$；（7）$\dfrac{1}{5}e^{5x}$；（8）$-\dfrac{1}{8}(3-2x)^4$；（9）$-2\cos\sqrt{x}$；（10）$-\dfrac{1}{2}e^{-x^2}$.

3.（1）2.0052；（2）1.0434.

复习题 2

1.（1）不正确；（2）不正确；（3）不正确；（4）不正确.

2.（1）$\dfrac{2\sec x[(1+x^2)\tan x-2x]}{(1+x^2)^2}$；（2）$\dfrac{x-(1+x^2)\arctan x}{x^2(1+x^2)}-\dfrac{1}{\sqrt{1-x^2}}$；（3）$\dfrac{2x+x^2}{(1+x)^2}$；

（4）$1+\csc x(1-x\cdot\cot x)$；（5）$-\dfrac{1+\cos x}{\sin^2 x}-\cos x$；（6）$-\dfrac{x+1}{\sqrt{x}(x-1)^2}$；

(7) $-\dfrac{1}{x^2}e^{\tan\frac{1}{x}}\cdot\sec^2\dfrac{1}{x}$；(8) $\dfrac{3}{2\sqrt{3x}\sqrt{1-3x}}$；(9) $-6\tan^2(1-2x)\sec^2(1-2x)$；

(10) $\sec x$；(11) $\dfrac{4}{e^{2x}+e^{-2x}+2}$；(12) $\dfrac{1}{x^2}\tan\dfrac{1}{x}$；(13) $\arcsin\dfrac{x}{2}$；(14) $\dfrac{2\sqrt{x}+1}{4\sqrt{x}\sqrt{x+\sqrt{x}}}$.

3. (1) $4-\dfrac{1}{x^2}$；(2) $4e^{2x-1}$；(3) $-2\sin x-x\cos x$；(4) $-2e^{-t}\cos t$；

(5) $2\arctan x+\dfrac{2x}{1+x^2}$；(6) $2xe^{x^2}(3+2x^2)$.

4. (1) $\dfrac{\mathrm{d}y}{\mathrm{d}x}=\dfrac{-y^2e^x}{1+ye^x}$；(2) $\dfrac{\mathrm{d}y}{\mathrm{d}x}=\dfrac{x+y}{x-y}$；(3) $\dfrac{\mathrm{d}y}{\mathrm{d}x}=\dfrac{e^y}{1-xe^y}$.

自测题 2

1. (1) $y=2x-2$；(2) 6；(3) $\dfrac{1}{2\sqrt{x}}\cos\sqrt{x}\cdot f'(u)$.

2. (1) A；(2) D；(3) D.

3. (1) $\dfrac{1}{1+x^2}$；(2) $\sin x\ln\tan x$；(3) $\dfrac{e^x}{\sqrt{1+e^{2x}}}$；(4) $x^{\frac{1}{x}-2}(1-\ln x)$.

4. $\dfrac{1}{e^2}$.

5. (1) $\dfrac{1}{3a}\sec^4 t\csc t$；(2) $-\dfrac{1+t^2}{t^3}$.

6. 切线方程为：$x+2y-4=0$；法线方程为：$2x-y-3=0$.

7. $-2.8\ \mathrm{km/h}$.

8. $\mathrm{d}y=\left(\dfrac{3}{x}+\cot x\right)\mathrm{d}x$.

9. 1.007 .

第 3 章

习题 3.2

1. (1) 0；(2) -1；(3) -1；(4) $+\infty$；(5) 1；(6) 0；(7) 1；
(8) $\dfrac{1}{e}$；(9) 1 (10) $e^{-\frac{2}{\pi}}$.

习题 3.3

1. (1) 在 $(-\infty,+\infty)$ 上单调增加；(2) 在 $(-\infty,+\infty)$ 上单调增加；
(3) 在 $(-\infty,+\infty)$ 上单调减少；(4) 在 $(0,e]$ 上单调增加，在 $[e,+\infty)$ 上单调减少.

2．（1）在 $(-\infty,-1]$ 及 $[1,+\infty)$ 上单调增加，在 $[-1,1]$ 上单调减少；

（2）在 $\left(0,\dfrac{1}{2}\right]$ 上单调减少，在 $\left[\dfrac{1}{2},+\infty\right)$ 上单调增加；

（3）在 $(-\infty,0]$ 上单调增加，在 $[0,+\infty)$ 上单调减少；

（4）在 $(-\infty,+\infty)$ 上单调增加；

（5）在 $(-\infty,-1]$、$[3,+\infty)$ 上单调增加，在 $[-1,3]$ 上单调减少；

（6）在 $(0,2)$ 内单调减少，在 $[2,+\infty)$ 内单调增加；

（7）在 $\left(-\infty,\dfrac{1}{2}\right]$ 内单调减少，在 $\left[\dfrac{1}{2},+\infty\right)$ 内单调增加；

（8）在 $\left(-\infty,\dfrac{2}{3}a\right)$ 及 $[a,+\infty)$ 内单调增加，在 $\left[\dfrac{2}{3}a,a\right]$ 上单调减少.

4．（1）极大值 $f\left(\dfrac{1}{2}\right)=\dfrac{9}{4}$；（2）无极值；

（3）极大值 $f\left(2k\pi+\dfrac{\pi}{4}\right)=\dfrac{\sqrt{2}}{2}\mathrm{e}^{2k\pi+\frac{\pi}{4}}$，极小值 $f\left((2k+1)\pi+\dfrac{\pi}{4}\right)=-\dfrac{\sqrt{2}}{2}\mathrm{e}^{(2k+1)\pi+\frac{\pi}{4}}$；

（4）极大值 $f(1)=\dfrac{\pi}{4}-\dfrac{1}{2}\ln 2$；（5）极大值 $f(-1)=17$，极小值 $f(3)=-47$；

（6）极大值 $f(\pm 1)=1$，极小值 $f(0)=0$.

5．（1）最大值 $y(4)=80$，最小值 $y(-1)=-5$；

（2）最大值 $y\left(\dfrac{3}{4}\right)=\dfrac{5}{4}$，最小值 $y(-5)=-5+\sqrt{6}$；

（3）最大值 $y(\pm 2)=13$，最小值 $y(\pm 1)=4$；

（4）最大值 $y(0)=\dfrac{\pi}{4}$，最小值 $y(1)=0$.

6．$a=2$，$f\left(\dfrac{\pi}{3}\right)=\sqrt{3}$ 为极大值.

7．当 $x=1$ 时，函数有最大值 $f(1)=-29$.

8．长为 10 m，宽为 5 m.

9．$r=\sqrt[3]{\dfrac{V}{2\pi}}$，$h=2\sqrt[3]{\dfrac{V}{2\pi}}$，$d:h=1:1$.

10．1800 元；

11．60 元.

习题 3.4

1．（1）凹区间 $\left(-\infty,\dfrac{1}{3}\right)$，凸区间 $\left(\dfrac{1}{3},+\infty\right)$，拐点 $\left(\dfrac{1}{3},\dfrac{2}{27}\right)$；

（2）凸区间 $(-\infty,1)$，$(1,+\infty)$，无拐点；

（3）凸区间 $\left(\dfrac{1}{2},+\infty\right)$，凹区间 $\left(-\infty,\dfrac{1}{2}\right)$，拐点 $\left(\dfrac{1}{2},\mathrm{e}^{\arctan\frac{1}{2}}\right)$；

（4）凹区间 $\left[\dfrac{5}{3},+\infty\right)$，凸区间 $\left(-\infty,\dfrac{5}{3}\right]$，拐点 $\left(\dfrac{5}{3},\dfrac{20}{27}\right)$；

（5）凹区间 $[2,+\infty)$，凸区间 $(-\infty,2]$，拐点 $\left(2,\dfrac{2}{\mathrm{e}^2}\right)$；

（6）没有拐点，处处是凹的.

2. $a=3$，$b=-9$，$c=8$.

3. $a=1$，$b=-3$，$c=-24$，$d=16$.

4. $k=\pm\dfrac{\sqrt{2}}{8}$.

习题 3.6

1. $k=2$；

2. $k=|\cos x|$，$\rho=|\sec x|$；

3. $k=2$，$\rho=\dfrac{1}{2}$；

4. $k=\left|\dfrac{2}{3a\sin 2t_0}\right|$；

5. $\left(\dfrac{\sqrt{2}}{2},-\dfrac{\ln 2}{2}\right)$ 处曲率半径有最小值 $\dfrac{3\sqrt{3}}{2}$.

复习题 3

1. 有 3 个根，分别在区间 $(1,2),(2,3)$ 和 $(3,4)$.

3. （1）6；（2）0；（3）0；（4）e.

5. $\varphi=2\pi\left(1-\dfrac{\sqrt{6}}{3}\right)$.

6. $(1,2)$ 和 $(-1,-2)$.

8. （1）最大值 $y\left(\dfrac{\pi}{4}\right)=1$，无最小值；（2）最大值 $y(\pm 1)=\dfrac{1}{\mathrm{e}}$，最小值 $y(0)=0$.

自测题 3

1. （1）驻；不可导；（2）1；（3）$(1,1)$；（4）$y=0$，$x=0$.

2. （1）B；（2）D；（3）B.

3. （1）1；（2）2；（3）$\cos a$；（4）$-\dfrac{3}{5}$；（5）$-\dfrac{1}{8}$；（6）$-\dfrac{1}{2}$；（7）e^a；（8）1.

4.（1）$\left(-\infty,-\dfrac{1}{2}\right)$ 为单调递减区间，$\left(-\dfrac{1}{2},+\infty\right)$ 单调递增区间；

（2）$a=-\dfrac{2}{3}$，$b=-\dfrac{1}{6}$；（3）$a=1$，$b=-3$；

（4）设周长为 C，则宽为 $\dfrac{2C}{\pi+4}$，高为 $\dfrac{C}{\pi+4}$ 时，窗户的面积最大

第 4 章

习题 4.1

2．$y=\dfrac{5}{3}x^3$．

4．（1）错；（2）对；（3）错；

6．（1）$y=\ln x+1$；（2）$\sin x+x^2+C$；（3）$\sin x-\cos x+C$；

（4）$x-\arctan x+C$；（5）C；（6）$\dfrac{1}{3}x^3+\dfrac{2}{5}x^{\frac{5}{2}}-\dfrac{2}{3}x^{\frac{3}{2}}-x+C$．

7．（1）$\dfrac{4}{7}x^{\frac{7}{2}}+C$；（2）$\dfrac{1}{2}x^2-\dfrac{4}{3}x^{\frac{3}{2}}+x+C$；（3）$-\dfrac{1}{x}-2\ln|x|+x+C$；

（4）$-\dfrac{4}{x}-\dfrac{4}{3}x+\dfrac{1}{27}x^3+C$；（5）$-5\cos x+\sin x+C$；（6）$\dfrac{3^x e^x}{1+\ln 3}+C$；

（7）$\dfrac{2^x}{\ln 2}+\tan x+C$；（8）$\dfrac{1}{2}x^2-\arctan x+C$；（9）$\tan x-\sec x+C$；

（10）$2\tan x+x+C$；（11）$\dfrac{1}{2}x-\dfrac{1}{2}\sin x+C$；（12）$-\cot x+\tan x+C$；

（13）$-\cot x-\tan x+C$；（14）$e^x+\arcsin x+C$．

习题 4.2

1．（1）-3；（2）$-\dfrac{1}{4}$；（3）$\dfrac{1}{3}$；（4）-1；（5）$-\dfrac{1}{2}$；（6）$\dfrac{1}{6}\ln^2 x$；（7）$-\dfrac{1}{2}$．

2．（1）$\dfrac{1}{4}e^{4x}+C$；（2）$-\dfrac{1}{42}(3-2x)^{21}+C$；（3）$\dfrac{1}{2}\ln|1+2x|+C$；

（4）$-\dfrac{1}{2}(2-3x)^{\frac{2}{3}}+C$；（5）$\dfrac{1}{2}\sin(2x+3)+C$；（6）$-2\cos\sqrt{x}+C$；

（7）$\dfrac{1}{6}(2x^2+1)^{\frac{3}{2}}+C$；（8）$-\dfrac{1}{2}e^{-x^2}+C$；（9）$\ln|\ln x|+C$；（10）$2\sqrt{1+\ln x}+C$；

（11）$\ln|\ln\ln x|+C$；（12）$\dfrac{1}{8}(1+2e^x)^4+C$；（13）$\ln|1+\tan x|+C$；

（14）$\ln\left|\cos\dfrac{1}{x}\right|+C$；（15）$\dfrac{1}{2}(\arctan x)^2+C$；（16）$\dfrac{1}{2}\ln\left|\dfrac{e^x-1}{e^x+1}\right|+C$；

（17）$-e^{-x}+\ln\left|1+e^{-x}\right|+C$；（18）$\dfrac{1}{2}\arctan\dfrac{x-1}{2}+C$；（19）$\dfrac{1}{2\sqrt{6}}\ln\left|\dfrac{x-1-\sqrt{6}}{x-1+\sqrt{6}}\right|+C$；

（20）$\dfrac{1}{4}\ln\left|\dfrac{x^2-1}{x^2+1}\right|+C$；（21）$2(\sin x-\cos x)^{\frac{1}{2}}+C$；（22）$-\dfrac{1}{x\ln x}+C$；

（23）$\ln\left|x+\sin x\right|+C$；（24）$(\arctan\sqrt{x})^2+C$.

3.（1）$\dfrac{2}{3}\left[\sqrt{3x}-\ln\left(1+\sqrt{3x}\right)\right]+C$；（2）$-8\sqrt{2-x}+\dfrac{8}{3}(2-x)^{\frac{3}{2}}-\dfrac{2}{5}(2-x)^{\frac{5}{2}}+C$；

（3）$\ln\left|\dfrac{\sqrt{1+e^x}-1}{\sqrt{1+e^x}+1}\right|+C$；（4）$\dfrac{3}{2}\sqrt[3]{(x+2)^2}-3\sqrt[3]{x+2}+3\ln\left|1+\sqrt[3]{x+2}\right|+C$；

（5）$2\sqrt{x}-4\sqrt[4]{x}+4\ln(\sqrt[4]{x}+1)+C$；（6）$2(\sqrt{x-1}-\arctan\sqrt{x-1})+C$；

（7）$\dfrac{a^2}{2}\arcsin\dfrac{x}{a}-\dfrac{x}{2}\sqrt{a^2-x^2}+C$；（8）$\dfrac{1}{2}(\arcsin x+\ln\left|x+\sqrt{1-x^2}\right|)+C$；

（9）$\dfrac{x}{\sqrt{x^2+1}}+C$；（10）$\dfrac{1}{2}\left(\arctan x-\dfrac{x}{1+x^2}\right)+C$；

（11）$\sqrt{x^2-9}-3\arccos\dfrac{3}{|x|}+C$；（12）$-\arcsin\dfrac{1}{|x|}+C$.

习题 4.3

1.（1）xe^x-e^x+C；（2）$-\dfrac{1}{2}x\cos 2x+\dfrac{1}{4}\sin 2x+C$；

（3）$\dfrac{1}{3}x^3\ln x-\dfrac{1}{9}x^3+C$；（4）$x\arctan x-\dfrac{1}{2}\ln(1+x^2)+C$；

（5）$\dfrac{1}{5}\left(-e^{2x}\cos x+2e^{2x}\sin x\right)+C$；（6）$3e^{\sqrt[3]{x}}(\sqrt[3]{x^2}-2\sqrt[3]{x}+2)+C$；

（7）$\dfrac{1}{3}x^3\arctan x-\dfrac{1}{6}x^2+\dfrac{1}{6}\ln(1+x^2)+C$；（8）$x\tan x+\ln\left|\cos x\right|+C$；

（9）$x\left(\arcsin x\right)^2+2\sqrt{1-x^2}\arcsin x-2x+C$；（10）$\ln x(\ln\ln x-1)+C$；

（11）$x\arctan x-\dfrac{1}{2}\left(\arctan x\right)^2-\dfrac{1}{2}\ln(1+x^2)+C$；

（12）$-\dfrac{1}{x}\arctan x+\ln\left|x\right|-\dfrac{1}{2}\ln(1+x^2)+C$；

（13）$\dfrac{1}{3}e^{x^3}(x^3-1)+C$；（14）$\tan x(\ln\tan x-1)+C$；

（15）$-2(\sqrt{x}\cos\sqrt{x}-\sin\sqrt{x})+C$；（16）$\dfrac{x}{2}(\cos\ln x+\sin\ln x)+C$.

2.$-e^{-x^2}(2x^2+1)+C$.

习题 4.4

1. （1）$\dfrac{1}{2}x^2 - 2x + 4\ln|x+2| + C$；（2）$3\ln|x-2| - 2\ln|x-1| + C$；

（3）$\dfrac{1}{3}\ln|x+1| - \dfrac{1}{6}\ln|x^2 - x + 1| + \dfrac{1}{\sqrt{3}}\arctan\dfrac{2x-1}{\sqrt{3}} + C$；

（4）$\dfrac{5}{18}\ln|2x+1| - \dfrac{2}{9}\ln|x-1| - \dfrac{2}{3(x-1)} + C$；

（5）$\dfrac{1}{\sqrt{2}}\arctan\dfrac{\tan\frac{x}{2}}{\sqrt{2}} + C$；（6）$\ln|x| - \dfrac{1}{2}\ln|x^2 + 1| + C$；

（7）$-\csc x - \tan x + x + C$；（8）$-\dfrac{1}{2\sqrt{3}}\arctan\dfrac{\sqrt{3}\cot x}{2} + C$.

2. （1）$-\dfrac{\sqrt{3+2x}}{x} + \dfrac{1}{\sqrt{3}}\ln\left|\dfrac{\sqrt{3+2x} - \sqrt{3}}{\sqrt{3+2x} + \sqrt{3}}\right| + C$；

（2）$\dfrac{1}{8}\cos^3 2x \sin 2x + \dfrac{3}{16}\cos 2x \sin 2x + \dfrac{3}{8}x + C$.

复习题 4

1. （1）$-\dfrac{1}{9}(2-3x^2)^{\frac{3}{2}} + C$；（2）$2\ln x - \dfrac{1}{2}\ln^2 x + C$；

（3）$-\dfrac{1}{2}x^2 \mathrm{e}^{-2x} - \dfrac{1}{2}x\mathrm{e}^{-2x} + \dfrac{1}{4}\mathrm{e}^{-2x} + C$；（4）$\dfrac{1}{2}x\sin 2x + \dfrac{1}{4}\cos 2x + C$；

（5）$x\tan x + \ln|\cos x| + C$；（6）$x\ln^2 x - 2x\ln x + 2x + C$；

（7）$\dfrac{1}{2}\ln\left|\dfrac{\mathrm{e}^x - 1}{\mathrm{e}^x + 1}\right| + C$；（8）$\ln|1 + \tan x| + C$；（9）$-2\cot 2x + C$；

（10）$\dfrac{1}{4}\ln\left|\dfrac{x-1}{x+1}\right| - \dfrac{1}{2}\arctan x + C$；（11）$\arcsin x - \sqrt{1-x^2} + C$；

（12）$\dfrac{1}{5}\cos^5 x - \dfrac{1}{3}\cos^3 x + C$；（13）$\dfrac{1}{3}(x+1)^{\frac{3}{2}} - \dfrac{1}{3}(x-1)^{\frac{3}{2}} + C$；

（14）$-2\sqrt{\dfrac{1+x}{x}} + 2\ln\left(\sqrt{\dfrac{1+x}{x}} + 1\right) + \ln|x| + C$；（15）$\dfrac{-1}{1-x} + \dfrac{1}{2(1-x)^2} + C$；

（16）$\dfrac{1}{2}\arctan\sin^2 x + C$；（17）$\ln\left|\dfrac{\sqrt{1+\mathrm{e}^x} - 1}{\sqrt{1+\mathrm{e}^x} + 1}\right| + C$；

（18）$x\ln(x + \sqrt{a^2 + x^2}) - \sqrt{a^2 + x^2} + C$；（19）$2\arctan\sqrt{x} + C$；

（20）$-\mathrm{e}^{-x}\ln(1 + \mathrm{e}^x) - \ln(\mathrm{e}^{-x} + 1) + C$；（21）$-\dfrac{\ln x}{2x^2} - \dfrac{1}{4x^2} + C$；（22）$\arcsin\ln x + C$；

（23）$-\dfrac{5}{72}(1-3x^4)^{\frac{6}{5}}+C$；（24）$\mathrm{e}^{\arctan x}+C$；（25）$x\ln(1+x^2)-2x+2\arctan x+C$；

（26）$\ln|\csc x-\cot x|+\cos x+C$；（27）$\dfrac{1}{5}\mathrm{e}^x(\sin 2x-2\cos 2x)+C$；（28）$-\tan\dfrac{1}{x}+C$；

（29）$2(-\sqrt{x}\cos\sqrt{x}+\sin\sqrt{x})+C$；（30）$-\cot x+\csc x+C$；（31）$(1+2\ln x)^{\frac{1}{2}}+C$；

（32）$2\mathrm{e}^{\sqrt{x}}(\sqrt{x}-1)+C$；（33）$-\dfrac{1}{3}(1-2\ln x)^{\frac{3}{2}}+C$；

（34）$-x\mathrm{e}^{-x}-\mathrm{e}^{-x}+C$；（35）$\dfrac{3}{2}\sqrt[3]{(x+2)^2}-3\sqrt[3]{x+2}+3\ln\left|1+\sqrt[3]{x+2}\right|+C$；

（36）$2\sqrt{x}-4\sqrt[4]{x}+4\ln(\sqrt[4]{x}+1)+C$；（37）$\dfrac{1}{4}\arctan\dfrac{2x+1}{2}+C$；

（38）$\dfrac{x^2}{2}\ln x-\dfrac{1}{4}x^2+C$；（39）$2\sqrt{x}\arcsin\sqrt{x}+2\sqrt{1-x}+C$；（40）$x\ln x-x+C$；

（41）$\dfrac{1}{2}(x^2\sin x^2+\cos x^2)+C$；（42）$x\arctan x-\dfrac{1}{2}\ln(1+x^2)+C$；

（43）$-\dfrac{x}{\mathrm{e}^x+1}-\ln(1+\mathrm{e}^{-x})+C$；（44）$x\tan\dfrac{x}{2}+C$.

2. $xf(x)+C$.

3. （1）$\dfrac{x}{2}\sqrt{16-3x^2}+\dfrac{8}{3}\sqrt{3}\arcsin\dfrac{\sqrt{3}}{4}x+C$；

（2）$-\dfrac{1}{13}\mathrm{e}^{-2x}(2\sin 3x+3\cos 3x)+C$；（3）$\dfrac{1}{\sqrt{21}}\ln\left|\dfrac{\sqrt{3}\tan\dfrac{x}{2}+\sqrt{7}}{\sqrt{3}\tan\dfrac{x}{2}-\sqrt{7}}\right|+C$；

（4）$x\ln^3 x-3x\ln^2 x+6x\ln x-6x+C$.

自测题 4

1. （1）$\dfrac{1}{2}F(x^2)+C$；（2）$-2x\mathrm{e}^{-x^2}$；（3）$\dfrac{\mathrm{e}^x}{1+\mathrm{e}^{2x}}$；（4）$2\mathrm{e}^{\sqrt{x}}+C$；

（5）$-x\cos x+\sin x+C$；（6）$\dfrac{x\cos x-2\sin x}{x}+C$；（7）$x\ln x-x+C$；

（8）$-\dfrac{1}{4}x\cos 2x+\dfrac{1}{8}\sin 2x+C$；（9）$\ln|2+x|+C$；（10）$2\sqrt{f(\ln x)}+C$.

2. （1）D；（2）B；（3）C；（4）D；（5）C；（6）C；（7）C；（8）A.

3. （1）$-\dfrac{1}{3}(2-3x^2)^{\frac{1}{2}}+C$；（2）$-\dfrac{2}{3}(2-\ln x)^{\frac{3}{2}}+C$；（3）$\dfrac{1}{8}\sin(1+4x^2)+C$；

（4）$\ln|x|-\dfrac{1}{2}\ln(1+x^2)+C$；（5）$2\mathrm{e}^{\sqrt{x}}(\sqrt{x}-1)+C$；（6）$\dfrac{1}{3}x^3\ln x-\dfrac{1}{9}x^3+C$；

（7）$-\dfrac{1}{2}x\mathrm{e}^{-2x}-\dfrac{1}{4}\mathrm{e}^{-2x}+C$；（8）$\dfrac{1}{2}x\sin 2x+\dfrac{1}{4}\cos 2x+C$；

（9）$x\tan x + \ln|\cos x| + C$；（10）$x(\ln^2 x - 2\ln x + 2) + C$；

（11）$2\sqrt{x} - 4\sqrt[4]{x} + 4\ln(\sqrt[4]{x} + 1) + C$；（12）$\dfrac{1}{2}(x^2 + 1)\arctan x - \dfrac{1}{2}x + C$．

第 5 章

习题 5.1

1. $A = \displaystyle\int_{-1}^{2}(2x^2 + 3)\,\mathrm{d}x$．

2. $s = \displaystyle\int_{0}^{3}\left(\dfrac{1}{2}t + 3\right)\mathrm{d}t$．

3.（1）1；（2）$\dfrac{\pi}{4}a^2$；（3）$k(b - a)$；（4）0．

5.（1）$>$；（2）$<$；（3）$>$；（4）$>$．

6.（1）$24 \leqslant \displaystyle\int_{2}^{5}(x^2 + 4)\,\mathrm{d}x \leqslant 87$；（2）$\pi \leqslant \displaystyle\int_{\frac{\pi}{4}}^{\frac{5\pi}{4}}\sqrt{1 + \sin^2 x}\,\mathrm{d}x \leqslant \sqrt{2}\pi$．

习题 5.2

1. $\cos^2 1$，0，π．

2. $-f(x)$，$-\sqrt[3]{x}\cdot\ln(x^2 + 1)$．

3.（1）20；（2）$\dfrac{\pi}{6}$；（3）$\dfrac{271}{6}$；（4）$\dfrac{\pi}{3}$；（5）$\sqrt{3} - 1$；（6）1；（7）$\dfrac{16}{7}\sqrt{2}$；

（8）2；（9）$1 - \dfrac{\pi}{4}$；（10）$1 - \dfrac{\pi}{4}$；（11）$\dfrac{1}{2} + \dfrac{\pi}{4} - \arctan 2$；（12）4．

4. $\dfrac{1}{4}$．

5.（1）1；（2）1；（3）$-\dfrac{1}{2}$．

6. $\Phi(x) = \begin{cases} \dfrac{x^3}{3}, & x \in [0, 1), \\[2mm] \dfrac{x^2}{2} - \dfrac{1}{6}, & x \in [1, 2]. \end{cases}$

7. $\Phi(x) = \begin{cases} 0, & x < 0, \\[2mm] \dfrac{1 - \cos x}{2}, & 0 \leqslant x \leqslant \pi, \\[2mm] 1, & x > \pi. \end{cases}$

习题 5.3

1. （1）$\dfrac{1}{2}$；（2）$\dfrac{51}{512}$；（3）$\dfrac{1}{2}$；（4）$\dfrac{1}{3}$；（5）$\dfrac{1}{2}(e-1)$；（6）$\arctan 2-\dfrac{\pi}{4}$；

（7）$\arctan e-\dfrac{\pi}{4}$；（8）$1+\ln\dfrac{2}{1+e}$；（9）e^e-e；（10）$\dfrac{2}{7}$；（11）$2\sqrt{3}-2$；（12）$\ln 2$；

（13）$4-2\ln 3$；（14）$\dfrac{5}{3}$；（15）$\dfrac{1}{6}$；（16）$2-\dfrac{\pi}{2}$；（17）$\dfrac{\sqrt{3}}{2}+\dfrac{\pi}{3}$（18）$\dfrac{\pi}{4}+\dfrac{1}{2}$；

（19）$-\ln 2-\dfrac{1}{e}+1$．

2. （1）0；（2）0；（3）0；（4）2．

4. （1）1；（2）1；（3）$\dfrac{1}{4}(e^2+1)$；（4）$\dfrac{2}{e}$；（5）$4(2\ln 2-1)$；（6）$\dfrac{\pi}{4}-\dfrac{1}{2}\ln 2$；（7）$\dfrac{\pi}{4}-\dfrac{1}{2}$；

（8）$\dfrac{1}{2}\left(e^{\frac{\pi}{2}}-1\right)$；（9）$\dfrac{e}{2}(\sin 1-\cos 1)+\dfrac{1}{2}$；（10）$\left(\dfrac{1}{4}-\dfrac{\sqrt{3}}{9}\right)\pi+\dfrac{1}{2}\ln\dfrac{3}{2}$；

（11）$4\sin 2+2\cos 2-2$；（12）1．

习题 5.4

1. （1）$\dfrac{1}{3}$；（2）$\dfrac{1}{\lambda}$；（3）发散；（4）1；（5）π；（6）$\dfrac{1}{2}$；（7）$\dfrac{\pi}{2}$．

2. （1）9；（2）发散；（3）发散；（4）0；（5）$\dfrac{\pi}{2}$；（6）$\dfrac{8}{3}$．

4. $c=\dfrac{5}{2}$．

复习题 5

1. （1）$\dfrac{2}{3}(2\sqrt{2}-1)$；（2）$\dfrac{\pi}{4}$；（3）$\dfrac{1}{p+1}$．

2. （1）$af(a)$；（2）$\dfrac{1}{4}\pi^2$；（3）2．

4. （1）5；（2）$\dfrac{\pi}{2}$；（3）$2\arctan 2-\dfrac{\pi}{2}$；（4）$\dfrac{2}{5}(1-e^\pi)$；

（5）$\dfrac{\pi}{2}$；（6）$\ln 2-2+\dfrac{\pi}{2}$；（7）$\dfrac{1}{2}$；（8）2．

5. $k\leqslant 1$ 时发散；$k>1$ 时收敛于 $\dfrac{1}{(k-1)(\ln 2)^{k-1}}$．

7. （1）27；（2）$\sqrt[3]{300}$（s）．

8. $s=\dfrac{52}{15}t^2\cdot\sqrt{t}+25t+100$．

9. $\dfrac{9}{8}$.

10. $\dfrac{a}{t_1 - t_0}(e^{-kt_0} - e^{-kt_1})$.

自测题 5

1. （1）＞；（2）0；（3）发散.

2. （1）A；（2）B；（3）A.

3. （1）$1 - \dfrac{\pi}{4}$；（2）$1 - \dfrac{1}{2}\ln(e^2 + 1) + \dfrac{1}{2}\ln 2$；（3）$\dfrac{2}{3}$；（4）$\dfrac{1}{3}$；（5）$2 - 2\ln\dfrac{3}{2}$；

（6）$\dfrac{22}{3}$；（7）$\dfrac{\pi}{16}$；（8）$1 - \dfrac{2}{e}$；（9）$\dfrac{\pi}{4} - \dfrac{1}{2}\ln 2$；（10）$\dfrac{1}{4}(e^2 + 1)$.

第 6 章

习题 6.2

1. （1）$\dfrac{1}{2}$；（2）5；（3）1；（4）$\dfrac{3}{2} - \ln 2$；（5）$e + \dfrac{1}{e} - 2$.

2. $\dfrac{9}{4}$.

3. （1）$a^2\left(\dfrac{\pi}{6} + \dfrac{\sqrt{3}}{4}\right)$；（2）$\dfrac{a^2}{4}(e^{2\pi} - e^{-2\pi})$；（3）$6\pi a^2$.

4. $\dfrac{4\sqrt{3}}{3}R^3$.

5. （1）$\dfrac{32}{3}\pi$；（2）$\dfrac{32}{5}\pi$，8π；（3）$\dfrac{3}{10}\pi$；（4）$160\pi^2$.

6. （1）$V_1 = \dfrac{4}{5}\pi(32 - a^5)$；（1）$V_2 = \pi a^4$；（3）当 $a = 1$ 时，$V_1 + V_2$ 取得最大值 $\dfrac{129\pi}{5}$.

习题 6.3

1. 2.45（J）.

2. $\dfrac{27}{7}k \cdot c^{\frac{2}{3}} \cdot a^{\frac{7}{3}}$（$k$ 为比例常数）.

3. 4.9×10^5（J）.

4. 5.77×10^7（J）.

5. 1.47×10^5（N）.

6. 取 y 轴通过细棒，则 $F_y = Gm\mu\left(\dfrac{1}{a} - \dfrac{1}{\sqrt{a^2 + l^2}}\right)$，$F_x = -\dfrac{Gm\mu l}{a\sqrt{a^2 + l^2}}$.

复习题 6

1. （1） $2\pi + \dfrac{4}{3}$ ；（2） $\dfrac{\sqrt{2}}{4}\left(\dfrac{1}{3}+\dfrac{\pi}{2}\right)$ ；（3） 18.

2. $\dfrac{16}{3}p^2$.

3. （1） $\dfrac{5\pi}{4}$ ；（2） $\dfrac{\pi}{6}+\dfrac{1}{2}-\dfrac{\sqrt{3}}{2}$.

4. $\dfrac{4\sqrt{3}}{3}R^3$.

5. （1） $\dfrac{48}{5}\pi,\ \dfrac{24}{5}\pi$ ；（2） $4\pi^2,\ \dfrac{4}{3}\pi$.

7. 8.66×10^5 （N）.

8. 2 米.

自测题 6

1. （1） $\displaystyle\int_a^b \big|f_1(x)-f_2(x)\big|\mathrm{d}x$ ；（2） $\pi\displaystyle\int_a^b f^2(x)\mathrm{d}x$.

2. （1） D ；（2） C.

3. （1） $2\pi+\dfrac{4}{3},\ 6\pi-\dfrac{4}{3}$ ；（2） $\dfrac{23}{3}$ ；（3） $\dfrac{3\pi}{2}$ ；（4） $9.8\times18\times10^3$ （N）.

第 7 章

习题 7.1

1. （1）一阶；（2）二阶；（3）二阶；（4）十阶；

（5）二阶；（6）一阶；（7）四阶；（8）二阶.

2. （1）是；（2）是；（3）不是；（4）是.

3. （1） $y^2-x^2=25$ ；（2） $y=xe^{2x}$ ；（3） $y=\sin\left(x-\dfrac{\pi}{2}\right)=-\cos x$.

习题 7.2

1. （1） $y=e^{Cx}$ ；（2） $\arcsin y=\arcsin x+C$ ；（3） $10^{-y}+10^x=C$ ；（4） $(x-4)y^4=Cx$.

2. （1） $e^y=\dfrac{1}{2}(e^{2x}+1)$ ；（2） $x^2y=4$.

3. $xy=6$.

习题 7.3

1. （1）$y + \sqrt{y^2 - x^2} = Cx^2$；（2）$\ln\dfrac{y}{x} = Cx + 1$；

（3）$y^2 = x^2(2\ln|x| + C)$；（4）$x + 2y\mathrm{e}^{\frac{x}{y}} = C$.

2. （1）$y^2 = 2x^2(\ln x + 2)$；（2）$y^3 = y^2 - x^2$.

习题 7.4

1. （1）$y = C\mathrm{e}^{-x} + \dfrac{1}{2}\mathrm{e}^x\left(x - \dfrac{1}{2}\right)$；（2）$y = C\mathrm{e}^{-x^2}$；（3）$y = x^2(\mathrm{e}^x - \mathrm{e})$；

（4）$y = x^4(x\mathrm{e}^x - \mathrm{e}^x + 1)$；（5）$y = \mathrm{e}^{-x}(x + C)$；（6）$y = C\mathrm{e}^{\frac{3}{2}x^2} - \dfrac{2}{3}$；

（7）$y = x^2\left(C - \dfrac{1}{3}\cos 3x\right)$；（8）$y = \dfrac{1}{x^2}\left(-\dfrac{1}{2}\mathrm{e}^{-x^2} + C\right)$；

（9）$s = (1 + t^2)(t + C)$；（10）$x = y^2\left(\dfrac{1}{2} + Cy\right)$；

（11）$y = \dfrac{1}{2}(\sin x - \cos x + \mathrm{e}^x)$；（12）$y = x^2\left(1 - \mathrm{e}^{\frac{1}{x} - 1}\right)$.

习题 7.5

1. （1）$y = \dfrac{x^3}{6} - \sin x + C_1 x + C_2$；（2）$y = x\mathrm{e}^x - 3\mathrm{e}^x + C_1 x^2 + C_2 x + C_3$；

（3）$y = x\arctan x - \ln\sqrt{1 + x^2} + C_1 x + C_2$；（4）$y = -\ln\cos(x + C_1) + C_2$；

（5）$y = C_1\mathrm{e}^x - \dfrac{x^2}{2} - x + C_2$；（6）$y = C_1\ln x + C_2$；

（7）$y = \dfrac{1}{C_1}\sin(C_2 + C_1 x)$；（8）$C_1 y^2 - 1 = (C_1 x + C_2)^2$；

（9）$y = \arcsin(C_2\mathrm{e}^x) + C_1$.

习题 7.6

1. （1）线性无关；（2）线性相关；（3）线性相关；（4）线性无关；（5）线性无关；

（6）线性无关；（7）线性相关.

2. $y = C_1\cos\omega x + C_2\sin\omega x$.

3. 略.

习题 7.7

1. （1）$y = C_1\mathrm{e}^x + C_2\mathrm{e}^{3x}$；（2）$y = C_1 + C_2\mathrm{e}^{-5x}$；（3）$y = C_1\mathrm{e}^{2x} + C_2\mathrm{e}^{-2x}$；

(4) $y = C_1 e^{-3x} + C_2 e^{4x}$; (5) $y = (C_1 + C_2 x)e^{-2x}$; (6) $y = e^{-x}(C_1 \cos x + C_2 \sin x)$;

(7) $y = C_1 \cos x + C_2 \sin x$; (8) $y = e^{3x}(C_1 \cos 4x + C_2 \sin 4x)$.

2. (1) $y = \dfrac{1}{4}(e^{3x} - e^{-x})$; (2) $y = (5 - 4x)e^{4x}$; (3) $y = e^{-2x} \sin 2x$;

(4) $y = e^{2x}(\cos 3x + \sin 3x)$.

习题 7.8

1. (1) $y = C_1 e^{2x} - \dfrac{3}{4}x^2 - \dfrac{5}{4}x + C_2$; (2) $y = C_1 e^{\frac{x}{2}} + C_2 e^{-x} + e^x$;

(3) $y = C_1 e^{-x} + C_2 e^{-2x} + \left(\dfrac{3}{2}x^2 - 3x\right)e^{-x}$; (4) $y = (C_1 + C_2 x)e^x + \dfrac{1}{6}x^3 e^x$;

(5) $y = C_1 + C_2 e^{2x} - \left(\dfrac{x^3}{6} + \dfrac{x^2}{4} + \dfrac{x}{4}\right)$;

(6) $y = e^{-\frac{x}{2}}\left(C_1 \cos \dfrac{\sqrt{3}}{2}x + C_2 \sin \dfrac{\sqrt{3}}{2}x\right) - 3\cos x$;

(7) $y = C_1 e^{-2x} + C_2 e^x - \dfrac{2}{5}(\cos 2x + 3\sin 2x)$;

(8) $y = C_1 \cos x + C_2 \sin x + \dfrac{e^x}{2} + \dfrac{x}{2}\sin x$.

2. (1) $y = 2e^{-x} - \dfrac{5}{4}e^{-2x} + \dfrac{x}{2} - \dfrac{3}{4}$; (2) $y = -\dfrac{1}{36}e^{3x} + \dfrac{1}{36}e^{-3x} + \dfrac{1}{6}xe^{3x}$;

(3) $y = e^x - e^{-x} + e^x(x^2 - x)$; (4) $y = -\cos x - \sin x - \sin 2x$.

3. $y = e^{-x}(\cos x + 3\sin x)$.

习题 7.9

1. $y = 2(e^x - x - 1)$.

2. $v = \dfrac{mg}{k}\left(1 - e^{-\frac{kt}{m}}\right)$ ， m 为潜水艇的质量.

3. $v = \left(v_0 + \dfrac{mg}{k}\right)e^{-\frac{kt}{m}} - \dfrac{mg}{k}$, $t = \dfrac{m}{k}\ln\dfrac{mg + kv_0}{mg}$.

4. $U_C = 20 - 20e^{-5000t}(\cos 5000t + \sin 5000t)$ （V）, $I(t) = 4 \times 10^{-2} e^{-5000t} \sin 5000t$ （A）.

复习题 7

1. (1) 特解；(2) 3；(3) $e^x - e^y = C$ ；(4) $y = e^x - \dfrac{1}{2}e^{-x}$ ；(5) $2x + 1$ ；

(6) $y = C_1 + C_2 e^{\frac{5x}{2}}$ ；(7) $y = (C_1 + C_2 x)e^{3x}$ ；(8) $y = e^{-2x}(C_1 \cos 5x + + C_2 \sin 5x)$ ；

(9) $y = C_1 \cos 3x + + C_2 \sin 3x$ ；(10) $y'' - 2y' + y = C$.

2. （1）D；（2）A；（3）B；（4）A；（5）B；

（6）C；（7）D；（8）A；（9）A；（10）C.

3. （1）$\frac{1}{3}e^{3y} = \frac{1}{4}e^{2x}(2x-1) + C$；（2）$\sin y = Ce^{2\sin x}$；（3）$y = 2e^{x(\ln x - 1) + 1}$；

（4）$e^{2x} - e^{-y^2} = C$；（5）$\arctan\frac{y}{x} - \frac{1}{2}\ln(x^2 + y^2) = C$；（6）$y^4 + 2xy^3 = \frac{2}{e}e^{2x/y}$；

（7）$y^3 = 1 + Ce^{-x}$；（8）$y = -\frac{1}{8}e^{-2x} + C_1 x^2 + C_2 x + C_3$；

（9）$x(t) = e^{-\frac{t}{4}}\left(C_1\cos\frac{\sqrt{23}}{4}t + C_2\sin\frac{\sqrt{23}}{4}t\right)$；（10）$y = \frac{1}{2}(5e^x - e^{3x})$；

（11）$y = \frac{2}{\sqrt{x}}$；（12）① $F'(x) + 2F(x) = 4e^{2x}$，② $F(x) = e^{2x} - e^{-2x}$；

（13）$y = x + Cx^2$，最小点 $C = -\frac{75}{124}$，$y(x) = x - \frac{75}{124}x^2$.

自测题 7

1. （1）$y = C_1 + \frac{C_2}{x^2}$；（2）$y = C_1 e^{-2x} + \left(C_2 + \frac{1}{4}x\right)e^{2x}$；（3）$y = \sqrt{x+1}$ 或 $y^2 = x + 1$；

（4）$y'' - y = 0$；（5）$y = e^x(C_1\cos 2x + C_2\sin 2x)$.

2. （1）A；（2）C；（3）C；（4）B；（5）B.

3. （1）$y^3 = y^2 - x^2$；（2）$y = (\sin x + 1)\cos x$；

（3）$x = \frac{1}{1+y}\left(-\frac{1}{3}y^3 - \frac{1}{4}y^4 + C\right)$；（4）$y = \frac{e^x}{x}(e^x - 1)$；

（5）$f(x) = e^{\frac{1}{2}x^2} - 1$；（6）$y(x) = 2e^{-2x}$，$\displaystyle\int_0^{+\infty} y(x)\mathrm{d}x = 1$；

（7）$y = C_1 e^x + C_2 e^{-x} - \frac{1}{2}\sin x$；（8）$y = \left(\frac{1}{3} + \frac{1}{2}x\right)e^{-x} + \frac{1}{6}x^3 e^{-x}$；

（9）$f(x) = \frac{1}{2}\sin x + \frac{1}{2}x\cos x$；（10）$y = 2x^2$.

参考文献

[1] 同济大学数学系. 高等数学[M]. 7版. 北京：高等教育出版社，2014.

[2] 同济大学数学系. 高等数学[M]. 6版. 北京：高等教育出版社，2007.

[3] 同济大学数学系. 高等数学[M]. 5版. 北京：高等教育出版社，2002.

[4] 陈庆华. 高等数学[M]. 北京：高等教育出版社，1999.

[5] 顾静相. 经济数学基础[M]. 北京：高等教育出版社，2004.

[6] 徐建豪，刘克宁. 经济应用数学——微积分[M]. 北京：高等教育出版社，2003.

[7] 喻德生，郑华盛. 高等数学学习引导[M]. 北京：化学工业出版社，2000.

[8] 同济大学. 高等数学[M]. 北京：高等教育出版社，2001.

[9] 张国楚，徐本顺，李祎. 大学文科数学[M]. 北京：高等教育出版社，2002.

[10] 李铮，周放. 高等数学[M]. 北京：科学出版社，2001.

[11] 周建莹，李正元. 高等数学解题指南[M]. 北京：北京大学出版社，2002.

[12] 上海财经大学应用数学系. 高等数学[M]. 上海：上海财经大学出版社，2003.

[13] 同济大学应用数学系. 微积分[M]. 北京：高等教育出版社，2003.

[14] 蒋兴国，吴延东. 高等数学[M]. 北京：机械工业出版社，2002.

[15] 赵树嫄. 微积分[M]. 北京. 中国人民大学出版社，2002.

[16] 盛祥耀. 高等数学[M]. 2版. 北京：高等教育出版社，2002.

[17] 童裕孙，於崇华. 高等数学[M]. 北京：高等教育出版社，2001.

[18] 何春江. 高等数学[M]. 北京：中国水利水电出版社，2004.

[19] 何春江. 经济数学[M]. 北京：中国水利水电出版社，2004.

[20] 张翠莲. 高等数学（经管、文科类）[M]. 北京：中国水利水电出版社，2015.

[21] 何春江. 高等数学[M]. 3版. 北京：中国水利水电出版社，2015.

[22] 何春江. 经济数学[M]. 3版. 北京：中国水利水电出版社，2015.

[23] 何春江. 计算机数学基础[M]. 2版. 北京：中国水利水电出版社，2015.